智能制造领域应用型人才培养"十三五"规划精品教材

工业机器人

在线编程与调试项目教程

主编 ◎ 王姣　刘杰

U0279425

华中科技大学出版社
http://www.hustp.com
中国·武汉

内 容 简 介

本书基于 ABB 工业机器人操作系统 RobotWare6.0 以上版本,由浅入深、循序渐进地从初步认识工业机器人到熟练操作工业机器人、能够独立完成工业机器人的基本操作,围绕实际应用进行基本编程这一主题,以项目任务为驱动,以任务结果为导向,从而便于翻转课堂的开展。本书通过详细的图解实例,对工业机器人的操作、编程的方法进行讲述,让读者了解与操作和编程相关的每一项具体方法,从而使读者对工业机器人的软件、硬件方面有全面的认识。本书配套的学习及教学资源可发送邮件至 289907659@qq.com 获取。

本书适用于从事工业机器人应用的操作与编程人员,特别是刚接触工业机器人的工程技术人员,以及高等院校工业机器人及机电自动化相关专业的学生。

图书在版编目(CIP)数据

工业机器人在线编程与调试项目教程/王姣,刘杰主编. —武汉:华中科技大学出版社,2019.1(2024.12 重印)
智能制造领域应用型人才培养"十三五"规划精品教材
ISBN 978-7-5680-4240-6

Ⅰ.①工… Ⅱ.①王… ②刘… Ⅲ.①工业机器人-程序设计-教材 Ⅳ.①TP242.2

中国版本图书馆 CIP 数据核字(2019)第 012488 号

工业机器人在线编程与调试项目教程　　　　　　　　　　　　　　王　姣　刘　杰　主编
Gongye Jiqiren Zaixian Biancheng yu Tiaoshi Xiangmu Jiaocheng

策划编辑:袁　冲
责任编辑:舒　慧
封面设计:孢　子
责任监印:朱　玢
出版发行:华中科技大学出版社(中国·武汉)　　　　电话:(027)81321913
　　　　武汉市东湖新技术开发区华工科技园　　　　邮编:430223
录　　排:武汉正风天下文化发展有限公司
印　　刷:武汉市籍缘印刷厂
开　　本:787mm×1092mm　1/16
印　　张:20.25
字　　数:509 千字
版　　次:2024 年 12 月第 1 版第 9 次印刷
定　　价:58.00 元

现阶段,我国制造业面临资源短缺、劳动力成本上升、人口红利减少等压力,而工业机器人的应用与推广,将极大地提高生产效率和产品质量,降低生产成本和资源消耗,有效提高我国工业制造竞争力。我国《机器人产业发展规划(2016—2020年)》强调,机器人是先进制造业的关键支撑装备和未来生活方式的重要切入点。广泛采用工业机器人,对促进我国先进制造业的崛起,有着十分重要的意义。"机器换人,人用机器"的新型制造方式有效推进了工业升级和转型。

伴随着工业大国相继提出机器人产业政策,如德国的"工业4.0"、美国的先进制造伙伴计划、中国的"十三五规划"与"中国制造2025"等国家政策,工业机器人产业迎来了快速发展的态势。当前,随着劳动力成本上涨,人口红利逐渐消失,生产方式向柔性、智能、精细转变,中国制造业转型升级迫在眉睫。全球新一轮科技革命和产业变革与中国制造业转型升级形成历史性交汇,中国已经成为全球最大的机器人市场。大力发展工业机器人产业,对于打造我国制造业新优势、推动工业转型升级、加快制造强国建设、改善人民生活水平具有深远意义。

工业机器人已在越来越多的领域得到了应用。在制造业中,尤其是在汽车产业中,工业机器人得到了广泛应用。如在毛坯制造(冲压、压铸、锻造等)、机械加工、焊接、热处理、表面涂覆、上下料、装配、检测及仓库堆垛等作业中,机器人逐步取代人工作业。机器人产业的发展对机器人领域技能型人才的需求也越来越迫切。为了满足岗位人才需求,满足产业升级和技术进步的要求,部分应用型本科院校相继开设了相关课程。在教材方面,虽有很多机器人方面的专著,但普遍偏向理论与研究,不能满足实际应用的需要。目前,企业的机器人应用人才培养只能依赖机器人生产企业的培训或产品手册,缺乏系统学习和相关理论指导,严重制约了我国机器人技术的推广和智能制造业的发展。武汉金石兴机器人自动化工程有限公司依托华中科技大学在机器人方向的研究实力,顺应形势需要,产、学、研、用相结合,组织企业专家和一线科研人员开展了一系列企业调研,面向企业需求,联合高校教师共同编写了"智能制造领域应用型人才培养'十三五'规划精品教材"系列图书。

该系列图书有以下特点:

(1)循序渐进,系统性强。该系列图书从工业机器人的入门应用、技术基础、实训指导,到工业机器人的编程与高级应用,由浅入深,有助于读者系统学习工业机器人技术。

(2)配套资源丰富多样。该系列图书配有相应的人才培养方案、课程建设标准、电子课件、视频等教学资源,以及配套的工业机器人教学装备,构建了立体化的工业机器人教学体系。

　　（3）覆盖面广，应用广泛。该系列图书介绍了工业机器人集成工程所需的机械工程案例、电气设计工程案例、机器人应用工艺编程等相关内容，顺应国内机器人产业人才发展需要，符合制造业人才发展规划。

　　"智能制造领域应用型人才培养'十三五'规划精品教材"系列图书结合工业机器人集成工程实际应用，教、学、用有机结合，有助于读者系统学习工业机器人技术和强化提高实践能力。该系列图书的出版发行填补了机器人工程专业系列教材的空白，有助于推进我国工业机器人技术人才的培养和发展，助力中国智造。

中国工程院院士

2018 年 10 月

　　机器人是先进制造业的重要支撑装备,也是未来智能制造业的关键切入点。工业机器人作为机器人家族中的重要一员,是目前技术最成熟、应用最广泛的一类机器人。工业机器人的研发和产业化应用是衡量科技创新和高端制造发展水平的重要标志。发达国家已经把工业机器人产业发展作为抢占未来制造业市场、提升竞争力的重要途径。

　　当前,随着我国劳动力成本的上涨,人口红利逐渐消失,生产方式向柔性、智能、精细转变,构建新型智能制造体系迫在眉睫,对工业机器人的需求呈现大幅增长。大力发展工业机器人产业,对于建立制造业新优势、推动工业转型升级、加快制造强国建设、改善人民生活水平具有深远意义。《中国制造2025》将机器人作为重点发展领域的总体部署,推动机器人发展上升到国家战略层面。

　　机器人技术专业具有知识面广、实操性强等显著特点,为了提高教学效果,在教学方法上,建议采用启发式翻转教学,开放性学习,重视任务结果驱动、小组讨论;在学习过程中,建议结合本书配套的教学辅助资源,如机器人仿真软件、工业机器人实训平台、教学课件及视频素材、教学参考与拓展资料等。以上资源请发送邮件至289907659@qq.com获取。

　　全书由王姣、刘杰主编,参编人员还有王涛、沈雄武、陈仁科、陶芬。本书在编写过程中,得到了武汉金石兴机器人自动化工程有限公司工程技术处及校企合作的各院校教师的鼎力支持与帮助,在此表示衷心的感谢!

　　尽管编者主观上想努力使读者满意,但书中肯定会有不尽如人意之处,欢迎读者提出宝贵的意见和建议。

编　者

项目1
认识工业机器人和学习准备

现阶段,我国制造业面临资源短缺、劳动成本上升、人口红利减少等压力,而工业机器人的应用与推广,将极大地提高生产效率和产品质量,降低生产成本和资源消耗,有效提高我国工业制造竞争力。我国《机器人产业发展规划(2016—2020年)》强调,机器人是先进制造业的关键支撑装备和未来生活方式的重要切入点。广泛采用工业机器人对促进我国先进制造业的崛起有着十分重要的意义。"机器换人,人用机器"的新型制造方式有效推进了工业升级和转型。

◀ **知识目标**
➢ 掌握工业机器人的发展现状与趋势。
➢ 熟悉工业机器人的典型类型。
➢ 熟悉工业机器人的应用选型。
➢ 具备工业机器人应用安全意识。

◀ **技能目标**
➢ 能够完成工业机器人正确的应用选型。
➢ 能够完成工业机器人安全规范建立。
➢ 能够建立基础练习的工业机器人虚拟工作站。

◀ 任务 1-1　国内外工业机器人的发展现状与趋势 ▶

【任务学习】

➢ 了解工业机器人的特点。

➢ 了解国内外工业机器人的发展现状与趋势。

自政府提出中国制造 2025 以后,智能制造成为国内制造业主流发展趋势,工业机器人在制造业中的优势越来越显著。工业机器人是集机械、电子、控制、计算机、传感器、人工智能等多学科先进技术于一体的现代制造业重要的自动化装备,已成为国内外备受重视的高新技术产业,它作为现代制造业的主要自动化装备在制造业中广泛应用,也是衡量一个国家制造业综合实力的重要标志。

国际上通常将机器人分为工业机器人和服务机器人两大类。广泛采用机器人,不仅可以提高产品的质量与产量、保障人身安全、改善劳动环境、减轻劳动强度、提高劳动生产率、降低原材料消耗、降低生产成本以及加快产品的更新换代,同时对促进产业结构调整、发展方式转变和工业转型升级具有重要意义。工业机器人技术及其产品发展很快,已成为柔性制造系统(FMS)、工厂自动化(FA)、计算机集成制造系统(CIMS)的自动化工具。

1. 中国工业机器人产业的发展现状

随着我国工业转型升级、劳动力成本不断攀升及机器人生产成本下降,"十三五"期间,机器人是重点发展对象之一,国内机器人产业正面临着加速增长的拐点。相对于服务机器人和商用机器人在国内市场还处于探索期,工业机器人已有了一定的发展基础,目前正进入全面普及的阶段。预计到 2021 年末,我国工业机器人产量将达到 11.15 万台,销售量将达到 23.04 万台,保有量将达到 136.04 万台。未来工业机器人在中国的发展潜力将是相当可观的。

工业机器人研究在"七五""九五""十五"期间取得了较大进展,我国在关键技术上有所突破,但还缺乏整体核心技术的突破,机器人应用遍及各行各业,但进口机器人占了绝大多数。科学院机器人"十二五"规划研究目标:开展高速、高精、智能化工业机器人技术的研究工作,建立并完善新型工业机器人智能化体系结构;研究高速、高精度工业机器人控制方法并研制高性能工业机器人控制器,实现高速、高精度的作业;针对焊接、喷涂等作业任务,研究工业机器人的智能化作业技术,研制自动焊接工业机器人、自动喷涂工业机器人样机,并在汽车制造行业、焊接行业开展应用示范。

国家制造业下一步发展思路:将发展以工业机器人为代表的智能制造,以高端装备制造业重大产业长期发展工程为平台和载体,系统推进智能技术、智能装备和数字制造的协调发展,实现我国高端装备制造的重大跨越。具体分两步进行:第一步,2012—2020 年,基本普及数控化,在若干领域实现智能制造装备产业化,为我国制造模式转变奠定基础;第二步,2021—2030 年,全面实现数字化,在主要领域全面推行智能制造模式,基本形成高端制造业的国际竞争优势。

工业机器人市场竞争越来越激烈，中国制造业面临着与国际接轨、参与国际分工的巨大挑战，加快工业机器人的研究开发与生产是使我国从制造业大国走向制造业强国的重要手段和途径。未来几年，国内机器人研究人员将重点研究工业机器人智能化体系结构、高速高精度控制、智能化作业，形成新一代智能化工业机器人的核心关键技术体系，并在相关行业开展应用示范和推广。

2. 国外工业机器人产业的发展现状

在国外，工业机器人技术日趋成熟，工业机器人已经成为一种标准设备而被工业界广泛应用，从而相继形成了一批具有影响力的、著名的工业机器人公司，它们包括瑞士的 ABB Robotics，日本的 FANUC、Yaskawa，德国的 KUKA Roboter GmbH，美国的 Adept Technology、American Robot、Emerson Industrial Automation、S-T Robotics，这些公司已经成为其所在地区的支柱产业。国外专家预测，机器人产业是继汽车、计算机之后出现的一种新的大型高技术产业。据联合国欧洲经济委员会（UNECE）和国际机器人联合会（IFR）的统计，世界机器人市场前景看好，从 20 世纪下半叶起，世界机器人产业一直保持着稳步增长的良好势头。

在发达国家中，工业机器人自动化生产线成套设备已成为自动化装备的主流。国外汽车、电子电气、工程机械等行业已经大量使用工业机器人自动化生产线，以保证产品质量、提高生产效率，同时避免了大量的工伤事故。像国际上著名的公司，如 ABB、Comau、KUKA、BOSCH、NDC、Swisslog、村田等，都是机器人自动化生产线及物流与仓储自动化设备的集成供应商。目前，韩国、日本、意大利、德国、美国等国家的产业工人人均拥有工业机器人数量位于世界前列。全球诸多国家近半个世纪的工业机器人的使用实践表明，工业机器人的普及是实现自动化生产、提高社会生产效率、推动企业和社会生产力发展的有效手段。

综合国内外工业机器人研究和应用现状，工业机器人的研究正在朝智能化、模块化、系统化、微型化、多功能化，以及高性能、自诊断、自修复的趋势发展，以适应多样化、个性化的需求，向更大、更宽广的应用领域发展。

3. 工业机器人的特点

（1）可编程　生产自动化的进一步发展是柔性自动化。工业机器人可随其工作环境变化的需要而再编程，因此它在小批量、多品种、具有均衡高效率的柔性制造过程中能发挥很好的功用，是柔性制造系统中的一个重要组成部分。

（2）拟人化　工业机器人在机械结构上有类似人的行走、转腰、大臂、小臂、手腕、手爪等部分，在控制上有计算机。此外，智能化工业机器人还有许多类似人类的"生物传感器"，如皮肤型接触器、力传感器、负载传感器、视觉传感器、声觉传感器、语言功能等。传感器提高了工业机器人对周围环境的自适应能力。

（3）通用性　除了专门设计的专用工业机器人外，一般工业机器人在执行不同的作业任务时具有较好的通用性。比如，更换工业机器人手部末端操作器（手爪、工具等），便可执行不同的作业任务。

（4）机电一体化　工业机器人技术涉及的学科相当广泛，但是归纳起来是机械学和微电子学的结合。第三代智能机器人不仅具有获取外部环境信息的各种传感器,而且具有记忆能力、语言理解能力、图像识别能力、推理判断能力等,这些都和微电子技术的应用,特别是计算机技术的应用密切相关。因此,机器人技术的发展必将带动其他技术的发展,机器人技术的发展和应用水平也可以验证一个国家科学技术和工业技术的发展水平。

工业机器人的定义随着科技的不断发展而在不断完善,未来的五至十年将是工业机器人在中国市场的爆发期,业界对此普遍持乐观态度。在中国廉价劳动力优势逐渐消失的背景下,"机器换人"已是大势所趋。面对机器人产业这块诱人的大蛋糕,中国各地都行动了起来,机器人企业、机器人产业园如雨后春笋般层出不穷,各机器人企业都积极投身这场"掘金战"中。

【任务实施】

➢ 编写工业机器人应用市场调研报告。

◀ 任务 1-2　认识工业机器人 ▶

【任务学习】

➢ 掌握工业机器人的典型结构。
➢ 列举工业机器人典型结构的应用场合及多样性。

1. 直角坐标工业机器人

直角坐标工业机器人(见图 1-1)一般做 2～3 个自由度运动,每个自由度运动之间的空间夹角为直角。直角坐标工业机器人是能够实现自动控制的、可重复编程的、自由度运动仅包含三维空间正交平移的自动化设备,其组成部分包括直线运动轴、运动轴的驱动系统、控制系统、终端设备。

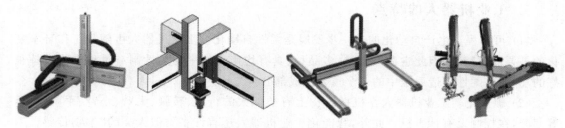

图 1-1　直角坐标工业机器人

直角坐标工业机器人的特点如下:①组合多样化;②行程超大化;③负载能力强;④高动态特性;⑤高精度;⑥扩展能力强;⑦简单经济;⑧寿命长。

2. 平面关节型工业机器人

平面关节型工业机器人又称为 SCARA 工业机器人,如图 1-2 所示,它是 selective

compliance assembly robot arm 的缩写,是圆柱坐标工业机器人的一种形式。SCARA 工业机器人有三个旋转关节,其轴线相互平行,在平面内进行定位和定向;SCARA 工业机器人还有一个移动关节,用于完成末端件在垂直平面的运动。SCARA 工业机器人精度高,动作范围较大,坐标计算简单,结构轻便,响应速度快,但负载较小。

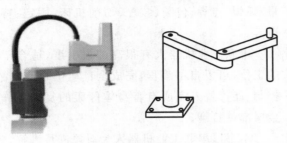

图 1-2 平面关节型工业机器人

SCARA 工业机器人在 X、Y 轴方向上具有顺从性,而在 Z 轴方向上具有良好的刚度,此特性特别适合装配工作,例如将一个圆头针插入一个圆孔中。另外,SCARA 工业机器人还可大量用于装配印制电路板和电子零件。SCARA 工业机器人的另一个特点是其串接的两杆类似于人的手臂,可以伸进有限空间中作业然后收回,适合搬动和取放物件,如集成电路板等。

3. 并联工业机器人

并联工业机器人又称为 DELTA 工业机器人,如图 1-3 所示,它属于高速、轻载型工业机器人,一般通过示教编程或视觉系统捕捉目标物体,由三个并联的伺服轴确定夹具中心(TCP)的空间位置,实现目标物体的运输、加工等操作。DELTA 工业机器人主要用于食品、药品和电子产品等的加工和装配。DELTA 工业机器人以其质量轻、体积小、运动速度快、定位精确、成本低、效率高等特点而被广泛应用。

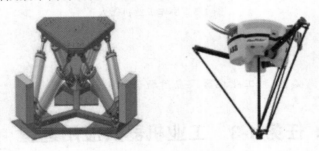

图 1-3 并联工业机器人

DELTA 工业机器人是典型的空间三自由度并联机构,整体结构精密、紧凑,驱动部分均布于固定平台上,这些特点使它具有如下特性:

(1)承载能力强,刚度大,自重负荷比小,动态性能好。

(2)具有并行三自由度机械臂结构,重复定位精度高。

(3)能超高速拾取物品,一秒钟多个节拍。

4. 串联工业机器人

串联工业机器人(见图 1-4)拥有 4 个或 4 个以上的旋转轴,其中 6 个轴的是最普通的形式,类似于人类的手臂,应用于装货、卸货、喷漆、表面处理、测试、测量、弧焊、点焊、包装、装配、切削机床、固定、特种装配作业、锻造、铸造等。

串联工业机器人有很高的自由度,适合于几乎任何轨迹或角度的工作,可以自由编程,完成全自动化的工作,生产效率高,错误率可控制,能代替人完成有害身体健康的复杂工作,比如汽车外壳点焊、金属部件打磨。

图 1-4 串联工业机器人

本书以串联工业机器人为对象进行讲解。

5. 协作工业机器人

在传统的工业机器人逐渐取代人进行单调、重复性高、危险性强的工作之时,协作工业机器人(见图 1-5)也将慢慢渗入各个工作领域,与人共同工作,这将引领一个全新的工业机器人与人协同工作时代的来临。随着工业自动化的发展,我们发现需要协助型的工业机器人配合人来完成工作任务,这比工业机器人的全自动化工作站具有更好的柔性和成本优势。

美国Baxter　　　　　瑞典YuMi　　　　　丹麦UR

图 1-5 协作工业机器人

【任务实施】

➢ 以 PPT 形式提交 20 种工业机器人应用场合说明。

◀ 任务 1-3　工业机器人应用选型 ▶

【任务学习】

➢ 掌握工业机器人的应用选型。

➢ 熟悉多种型号的工业机器人的特性。

工业机器人应用选型的常用方法是,靠项目经验及各大品牌机器人手册数据、选型图形表计算进行选择。接下来对工业机器人应用选型的几个要素进行说明。

1. 应用场合

首先要知道的是工业机器人要用于何处,这是选择工业机器人种类时的首要条件。若是应用制程需要在人工旁边由机器协同完成,对于通常的人机混合的半自动化线,特别是需要经常变换工位或移位移线的情况,以及配合新型力矩感应器的场合,协作工业机器人是很好的选择。如果是紧凑型取放料,则平面关节型工业机器人是不二选择。如果是针对小型物件快速取放的场合,并联工业机器人最能满足这样的需求。对于非常大范围的应用且工艺综合类的制程,应选择串联工业机器人或直角坐标工业机器人。

2. 行程范围

工业机器人的行程范围,需要根据实际项目的需求来定。对于一名规划人员来说,在选择臂展时,首先就要根据工业机器人仿真可达范围模拟数据进行选择,而且要对工业机器人价格有一个初步估算,很多时候不是臂展越小、负载越低的工业机器人价格越便宜。工业机器人是一种标准装备,负载及臂展居中的制造数量与销量巨大,反而便宜。工业机器人水平运动时,其近身及后方是一片非工作区域,如图1-6所示。

工业机器人的最大垂直高度是从工业机器人能到达的最低点(常在工业机器人底座以下)到手腕可以到达的最大高度之间的距离(Y),最大水平动作距离是从工业机器人底座中心到手腕可以水平到达的最远点之间的距离(X),如图1-7所示。

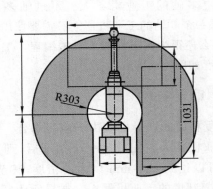

图1-6 工业机器人水平行程范围图示

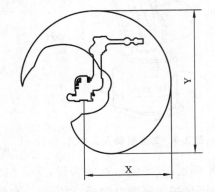

图1-7 工业机器人垂直行程范围图示

3. 有效负载

有效负载是指工业机器人在工作范围内的任何位置上所能承受的最大重量,包括法兰盘以外的工具及工件的重量。另外需要特别注意的是工业机器人的负载特性曲线,在空间范围内的不同距离位置,实际负载能力会有差异。负载值都是要保证工业机器人在任意位置能达到关节额定最大速度。工业机器人负载特性曲线如图1-8所示。

4. 自由度(轴数)

工业机器人轴的数量决定了其自由度。如果只是进行一些简单的应用,例如在传送带之间拾取、放置零件,那么4轴的工业机器人就可以满足要求。如果工业机器人需要在一个

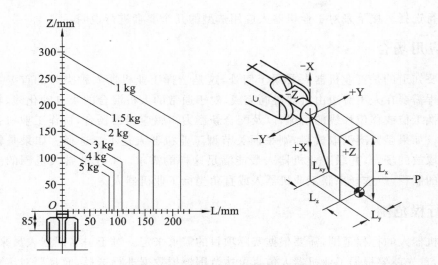

图 1-8 工业机器人负载特性曲线

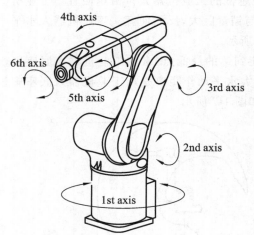

图 1-9 工业机器人自由度

狭小的空间内工作,而且机械臂需要扭曲反转,那么 6 轴或者 7 轴的工业机器人是最好的选择。工业机器人轴的数量通常取决于具体的应用。需要注意的是,轴数多一点并不只是为了灵活性。事实上,如果想把工业机器人还用于其他的场合,可能需要更多轴的工业机器人。不过轴多也有缺点,如果一个 6 轴的工业机器人只需要使用其中的 4 轴,那么还得为剩下的那 2 个轴编程。工业机器人自由度如图 1-9 所示。

5. 重复精度

重复精度的选择也取决于应用场合。重复精度是工业机器人在完成每一个循环后,到达同一位置的精确度/差异度。通常来说,工业机器人可以达到 0.5 mm 以内的精度,甚至更高。例如,如果是用于制造电路板,则需要一台超高重复精度的工业机器人。如果所从事的应用精度要求不高,那么工业机器人的重复精度也可以不用那么高。重复精度在 2D 视图中通常用"±"表示。实际上,由于工业机器人并不是线性的,重复精度可以在公差半径内的任何位置。

6. 速度

对于不同的用户需求,工业机器人的速度也不同,它取决于完成工作所需要的时间。工业机器人规格表中通常只给出了最大速度,而工业机器人能提供的速度介于零和最大速度之间。工业机器人速度的单位通常为 mm/s。一些工业机器人制造商还给出了最大加速度。

7. 重量

工业机器人的重量是工业机器人设计的一个重要参数。如果工业机器人需要安装在定制的工作台甚至轨道上,则需要知道工业机器人的重量并设计相应的支撑。

8. 制动和惯性力矩

工业机器人制造商一般都会给出制动系统的相关信息。一些工业机器人会给出所有轴的制动信息。为了在工作空间内确定精准和可重复的位置,需要足够数量的制动。工业机器人特定部位的惯性力矩可以向制造商索取,它对于机器人的安全是至关重要的。同时还应该注意各轴的允许力矩。例如需要一定的力矩去完成某项工作时,就需要检查该轴的允许力矩能否满足要求,如果不能满足要求,工业机器人很可能会因为超载而出现故障。

9. 防护等级

防护等级取决于应用工业机器人时所需要的防护等级(IP 等级)。工业机器人与食品相关的产品、实验室仪器、医疗仪器一起工作或者处在易燃的环境中时,其所需的防护等级各不相同。防护等级是一个国际标准,需要区分实际应用所需的防护等级,或者按照当地的规范进行选择。一些工业机器人制造商会根据工业机器人工作环境的不同而为同型号的工业机器人提供不同的防护等级。一般,标准:IP40,油雾:IP67,清洁 ISO 等级:3。

【任务实施】

➢ 制作工业机器人选型图形表或手册。

◀ 任务 1-4　掌握工业机器人应用的安全注意事项 ▶

【任务学习】

➢ 掌握工业机器人应用的安全注意事项。
➢ 能识别工业机器人在操作过程中的危险因素。
➢ 结合人机工程或 IE 手法制作系统的安全规范。

1. ⚡ 关闭总电源

在进行工业机器人的安装、维修和保养时,切记要将总电源关闭。带电作业可能会产生致命性后果。如不慎遭高压袭击,可能会导致心跳停止、烧伤或其他严重伤害。

2. ⚠ 与工业机器人保持足够的安全距离

在调试、运行工业机器人时,工业机器人可能会执行一些意外的或不规范的运动,并且所有的运动都会产生很大的力,从而严重伤害个人和/或损坏工业机器人工作范围内的任何设备,所以应时刻警惕与工业机器人保持足够的安全距离。

3. ⚡ 静电放电危险

ESD(静电放电)是电势不同的两个物体间的静电传导,它可以通过直接接触来传导,也可以通过感应电场来传导。搬运部件或部件容器时，未接地的人员可能会传导大量的静电荷，这一放电过程可能会损坏敏感的电子设备。所以在有此标识的情况下，要做好静电放电防护。

4. ⚠ 紧急停止

紧急停止优先于任何其他工业机器人控制操作，它会断开工业机器人电动机的驱动电源，使所有运转部件停止，并切断由工业机器人系统控制且存在危险的功能部件的电源。出现下列情况时请立即按下任意紧急停止按钮：

(1) 工业机器人运行时，工作区域内有工作人员。

(2) 工业机器人伤害了工作人员或损坏了机器设备。

5. ⚠ 灭火

发生火灾时，请确保全体人员安全撤离后再进行灭火。应首先处理受伤人员。当电气设备(例如工业机器人或控制器)起火时，使用二氧化碳灭火器，切勿使用水或泡沫。

6. ⓘ 工作中的安全

工业机器人速度慢，但是很重并且力量很大，运动中的停顿或停止都会产生危险。即使可以预测运动轨迹，但外部信号有可能改变操作，会在没有任何预警的情况下产生意想不到的运动。因此，当进入保护空间时，务必遵循所有的安全条例。

(1) 如果在保护空间内有工作人员，请手动操作工业机器人系统。

(2) 当进入保护空间时，请准备好示教器 FlexPendant，以便随时控制工业机器人。

(3) 注意旋转或运动的工具，例如切削工具和锯，确保在接近工业机器人之前，这些工具已经停止运动。

(4) 注意工件和工业机器人系统的高温表面。工业机器人的电动机长期运转后温度很高。

(5) 注意夹具并确保夹好工件。如果夹具打开，工件会脱落并导致人员受伤或设备损坏。夹具非常有力，如果不按照正确的方法操作，也会导致人员受伤。

(6) 注意液压、气压系统以及带电部件，即使断电，这些电路中的残余电量也很危险。

7. ⓘ 示教器的安全

示教器 FlexPendant 是一种高品质的手持式终端，它配备了高灵敏度的一流电子设备。为避免由于操作不当而引起的故障或损害，请在操作时遵循以下几点要求：

(1) 小心操作。不要摔打、抛掷或重击 FlexPendant，否则会导致其破损或故障。在不使用该设备时，将它挂到专门存放它的支架上，以防意外掉到地上。

(2) 使用和存放 FlexPendant 时应避免电缆被人踩踏。

(3) 切勿使用锋利的物体(例如螺钉旋具或笔尖)操作触摸屏，否则可能会使触摸屏受损。应用手指或触摸笔(位于带有 USB 端口的 FlexPendant 的背面)去操作示教器触摸屏。

(4) 定期清洁触摸屏。灰尘和小颗粒可能会挡住屏幕而造成故障。

（5）切勿使用溶剂、洗涤剂或擦洗海绵清洁 FlexPendant，使用软布蘸少量水或中性清洁剂清洁。

（6）没有连接 USB 设备时务必盖上 USB 端口的保护盖。如果端口暴露到灰尘中，那么它可能会中断或发生故障。

8. ⚠ 手动模式下的安全

在手动减速模式下，工业机器人只能减速（250 mm/s 或更慢）操作（移动）。只要在安全保护空间内工作，工业机器人就应始终以手动速度进行操作。手动全速模式下，工业机器人以程序预设速度移动。手动全速模式应仅用于所有人员都位于安全保护空间外时，而且操作人员必须通过特殊训练，熟知潜在的危险。

9. ⚠ 自动模式下的安全

自动模式用于在生产中运行工业机器人程序。在自动模式下，常规模式安全保护停止（GS）、自动模式安全保护停止（AS）和上级安全保护停止（SS）机制都将处于活动状态。

【任务实施】

➢ 分组检索学习人机工程与 IE 手法，制作企业现场安全规范，并用 PPT 展示。

◀ 任务 1-5   构建基础练习用的工业机器人虚拟工作站 ▶

【任务学习】

➢ 掌握 RobotStudio 虚拟仿真软件最新版本的下载方法。
➢ 能够正确安装好 RobotStudio 虚拟仿真软件。
➢ 能够在 RobotStudio 中新建一个虚拟工业机器人。

1. 下载最新版本 RobotStudio 虚拟仿真软件

RobotStudio 的下载步骤如下所示。

示 例 图	说 明
	步骤 1：百度搜索"ABB 官网"，单击官网进入。

示　例　图	说　　明
	步骤2：在 ABB 官网首页，单击"产品指南"。
	步骤3：在"产品指南"页面，单击"机器人技术"。
	步骤4：在"机器人技术"页面，单击"RobotStudio"，下拉菜单，单击"下载中心"。
	步骤5：在"下载中心"页面，选择所需版本的 RobotStudio 虚拟仿真软件。

2. 安装 RobotStudio 虚拟仿真软件

下载好 RobotStudio 虚拟仿真软件并进行解压后，就可以按照以下流程进行安装。

示　例　图	说　　明
	步骤1：在解压的文件夹中，双击"setup. exe"。

示　例　图	说　明
	步骤 2：选择"中文（简体）"，然后单击"确定"。
	步骤 3：单击"下一步"。
	步骤 4：勾选"我接受该许可证协议中的条款"，然后单击"下一步"。
	步骤 5：单击"接受"。
	步骤 6：单击"下一步"。（一般不要变更目的文件夹路径，如果一定要变更的话，最好文件夹路径中不要使用中文）
	步骤 7：单击"下一步"。
	步骤 8：单击"安装"。

3. 在 RobotStudio 中建立一个虚拟工业机器人

示 例 图	说 明
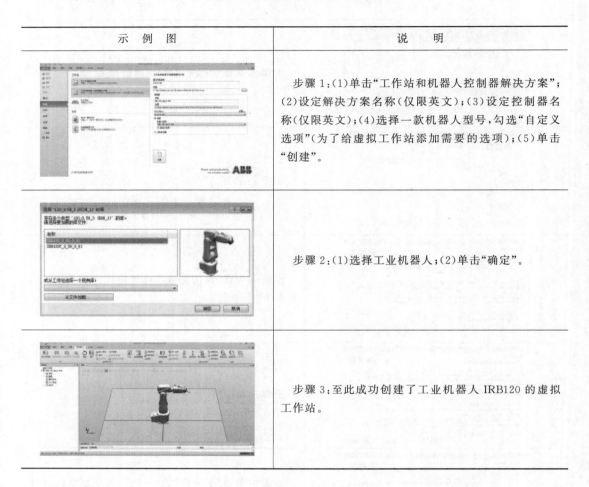	步骤1：(1)单击"工作站和机器人控制器解决方案"；(2)设定解决方案名称(仅限英文)；(3)设定控制器名称(仅限英文)；(4)选择一款机器人型号，勾选"自定义选项"(为了给虚拟工作站添加需要的选项)；(5)单击"创建"。
	步骤2：(1)选择工业机器人；(2)单击"确定"。
	步骤3：至此成功创建了工业机器人 IRB120 的虚拟工作站。

4. 在 RobotStudio 中进行虚拟系统选项修改

在 RobotStudio 中创建好虚拟工业机器人后，经常会因为练习和调试的需要，对工业机器人系统的选项进行增加与删除。

ABB 工业机器人系统出厂默认选项能满足基本练习，为达到更好的练习效果，下面我们就显示语言、通信总线进行选项设置。

示 例 图	说 明
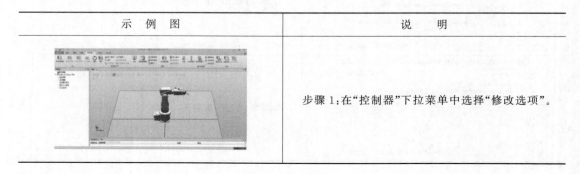	步骤1：在"控制器"下拉菜单中选择"修改选项"。

示　例　图	说　明
	步骤 2：单击"Default Language"，选择语言，先取消已勾选的语言，再勾选使用语言。
	步骤 3：单击"Industrial Networks"，选择通信总线，勾选"709-1 DeviceNet Master/Slave"。
	步骤 4：单击"Anybus Adapters"，选择通信总线，勾选"840-2 PROFIBUS Anybus Device"。所修改的配置选项完成后，单击"确定"。
	步骤 5：单击"Yes"，这样子选项修改就完成了。
	步骤 6：(1)单击"控制器"菜单；(2)单击"示教器"中的"虚拟示教器"，打开虚拟工作站的虚拟示教器。
	步骤 7：(1)用 Enable 按钮代替真实示教器上的使能键使用；(2)单击控制柜小图标；(3)单击"手动"，将系统切换到手动模式，这样就可以在 RobotStudio 中进行工业机器人的应用练习了。

【任务实施】

➢ 掌握三种以上的工业机器人虚拟仿真软件基础应用,如 KUKA、FANUC、MOTOMAN,提交基本练习用的虚拟工作站文件。

项目总结

【拓展与提高】

IP(ingress protectionrating)防护等级系统由 IEC(International Electrotechnical Commission)所起草。防护等级多以 IP 后跟两个数字来表示,数字用来明确防护的等级。

第一位数字表明设备抗微尘的范围,或者是人们在密封环境免受危害的程度,代表防止固体异物进入的等级,最高级别是 6;第二位数字表明设备防水的程度,代表防止进水的等级,最高级别是 8。

【工程素质培养】

认知工业机器人的关键点在于能够在实际工况中快速识别现场工业机器人的相关信息,例如,通过颜色、结构、工艺等可以分辨出工业机器人的品牌、型号、负载,这些基础工程素质需要平时对大量资料的阅读、掌握与吸收。

【思考与练习】

1. 工业机器人最显著的特点是什么?
2. 工业机器人的典型结构有哪些?
3. 如果你在制造现场,你会从哪些方面保护自身安全?
4. 请列举构建基础练习用的工业机器人虚拟工作站时的注意事项。
5. 你觉得如何学好本书的知识点?

项目 2
工业机器人的硬件连接

在工业机器人集成项目现场，按 layout 布局设计完成现场相关设备的定位后，工业机器人基本组成部分（本体、控制柜、示教器）正确的硬件连接尤为重要。熟练掌握硬件相关的移运、安装及接口的连接，可大大提高工作效率，缩短工程项目交期时间，减少项目风险的发生。

◀ **知识目标**

➢ 掌握工业机器人包装箱的拆箱技巧。

➢ 熟悉工业机器人的移动及安装方法。

➢ 熟悉工业机器人本体、控制柜、示教器的电缆接口连接方法。

➢ 熟悉工业机器人动力电源的接入方法。

➢ 掌握通电前的检查方法。

➢ 掌握工业机器人安全保护机制。

◀ **技能目标**

➢ 能够正确地拆除工业机器人的包装箱，将工业机器人移到指定位置。

➢ 能够完成工业机器人基本组成部分接口的硬件连接。

➢ 能够接入动力电源，并检查相关接口连接无误，确认通电。

➢ 能够完成工业机器人安全保护机制的连接。

◀ 任务 2-1　工业机器人本体与控制柜、包装箱的拆除 ▶

【任务学习】

➤ 掌握工业机器人本体与控制柜、包装箱的拆除技巧与流程。
➤ 掌握清点工业机器人标准装箱物品的方法。

由于工业机器人面向的是全球使用客户,在运输过程中会遇到不可抗力的原因,因此工业机器人的包装必须满足进出口商品的包装要求。工业机器人要用塑料袋密封,然后密封在木制或铁制的箱体内,以防止雨水进入。那么,作为未来工业机器人的使用者,需要掌握哪些更安全、更便捷的拆箱技巧呢?下面我们就一起来学习工业机器人外包装的拆除方法。

知名品牌的工业机器人的外包装如图 2-1、图 2-2 所示。

图 2-1　ABB 工业机器人的外包装　　　　图 2-2　FANUC 工业机器人的外包装

1. 拆除工业机器人外包装所使用工具的准备

工欲善其事,必先利其器。提前准备好所需要的工具(见图 2-3),能够有效地确保工作计划进度,同时避免不必要的工伤事故。

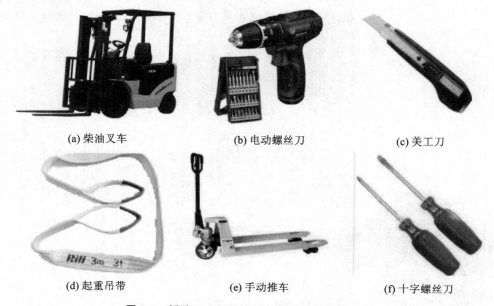

(a) 柴油叉车　　　　　　(b) 电动螺丝刀　　　　　　(c) 美工刀

(d) 起重吊带　　　　　　(e) 手动推车　　　　　　(f) 十字螺丝刀

图 2-3　拆除工业机器人外包装时所使用的工具

(g) 起重吊勾　　　　　　　(h) 起重圆形吊环　　　　　　(i) 起重U形吊环

续图 2-3

2. 拆除工业机器人外包装的流程与注意事项

第 1 步：检查。检查工业机器人外包装表面是否完好无损，如有异常，应采取方式记录留依据，并向领导汇报。

检查的主要内容有：

① 外包装是否有明显损坏；

② 工业机器人本体与控制柜系列号是否一致；

③ 检查唛头信息是否有误；

④ 检查防振标签（见图 2-4）是否正常。

第 2 步：了解。了解工业机器人与包装的整体净重、毛重，选择合适的搬运工具及吊运起重工具，并确定重心位置。工业机器人外包装箱常见标识符号如图 2-5 所示。

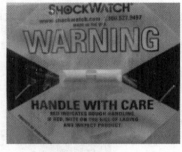

图 2-4　防振标签

向　上　　由此吊起　　怕　湿　　重心点　　禁止翻滚　　小心轻放

图 2-5　工业机器人外包装箱常见标识符号

第 3 步：吊运。吊运时，选择合适的吊运工具，并确定工业机器人本体及控制柜外包装箱的吊运位置及重心位置。工业机器人外包装箱的吊运位置及重心位置如图 2-6 所示。

第 4 步：搬运。利用工具将工业机器人本体及控制柜的外包装箱移至宽敞位置，如图 2-7 所示。

图 2-6　工业机器人外包装箱的吊运　　　图 2-7　将工业机器人本体及控制柜的
　　　　　位置及重心位置　　　　　　　　　　　　外包装箱移至宽敞位置

第 5 步：拆除外包装箱。外包装箱由托盘、四个包装面组合而成，在拆箱过程中有两种方法可以采用。

方法一：拆除外包装箱的托盘与四个包装面的连接螺丝，共四处有 4 pcs 自攻螺钉（见图 2-8）。外包装箱四面整体拆除后的示意图如图 2-9 所示。

图 2-8　外包装箱四处 4 pcs 自攻螺钉的位置　　　**图 2-9　外包装箱四面整体拆除后的示意图**

方法二：外包装箱有四个面，以每面拆除为基准，每面有 20 pcs 自攻螺钉，在拆除外包装箱的过程中需要 3 人（2 人负责手扶外包装箱面，1 人负责松螺钉），以确保安全操作，如图 2-10、图 2-11 所示。

图 2-10　以面为基准拆除外包装箱时螺钉的位置　　　**图 2-11　双人操作取出外包装箱的四个面**

第 6 步：拆除内包装。内包装主要由仿形塑料袋封塑，以防止工业机器人本体与控制柜进水。拆除内包装的方法是利用美工刀沿工业机器人本体底部及控制柜底部划开塑料袋，如图 2-12、图 2-13 所示。

图 2-12　沿工业机器人本体底部划开塑料袋　　　**图 2-13　沿控制柜底部划开塑料袋**

第 7 步:拆箱后工业机器人本体检查。拆箱后检查的主要内容有:

① 观察工业机器人本体表面油漆有无划伤;

② 手扶工业机器人本体各轴,轻微沿各轴运动方向晃动,看轴结构有无装配间隙不良的情况;

③ 工业机器人本体电缆及接口有无明显异常;

④ 工业机器人本体有无机械固定件(仅限部分机型);

⑤ 工业机器人本体装配螺丝有无异常。

工业机器人本体机械轴运动固定件如图 2-14 所示。

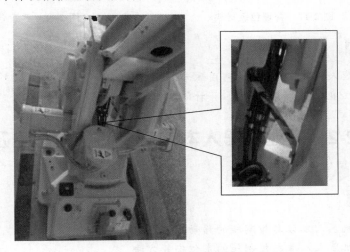

图 2-14　工业机器人本体机械轴运动固定件

第 8 步:拆箱后控制柜检查。拆除控制柜内、外包装后,将柜体保护海绵取掉,主要检查电缆线、包装箱内的物品(如示教器固定架、安全说明书、示教器纸箱、出货清单等)。

拆除控制柜内、外包装后的示意图如图 2-15 所示。控制柜包装箱内的物品如图 2-16 所示。

图 2-15　拆除控制柜内、外包装后的示意图

图 2-16　控制柜包装箱内的物品

第 9 步:整理拆箱后的包装材料。包装材料拆除后,确认包装材料上无螺钉凸出来,将包装材料整齐摆放好,如图 2-17、图 2-18 所示,并通知专人来处理。

图 2-17　整理包装材料

图 2-18　整理包装固定件

【任务实施】

➢ 按工业机器人包装尺寸比例，利用积木制作包装箱。

➢ 设计新的工业机器人开箱清单，并打印提交。

◀ 任务 2-2　工业机器人本体与控制柜的移动及安装 ▶

【任务学习】

➢ 掌握工业机器人本体与控制柜的移动技巧与注意事项。

➢ 掌握工业机器人本体与控制柜的定位安装方法。

项目集成现场、产线搬迁、产线改造等都需要将工业机器人本体及控制柜移动至指定位置，在移动过程中，安全、快速、有效是我们所追求的。本任务以 ABB 工业机器人为例，介绍工业机器人本体及控制柜的移动及定位安装过程。

1. ABB 工业机器人控制柜的移动安装及接口说明

1) 控制柜的搬运移动

按照图 2-19 所示的吊装方式，将控制柜移动到指定安装位置。搬运移动时的注意事项为：①在起吊前确保吊带长度及承载重量合适；②使用不合适的吊带时，注意捆绑长度及捆绑方式，避免控制柜在起吊过程中摆动。

2) 控制柜的定位安装

工业机器人的控制柜一般情况下与其他通信柜放在一起，并且要确保控制柜周边有足够的空间，便于检修维护及放置专用底座，避免清洁时地面水进入柜内。控制柜的专用底座如图 2-20 所示。控制柜摆放周边检修维护空间尺寸如图 2-21 所示。

3) 控制柜示教器固定架的安装

在线编程终端示教器是昂贵的产品，不使用时，必须放置在指定的位置（固定架上），在条件允许的情况下，可以制作示

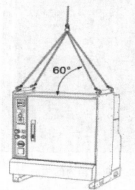

图 2-19　控制柜的吊装示意图

教器专用保护箱进行上锁管理,如图 2-22 所示。

图 2-20 控制柜的专用底座

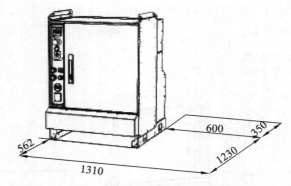

图 2-21 控制柜摆放周边检修维护空间尺寸

示教器固定架的固定方式有以下三种:①固定在控制柜的顶部表面,如图 2-23 所示;②固定在控制柜的左/右侧,如图 2-24(a)所示;③固定在控制柜的正面(门外侧面),如图 2-24(b)所示。

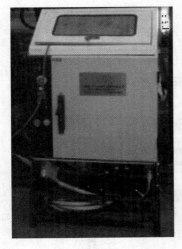

图 2-22 专用示教器上锁保护箱

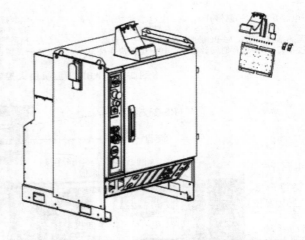

图 2-23 示教器固定架固定在控制柜的顶部表面

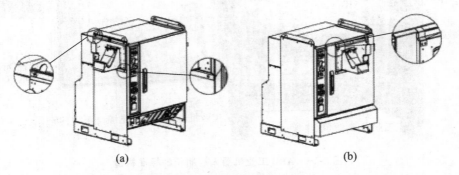

(a)   (b)

图 2-24 示教器固定架固定在控制柜的左/右侧与正面

4）ABB 工业机器人控制柜的接口介绍

ABB 工业机器人控制柜的接口如图 2-25 所示，ABB 工业机器人控制柜的标准构造如图 2-26 所示。

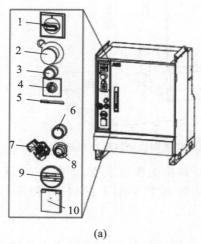

(a)

1—电源开关；2—急停开关；3—上电/复位按钮；
4—运行模式旋钮；5—安全链状态显示灯；6—示
教器热插拔按钮；7—PC机服务端口；8—示教器
连接接口；9—运行时间计数器；10—电源快插接口

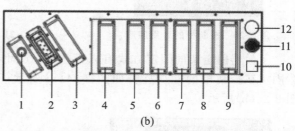

(b)

1—电源接入口；2—动力快插接口；3—预留重载口1；
4—预留重载口2；5—预留重载口3；6—预留重载口4；
7—预留重载口5；8—预留重载口6；9—预留重载口7；
10—预留方口1；11—编码器接口；12—预留圆口

图 2-25　ABB 工业机器人控制柜的接口

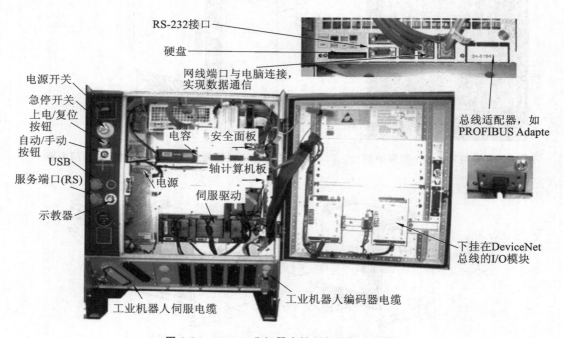

图 2-26　ABB 工业机器人控制柜的标准构造

2. ABB 工业机器人本体的移动安装及接口说明

1）本体水平安装移位起运方式

由于工业机器人本体较重，通常水平安装移位时采取的两种方式是柴油叉车移位及天车移位。下面介绍这两种移位方式。

如图 2-27 所示，将轴 2、轴 3 和轴 5 运动至移位吊运姿态（任何品牌的工业机器人，无论采取何种移位方式，都必须操作此步）。

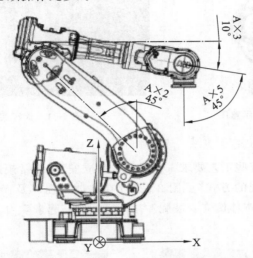

图 2-27 本体移位吊运姿态参考图

（1）柴油叉车移位方式：需安装专用工具，如图 2-28、图 2-29 所示。

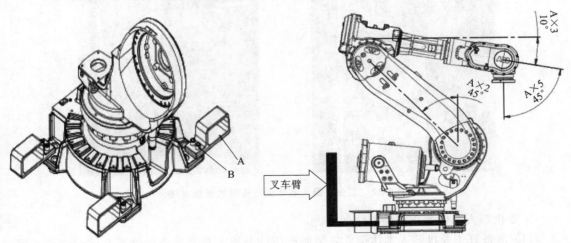

图 2-28 柴油叉车移位专用工具安装图
A—专用工具；B—固定螺丝

图 2-29 柴油叉车移位示意图

（2）天车移位方式：如图 2-30 所示，在 A、B 和 C 处应添加覆盖物，预防绳索或吊带对本体的损坏。天车实物图如图 2-31 所示。

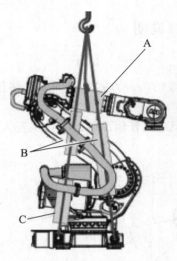

图 2-30　天车移位示意图　　　　　　　图 2-31　天车实物图

2）本体倒立安装移位起运方式

在项目集成应用中,有些工艺要求工业机器人倒立安装,而常规的移位起运方式满足不了此安装要求,一些非正规的方式(见图 2-32)存在本体易损坏及操作人员不安全的隐患。如何科学、安全、有效地将本体倒立安装呢？接下来我们一起来学习工业机器人本体倒立安装方法。

图 2-32　工业机器人本体倒立安装的错误方法

工业机器人本体倒立安装方法如下。

(1) 准备好工业机器人本体倒立安装所使用的专用工具。工业机器人本体倒立安装所使用的专用工具如图 2-33 所示。

(2) 将工业机器人本体移动到起重位置,固定好起吊专用工具。

起吊前工业机器人本体姿态及专用工具固定如图 2-34 所示。

(3) 用天车起吊工业机器人本体,并通过电葫芦慢慢放长吊带,本体由于重力而慢慢翻转过来,如图 2-35 所示。

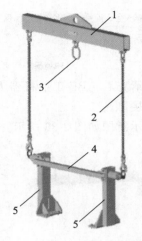

专用工具介绍	
位置标记	结构说明
1	顶部起重横梁
2	起重链条
3	吊眼
4	低调梁
5	提升立柱

图 2-33　工业机器人本体倒立安装所使用的专用工具

图 2-34　起吊前工业机器人本体姿态及专用工具固定

图 2-35　起吊电葫芦控制工业机器人本体翻转

注:工业机器人本体倒立安装存在一定的危险性,新手接触时,为保证人身安全和设备安全,请在有经验的工程师的带领下完成该项任务。

3)本体接口说明

不同工业机器人的连接接口有所差异,具体请查看 ABB 工业机器人随机光盘说明书。下面介绍 ABB 工业机器人 IRB1410 本体的连接接口。

(1) IRB1410 本体的上臂接口与底座接口的示意图如图 2-36 所示。

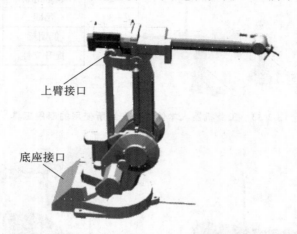

图 2-36 IRB1410 本体的上臂接口与底座接口的示意图

(2) IRB1410 本体的底座接口说明如图 2-37 所示。

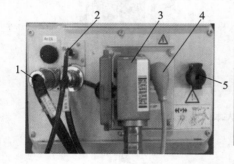

标 识	编 号	说 明
1	R1.CP/CS	用户电缆接口
2	AirM16×1.5	压缩空气接口
3	R1.MP	电动机动力电缆
4	R1.SMB	转数计数器电缆
5	—	制动闸

图 2-37 IRB1410 本体的底座接口说明

(3) IRB1410 本体的上臂接口说明如图 2-38 所示。

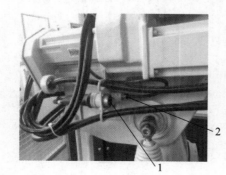

标 识	编 号	说 明
1	AirM16×1.5	压缩空气接口
2	R2.CP	用户电缆CP

图 2-38 IRB1410 本体的上臂接口说明

底座接口的用户电缆、压缩空气接口是与上臂接口的用户电缆、压缩空气接口直接连通的,这样只需将 I/O 板信号与供气气管连接到底座接口,第六轴法兰盘上夹具或工具的信号与气管连接到上臂接口,就能实现连通了。IRB1410 本体预布置好的管线如图 2-39 所示。

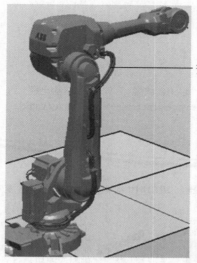

预布置好的管线

图 2-39　IRB1410 本体预布置好的管线

【任务实施】

➢ 结合老师给定的任务表,在实训室收集工业机器人本体与控制柜的移位方式与定位特性。

◀ 任务 2-3　工业机器人基本组成部分接口连接及供电接入 ▶

【任务学习】

➢ 掌握工业机器人接口属性特征。
➢ 熟悉工业机器人接口连接方法。
➢ 掌握工业机器人单机配电知识。

在调试安装现场,工业机器人基本组成部分(本体、控制柜、示教器)的连接,出现最多的异常是不够熟悉相关接口的特性,在连接过程中效率低、重载快插针插弯等。由于工业机器人连接电缆重载与电缆是一次性成型,不必要的异常不仅影响工作效率,同时也带来不必要的损失。本任务以 ABB 工业机器人 IRB1410 为例,介绍工业机器人基本组成部分的接口连接及供电接入。

本体与控制柜的编码器线缆、驱动电缆标配长度是 5 m,如因工作单元 layout 布局要求,在采购时可要求厂商增加线缆的长度。(注:增加线缆长度时,要综合考虑是否影响信号速率、电流波等,建议本体与控制柜的线缆长度不超过 18 m。)示教器线缆标配长度为 10 m。

在生产应用中,如遇到工业机器人原厂配套的线缆损坏,不建议重新连接或锡焊连接使用,因为这样会直接导致本体伺服电机或示教器屏幕异常。ABB工业机器人IRB1410编码器线缆与驱动电缆分布图如图2-40所示。ABB工业机器人IRB1410用户电缆分布图如图2-41所示。

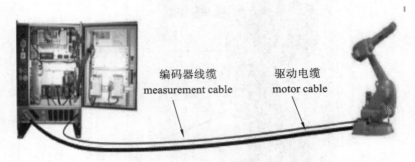

图 2-40　ABB 工业机器人 IRB1410 编码器线缆与驱动电缆分布图

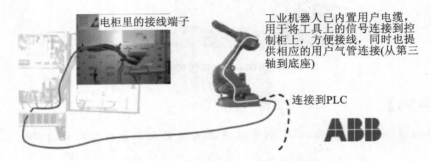

图 2-41　ABB 工业机器人 IRB1410 用户电缆分布图

1. 本体与控制柜线缆连接

1)编码器线缆连接

(1)编码器线缆与本体端、控制柜端的接口说明。

控制柜侧编码器接口如图2-42、图2-43所示。本体侧编码器接口如图2-44所示。

图 2-42　控制柜侧编码器接口(针)　图 2-43　控制柜侧编码器接口(孔)　图 2-44　本体侧编码器接口

接口特性介绍:航空插头一般由插头和插座组成,其中插头又称自由端航空插头,插座又称固定端航空插头。通过插头、插座的插合和分离来实现电路的连接和断开。螺纹式连接实现连接、分离和锁紧的功能。区别编码器线缆本体端与控制柜端接口特性,接口插针较细,在接入时,用力不应过大,找准防呆接口。

(2)编码器线缆的本体端连接与控制柜端连接。

编码器线缆的本体端连接与控制柜端连接分别如图2-45、图2-46所示。

NO.01编码器线缆连接到工业机器人本体底座接口上。

图 2-45 编码器线缆的本体端连接

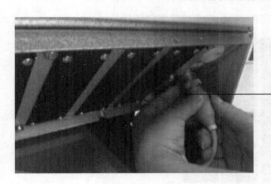

NO.02编码器线缆连接到控制柜端接口上。

图 2-46 编码器线缆的控制柜端连接

2)驱动电缆连接

(1)驱动电缆与本体端、控制柜端的接口说明。

控制柜侧驱动接口如图2-47、图2-48所示。本体侧驱动电缆接口如图2-49所示。

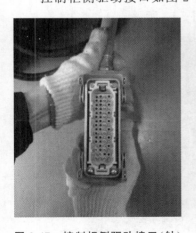

图 2-47 控制柜侧驱动接口(针)　图 2-48 控制柜侧驱动接口(孔)　图 2-49 本体侧驱动电缆接口

接口特性介绍:重载连接器相对于传统的连接方式,具有预先安装、预先接线、防止误插、提高工作效率等优点。重载连接器提供高集成度的连接,丰富的组合方式最大限度地提高了设备空间的有效利用率。重载连接器连接方便,高效地实现了设备各个功能模块的模块化,使得设备能够方便、安全地进行运输、安装、维护和维修。

(2)驱动电缆的本体端连接与控制柜端连接。

驱动电缆的本体端连接与控制柜端连接分别如图 2-50、图 2-51 所示。

NO.01驱动电缆连接到工业机器人本体端接口上。

图 2-50 驱动电缆的本体端连接

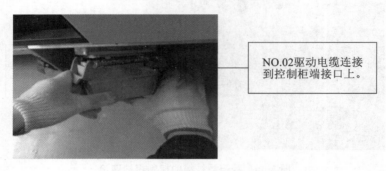

NO.02驱动电缆连接到控制柜端接口上。

图 2-51 驱动电缆的控制柜端连接

2. 控制柜与示教器线缆连接

1)示教器线缆与控制柜端的接口说明

示教器接头示意图如图 2-52 所示。连接标记示意图如图 2-53 所示。

图 2-52 示教器接头示意图

图 2-53 连接标记示意图

2）示教器线缆与控制柜端的连接

示教器线缆与控制柜端的连接如图 2-54 所示。

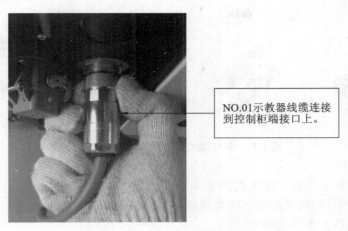

NO.01示教器线缆连接
到控制柜端接口上。

图 2-54　示教器线缆与控制柜端的连接

注：用户电缆是用户根据工艺要求来选择的，通常情况下很少使用，在此不做过多的说明，掌握以上线缆接口的连接方法，同种方法可应用于同类接口连接中。

3. 供电动力线缆接入

1）供电要求

以 ABB 工业机器人 IRB1410 为例，其主电源连接指引图如图 2-55 所示。

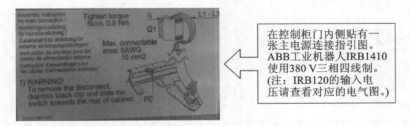

在控制柜门内侧贴有一
张主电源连接指引图。
ABB工业机器人IRB1410
使用380 V三相四线制。
(注：IRB120的输入电
压请查看对应的电气图。)

图 2-55　主电源连接指引图

ABB 工业机器人 IRB1410 的控制柜供电铭牌信息如图 2-56 所示。

ABB Engineering(Shanghai) Ltd.	
201319 Shanghai	Made in China
Type	IRC5 Single
Voltage	3x400V
Frequency	50~60Hz
Rated current	7A
Short circuit current	6.5 kA
Circuit diagram	See user documentation
1410-502985	
Date of manufacturing	2016-12-13
Net weight	150 kg

图 2-56　控制柜供电铭牌信息

2）供电动力线缆接入准备

供电动力线缆接入所使用的工具如图 2-57 所示。

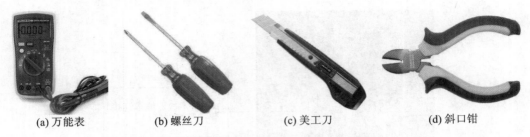

(a) 万能表　　　　(b) 螺丝刀　　　　(c) 美工刀　　　　(d) 斜口钳

图 2-57　供电动力线缆接入所使用的工具

工具说明如下。

（1）万能表：测量上级导线是否带电，测量电压值。

（2）螺丝刀：紧固/松开断路器压线螺丝。

（3）美工刀：拨开导线绝缘层。

（4）斜口钳：裁剪导线。

【任务实施】

➢ 结合老师给定的任务表，在实训室收集工业机器人本体与控制柜的接口连接特性及配电技巧。

◀◀ 任务 2-4　工业机器人安全保护机制的连接 ▶▶

【任务学习】

➢ 掌握安全回路原理。

➢ 熟悉安全回路接入方法。

工业机器人系统可以配备各种各样的安全保护装置，例如门互锁开关、安全光幕（见图 2-58）和安全垫（见图 2-59）等。最常用的是工业机器人单元的门互锁开关，打开此装置可暂停工业机器人。控制器的四个独立的安全保护机制分别为常规模式安全保护停止（GS）、自动模式安全保护停止（AS）、上级安全保护停止（SS）和紧急停止（ES），如表 2-1 所示。

图 2-58　安全光幕

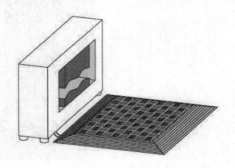

图 2-59　安全垫

表 2-1 安全保护机制说明

安 全 保 护	保 护 机 制
GS	在任何操作模式下都有效
AS	在自动操作模式下有效
SS	在任何操作模式下都有效
ES	在急停按钮被按下时有效

1. 安全面板的硬件说明

控制柜安全面板硬件示意图如图 2-60 所示。

控制柜右侧的安全面板用于控制安全保护机制。

4 个绿色接线端子用于接入安全保护机制的控制信号。

信号灯指示安全保护机制的状态。

2. 安全回路工作原理图

安全回路工作原理图如图 2-61 所示。

图 2-60 控制柜安全面板硬件示意图

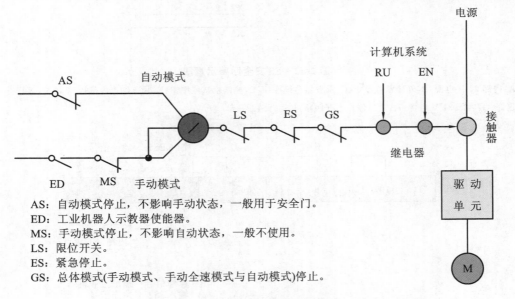

AS：自动模式停止，不影响手动状态，一般用于安全门。
ED：工业机器人示教器使能器。
MS：手动模式停止，不影响自动状态，一般不使用。
LS：限位开关。
ES：紧急停止。
GS：总体模式(手动模式、手动全速模式与自动模式)停止。

图 2-61 安全回路工作原理图

3. ES 安全回路

ES 安全回路示意图如图 2-62 所示。ES 安全回路控制原理示意图如图 2-63 所示。

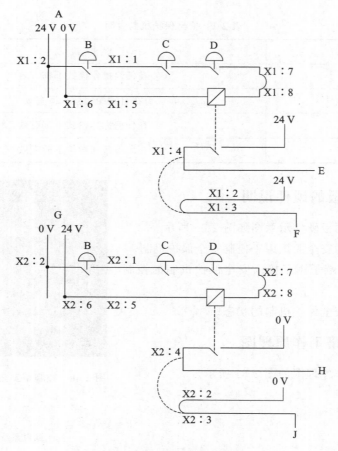

图 2-62　ES 安全回路示意图

A:内部 24 V 电源;B:外接紧急停止;C:示教器急停按钮;D:控制柜急停按钮;E:紧急停止内部回路 1;F:运行链 1 顶部;G:内部 24 V 电源;H:紧急停止内部回路;J:运行链 2 顶部

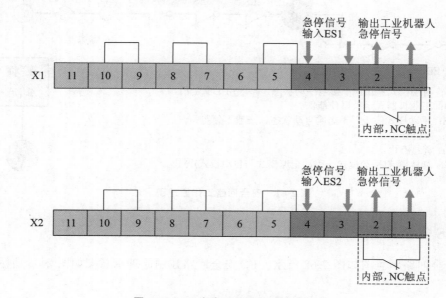

图 2-63　ES 安全回路控制原理示意图

控制原理：当 3、4 之间断开后，工业机器人进入急停状态，1、2 的 NC 触点断开。

连接说明：(1)将 X1 和 X2 端子第 3 脚的短接片剪掉。

(2)ES1 和 ES2 分别单独接入 NC 无源接点。

(3)如果要接入急停信号，就必须同时使用 ES1 和 ES2。

4. AS 安全回路

控制原理：当 5、6 之间，11、12 之间断开后，在自动状态下的工业机器人进入自动模式安全保护停止状态。

连接说明：(1)将第 5、11 脚的短接片剪掉。

(2)AS1 和 AS2 分别单独接入 NC 无源接点。

(3)如果要接入自动模式安全保护停止信号，就必须同时使用 AS1 和 AS2。

AS 安全回路控制原理示意图如图 2-64 所示。

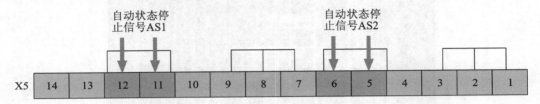

图 2-64　AS 安全回路控制原理示意图

【任务实施】

➤ 设计工业机器人安全回路硬件电路。

项目总结

【拓展与提高】

1. 自锁回路

在通常的电路中，按下开关，电路通电；松开开关，电路断开。一旦按下开关，就能够自动保持持续通电状态，直到按下其他开关使其断路为止，这样的电路称为自锁电路。可以将开关串联在继电器的主触点(继电器线圈)上。与此同时，将继电器的一个空余的副触点(常开触点)与开关并联(并且与主触点接通)。这样一来，按下开关，副触点(常开触点)吸合，电路通电；松开开关之后，由于副触点已经吸合，并向继电器主触点的线圈供电，线圈反过来又使副触点保持吸合。再将线路从继电器输出端引出，这样电路就可以保持持续的通电状态了。

工业机器人安全回路应用如图 2-65 所示。

2. 检查工业机器人工控机主板是否正常的方法

工业机器人工控机如图 2-66 所示。

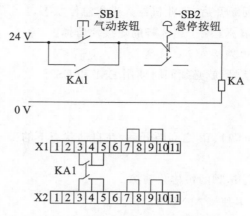

图 2-65 工业机器人安全回路应用

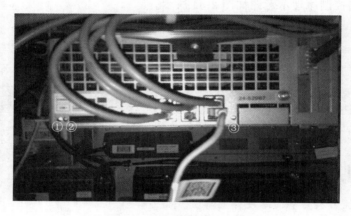

图 2-66 工业机器人工控机

（1）①号灯为电源指示灯，只要电源打到开位，此灯就长亮。如此灯不亮，则检查工控机电源是否正常。

（2）②号灯为开机程序引导指示灯，开机过程中此灯闪烁，开机完成后此灯灭。开机程序保存在存储卡中，如开机过程中此灯不闪烁，则可能是存储卡故障。

（3）③号灯为主板状态指示灯，开机过程中先是红灯闪烁，然后变为绿灯闪烁，最后绿灯长亮。如果此灯最后显示红色或者不亮，则主板有问题；如果此灯按上述过程依次点亮，则证明主板是正常的。

【工程素质培养】

（1）送电前一定要确保电源接线正确、牢靠，并且有效接地。

（2）示教器要断电插拔。

（3）断电后若要重启，一定要等待完全关机约1分钟后再启动，防止数据丢失。

（4）对程序内容等进行修改后，一定要复查一遍。

（5）对位置、参数等进行修改后，一定要先手动低速运行程序，再自动运行。

（6）改动前，要及时做好备份。

【思考与练习】

1. 请简述拆除工业机器人包装的过程。
2. 简述工业机器人本体和控制柜硬件连接过程。
3. 设计工业机器人安全回路。

项目 3
工业机器人基本操作

工业机器人的基本操作是使用工业机器人的前提和基础,正确的操作是延长工业机器人使用寿命和维持其高精度的保证。本项目主要介绍工业机器人的开机、关机,示教器的使用,工业机器人的运动模式及操纵杆的使用等内容。

◀ **知识目标**

➢ 熟悉工业机器人开机、关机流程。

➢ 了解工业机器人的工作模式,并能够正确切换工作模式。

➢ 熟悉示教器界面的基本设置。

➢ 掌握工业机器人的运动模式以及操作技巧。

➢ 了解工业机器人的机械原点定义。

➢ 掌握工业机器人转数计数器的更新方法。

◀ **技能目标**

➢ 能正确开关工业机器人。

➢ 能正确切换工业机器人的工作模式。

➢ 能完成机械原点的定义和转数计数器的更新。

➢ 能灵活运用工业机器人的运动模式进行轨迹示教。

◀ 任务 3-1 工业机器人操作环境配置 ▶

【任务学习】

➤ 熟悉工业机器人开机、关机流程。

➤ 了解工业机器人的工作模式，并能够正确切换工业机器人的工作模式。

在使用工业机器人之前，首先要把工业机器人的操作环境配置好，如设置好语言、时间等，为后面顺利操作工业机器人奠定基础。

1. 工业机器人的开机与关机

任何设备在使用前需接通电源，并检查设备运行是否正常。工业机器人的控制系统其实也是一台计算机，关机时应"软"关机，不应直接切断电源强制关机，以免对系统产生影响。

在工厂里，工业机器人与周边设备或辅助设备构成一个工作单元，或称为工作站。在工作站中，一般有一个单元总控制柜，工业机器人由单元总控制柜集中配电。因此在工业机器人开机之前，应检查工业机器人和工业机器人单元的所有准备工作是否已完成，以及工业机器人工作区域是否存在障碍物。先打开单元总控制柜的总电源，然后打开单元总控制柜里的工业机器人的空开，再将工业机器人控制柜面板上的主电源开关旋至 ON 位置，此时系统进入启动状态。

单元总控制柜如图 3-1 所示。工业机器人控制柜面板如图 3-2 所示。

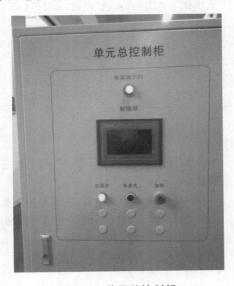

图 3-1　单元总控制柜

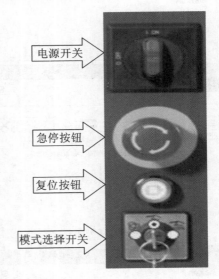

图 3-2　工业机器人控制柜面板

如果需要停止使用工业机器人，为保证操作员和设备的安全，需要把工业机器人的电源断开。按以下步骤对工业机器人进行关机操作。

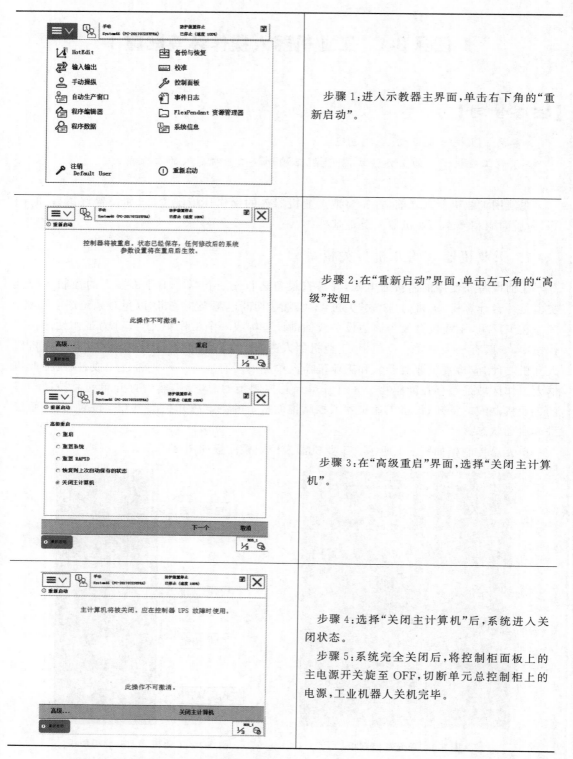

步骤1:进入示教器主界面,单击右下角的"重新启动"。

步骤2:在"重新启动"界面,单击左下角的"高级"按钮。

步骤3:在"高级重启"界面,选择"关闭主计算机"。

步骤4:选择"关闭主计算机"后,系统进入关闭状态。

步骤5:系统完全关闭后,将控制柜面板上的主电源开关旋至 OFF,切断单元总控制柜上的电源,工业机器人关机完毕。

2. 切换工业机器人的工作模式

工业机器人有两种工作模式——自动模式和手动模式,有的型号的工业机器人还有手动减速和手动全速两种手动模式。

自动模式是由工业机器人控制系统根据任务程序顺序执行的操作模式。此模式具备功能性安全保护措施,可以使用控制柜上的 I/O 信号等来实现对工业机器人的控制。在手动模式下,机械手处于人工控制状态,必须按下三位使能器按钮来启动机械手的电机,工业机器人才可以移动。自动模式下无法进行微动控制。

在手动减速模式下,运动速度限制在 250 mm/s 以下。此外,对每根轴的最大允许速度也有限制。这些轴的速度取决于具体的工业机器人型号,且不可修改。

手动全速模式仅用于程序验证。在手动全速模式下,初始速度最大可以达到 250 mm/s。这是通过限定速度为编程速度的 3% 来实现的。通过手动控制,可以将速度增加到最大。

手动全速模式下的注意事项如下:

(1) 当松开或完全压下使能器按钮后,再次按下使能器按钮,系统将会重新初始化,速度也将被重设为 250 mm/s。

(2) 对 RAPID 程序的编辑操作和工业机器人微动操作被禁用。

以下任务通常在手动模式下执行:

(1) 在紧急停止后恢复操作时将工业机器人微调至原来的路径;

(2) 配置参数;

(3) 创建、编辑和调试 RAPID 程序;

(4) 修改工业机器人位置。

在生产过程中运行处理程序或 RAPID 程序时,系统处于自动模式下。

模式选择开关(见图 3-3)位于控制柜面板上,在示教器的状态栏(见图 3-4)显示工作模式。

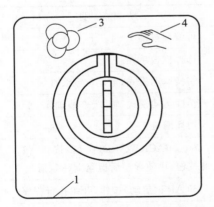 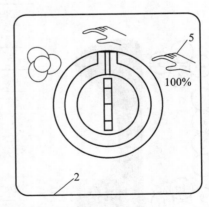

图 3-3　模式选择开关

1—双位置模式开关;2—三位置模式开关;3—自动模式;4—手动减速模式;5—手动全速模式

图 3-4　示教器的状态栏

1—用户窗口;2—工作模式;3—系统信息;4—电机状态;5—程序运行状态;6—机械单元使用状态

3. 认识示教器

示教器(见图 3-5)是一种手持式操作装置,用于执行与操作工业机器人有关的许多任务,如编写程序、运行程序、微动控制工业机器人以及监控系统运行等。示教器由硬件和软件组成,其本身就是一台完整的计算机,是控制系统的一部分,通过集成线缆和接头连接到控制柜上。

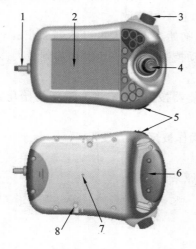

标识	解　说	功能说明
1	连接线缆	与控制柜通信
2	触摸屏	人机对话窗口
3	急停开关	紧急停止工业机器人运动
4	手动操纵杆	手动移动工业机器人运动
5	USB 接口	数据上传下载接口
6	使能器按钮	手动状态电机上电
7	示教器复位按钮	示教器死机重启
8	触摸屏用笔	点击操作触摸屏

图 3-5　示教器

为提高工作效率,符合人机工程学原理,示教器将视图窗口中常用的按键功能延伸至示教器操作面板上,如图 3-6 所示。

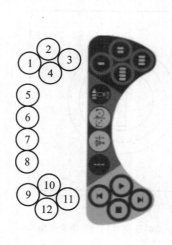

标识	功能说明
1～4	可编程按键 1～4
5	选择机械单元
6	切换运动模式,重定位或线性
7	切换运动模式,轴 1～3 或轴 4～6
8	切换增量
9	Step BACKWARD(步退)按钮,按下此按钮,可使程序后退至上一条指令
10	START(启动)按钮,开始执行程序
11	Step FORWARD(步进)按钮,按下此按钮,可使程序前进至下一条指令
12	STOP(停止)按钮,停止执行程序

图 3-6　示教器操作面板

操作示教器时,通常会手持该设备。惯用右手者用左手持设备,右手在触摸屏上执行操作,如图 3-7 所示;而惯用左手者可以轻松通过将示教器旋转 180°,使用右手持设备,如图 3-8 所示。在示教器主菜单上,单击"控制面板",在"控制面板"界面选择"外观",进入"外观"界面后,选择"向右旋转",再单击"确定",示教器的屏幕就旋转过来了,如图 3-9 所示。

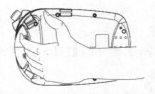
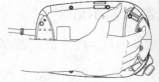

图 3-7　惯用右手者用左手持设备　　　　图 3-8　惯用左手者用右手持设备

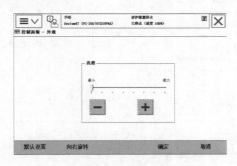

图 3-9　设定示教器屏幕旋转

示教器触摸屏界面各部分功能如图 3-10 所示。

标识	解　说	功 能 说 明
1	ABB 菜单	进入各功能模块的主界面
2	操作员窗口	显示程序运行过程中输出的信息
3	状态栏	显示工作模式、系统、电机状态等信息
4	关闭按钮	关闭当前活动窗口或应用程序
5	任务栏	显示所有打开的视图和应用程序
6	快速设置菜单	对微动控制和程序执行进行设置

图 3-10　示教器触摸屏界面各部分功能

ABB 菜单及其功能介绍如表 3-1 所示。

表 3-1　ABB 菜单及其功能介绍

菜　单	功 能 介 绍
HotEdit	对编程位置进行调节
输入输出	浏览系统 I/O 信号，并对其进行监视或操作
手动操纵	对微动操作进行设置
自动生产窗口	显示自动运行时的程序代码
程序编辑器	创建和修改程序
程序数据	查看和使用程序数据
备份与恢复	执行系统备份和恢复
校准	校准工业机器人系统中的机械装置
控制面板	配置工业机器人系统和示教器参数
事件日志	记录和保存事件信息
FlexPendant 资源管理器	控制器的文件管理器
系统信息	显示与控制器及其所加载的系统有关的信息

4. 设定示教器的显示语言

示教器出厂时,默认的显示语言是英语,为了方便操作,下面介绍把显示语言设定为中文的操作步骤。

步骤 1:进入 ABB 主菜单,选择"Control Panel"。

步骤 2:在"Control Panel"界面,选择"Language"。

步骤 3:在"Language"界面,选择"Chinese",再单击"OK"。

步骤 4:弹出窗口,询问是否重启,单击"Yes"。

步骤 5:重启后,单击"ABB",就能看到菜单已切换成中文界面。

5. 设定示教器的系统时间

为了方便进行文件的管理和故障的查阅与管理,在进行各种操作之前,要将工业机器人系统的时间设定为本地时区的时间,具体操作如下。

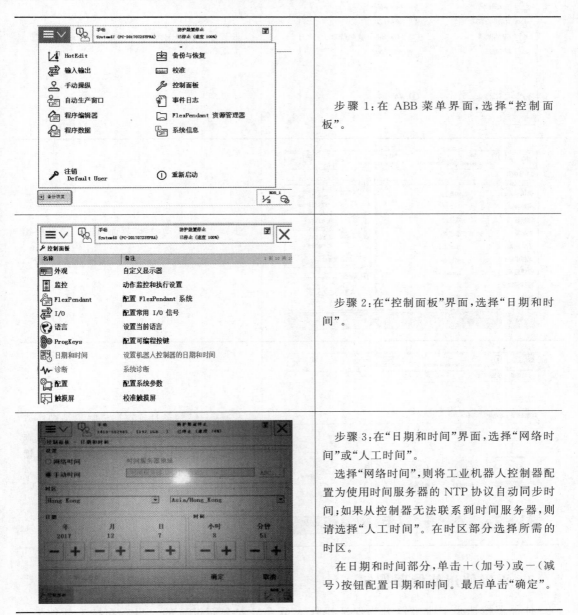

步骤1:在ABB菜单界面,选择"控制面板"。

步骤2:在"控制面板"界面,选择"日期和时间"。

步骤3:在"日期和时间"界面,选择"网络时间"或"人工时间"。

选择"网络时间",则将工业机器人控制器配置为使用时间服务器的NTP协议自动同步时间;如果从控制器无法联系到时间服务器,则请选择"人工时间"。在时区部分选择所需的时区。

在日期和时间部分,单击+(加号)或-(减号)按钮配置日期和时间。最后单击"确定"。

6. 操纵杆的锁定功能

操纵杆可以在特定的方向上锁定,从而阻止一个或多个轴或方向的运动。在微动控制过程中,需要在特定坐标轴方向执行操作时,这个功能很有用。注意,锁定的轴取决于当前选定的运动模式。

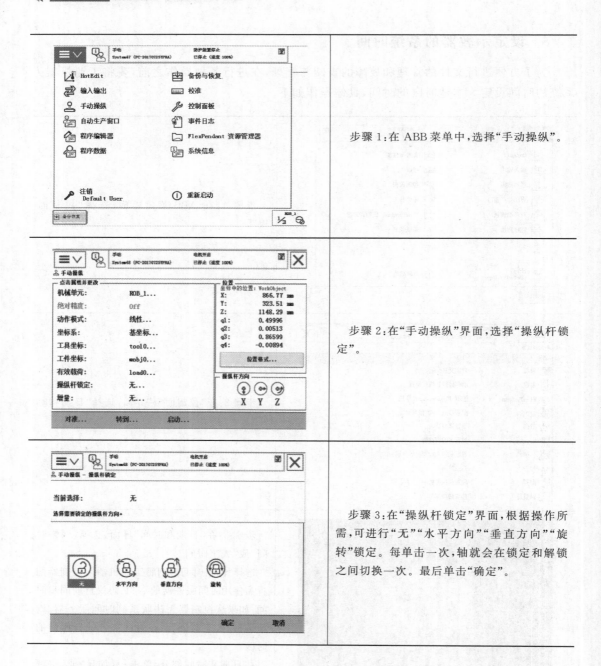

步骤1：在ABB菜单中，选择"手动操纵"。

步骤2：在"手动操纵"界面，选择"操纵杆锁定"。

步骤3：在"操纵杆锁定"界面，根据操作所需，可进行"无""水平方向""垂直方向""旋转"锁定。每单击一次，轴就会在锁定和解锁之间切换一次。最后单击"确定"。

7. 正确使用使能器按钮

使能器按钮是工业机器人为保证操作人员人身安全而设置的。只有在按下使能器按钮，并保持在"电动机开启"的状态，才可对工业机器人进行手动的操作与程序的调试。当发生危险时，人会本能地将使能器按钮松开或按紧，工业机器人则会马上停下来，从而保证安全。

使能器按钮位于示教器手动操纵杆的右侧，如图3-11所示。手握使能器姿势如图3-12所示。

图 3-11 使能器按钮

图 3-12 手握使能器姿势

使能器为三位按钮,要使用操纵杆控制工业机器人,必须将使能器按到适当位置。

➤ 未按下使能器时,状态栏显示"防护装置停止",如图 3-13 所示。

➤ 轻按使能器时,状态栏显示"电机开启",可以使用操纵杆,如图 3-14 所示。

➤ 用力过度按下使能器,电机下电,如使用操纵杆,会显示错误信息(此时要松开使能器到未按状态,再轻按使能器,电机才能再次上电)。

➤ 自动模式下使能器无效。

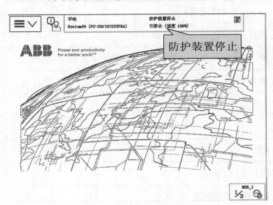

图 3-13 未按下使能器

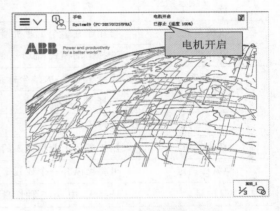

图 3-14 轻按使能器

【任务实施】

➤ 正确实操工业机器人开、关机流程。

◀ 任务 3-2 手动操纵工业机器人 ▶

【任务学习】

➤ 掌握工业机器人的运动模式及其操作技巧。

手动操纵工业机器人的运动共有三种模式:单轴运动、线性运动和重定位运动。在"手动操纵"界面(见图 3-15),完成运动模式和坐标系等的设置后,摇动操纵杆就可以定位或移动工业机器人或外部轴。

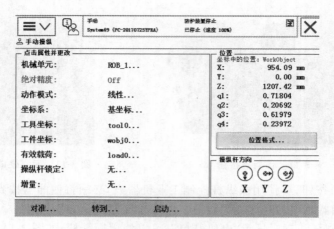

图 3-15　"手动操纵"界面

"手动操纵"界面选项如表 3-2 所示。

表 3-2　"手动操纵"界面选项

选　项	功　能　说　明
机械单元	可用于在多个工业机器人和外部轴之间切换操纵
动作模式	选择运动模式:轴 1~3 单轴、轴 4~6 单轴、线性运动、重定位运动
坐标系	选择坐标系:大地坐标系、基坐标系、工具坐标系、工件坐标系
工具坐标	选择工具坐标
工件坐标	选择工件坐标
有效载荷	用于搬运工业机器人的选项
操纵杆锁定	可将操纵杆一个或几个方向的运动锁定
增量	选择大、中、小三种增量,以实现点动操纵
位置栏	显示当前 TCP 位置(根据不同运动模式和坐标系决定格式)
操纵杆方向栏	提示操纵方向和工业机器人运动的对应关系(数字对应轴号,X、Y、Z 代表当前坐标轴,箭头代表运动正方向)

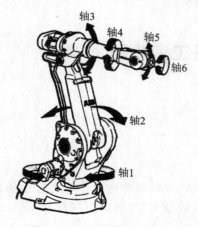

图 3-16　工业机器人的六个轴

1.　单轴运动的手动操作

一般 ABB 工业机器人由六个伺服电动机分别驱动工业机器人的六个关节轴(见图 3-16),那么每次手动操纵一个关节轴运动,就称为单轴运动。当工业机器人处于奇异点位置或需要精准校准工业机器人时,需要采用单轴运动模式。以下就是手动操纵单轴运动的方法。

	步骤1:将工业机器人控制柜面板上的模式选择开关切换到中间的手动限速位置。
	步骤2:在 ABB 菜单,选择"手动操纵",进入"手动操纵"界面后,选择"动作模式"。
	步骤3:选择"轴1-3",然后单击"确定"。
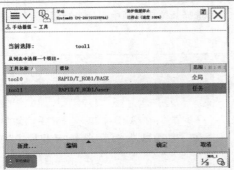	步骤4:在"手动操纵"界面,选择"工具坐标",进入"工具坐标"界面后,选择工具坐标系"tool 1"。
	步骤5:用左手按下使能器按钮,进入"电机开启"状态。

续表

	步骤6：在状态栏中，确认"电机开启"状态。操纵杆方向栏显示"轴1-3"的操纵杆方向，箭头代表正方向。摇动操纵杆就可以操纵工业机器人了。

可以将工业机器人的操纵杆比作汽车的节气门，操纵杆的操纵幅度与工业机器人的运动速度相关：操纵幅度小，则工业机器人的运动速度慢；操纵幅度大，则工业机器人的运动速度快。所以在操纵时，尽量以小幅度操纵操纵杆，使工业机器人慢慢运动，以保证人身安全和设备安全。

2. 线性运动

工业机器人的线性运动是指工业机器人第六轴法兰盘上的中心点 Tool 0 或安装在法兰盘上的工具的中心点（即自定义 TCP）在空间中作直线移动，即"从 A 点移动到 B 点"方式。工具的中心点按选定的坐标系轴的方向移动。

以下就是手动操纵线性运动的方法。

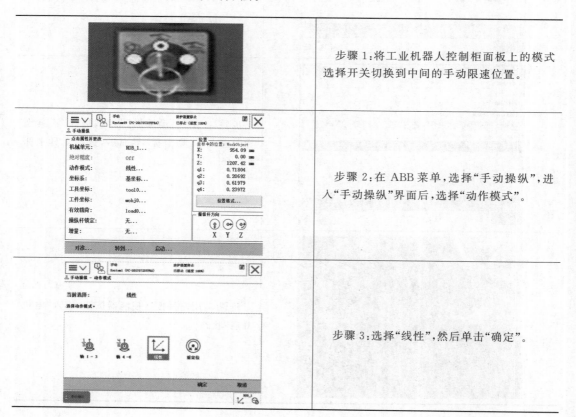

	步骤1：将工业机器人控制柜面板上的模式选择开关切换到中间的手动限速位置。
	步骤2：在 ABB 菜单，选择"手动操纵"，进入"手动操纵"界面后，选择"动作模式"。
	步骤3：选择"线性"，然后单击"确定"。

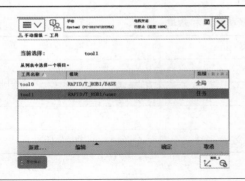	步骤4：在"手动操纵"界面，选择"工具坐标"，选择作线性运动的工具坐标系，比如自定义的"tool 1"。
	步骤5：用左手按下使能器按钮，进入"电机开启"状态。
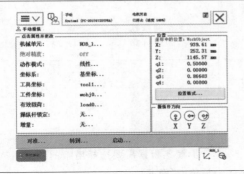	步骤6：在"手动操纵"界面的操纵杆方向栏显示 X、Y、Z 轴的操纵杆方向，箭头代表正方向。
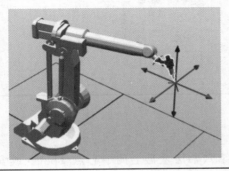	步骤7：操纵示教器上的操纵杆，工具的 TCP 点在空间内作线性运动。

增量模式的使用：

如果对通过操纵操纵杆来控制工业机器人的运动速度不熟练的话，可以使用增量模式来控制工业机器人的运动。

在增量模式下，操纵杆每移动一次，工业机器人就移动一步。如果操纵杆持续移动，则工业机器人的速率为 10 步/秒。增量的移动距离和角度如表 3-3 所示。

表 3-3　增量的移动距离和角度

增　　量	移动距离/mm	角度/°
小	0.05	0.005
中	1	0.02
大	5	0.2
用户	自定义	自定义

增量模式的操纵方法如下。

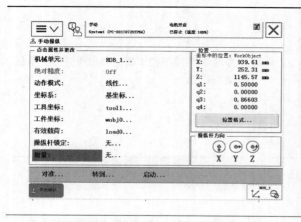

步骤 1：在"手动操纵"界面，选择"增量"。

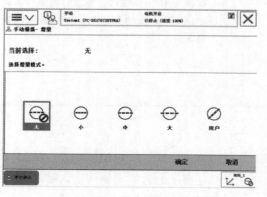

步骤 2：根据需要选择增量的移动距离，然后单击"确定"。

3. 重定位运动

工业机器人的重定位运动是指工业机器人第六轴法兰盘上的中心点 Tool 0 或安装在法兰盘上的工具的中心点（即自定义 TCP）不动，工业机器人在空间绕着坐标轴作旋转运动，也可以理解为工业机器人绕着工具的 TCP 点作姿态调整运动。弧焊、打磨和喷涂时，必须将工具调整到特定的方位，以获得最佳工艺效果，钻孔、拧螺母也需要将工具设置在某一角度，这些都要通过重定位运动来操作工业机器人。以下就是手动操纵重定位运动的方法。

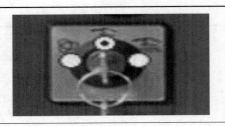

步骤 1:将工业机器人控制柜面板上的模式选择开关切换到中间的手动限速位置。

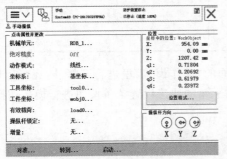

步骤 2:在 ABB 菜单,选择"手动操纵",进入"手动操纵"界面后,选择"动作模式"。

步骤 3:选择"重定位",然后单击"确定"。

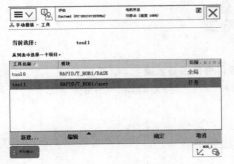

步骤 4:在"手动操纵"界面,选择"工具坐标",选择作重定位运动的工具坐标系,比如自定义的"tool 1"。

步骤 5:在"手动操纵"界面的操纵杆方向栏显示绕 X、Y、Z 轴旋转的操纵杆方向,箭头代表正方向。

|  | 步骤6：操纵示教器上的操纵杆，工业机器人绕着工具的TCP点作姿态调整运动。 |

三种运动模式的切换，除了在"手动操纵"界面的"动作模式"里进行选择外，还可以通过示教器触摸屏旁的快捷按键（见图3-17）和触摸屏右下角的快速设置菜单按钮进行模式切换。

1）通过快捷按键进行模式切换

示教器触摸屏旁的快捷按键如图3-17所示。

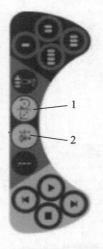

图3-17 示教器触摸屏旁的快捷按键

1—线性运动和重定位运动的切换；2—关节轴1～3与关节轴4～6的切换

2）通过快速设置菜单按钮进行模式切换

通过快速设置菜单按钮进行模式切换的方法如下。

| 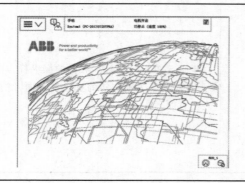 | 步骤1：在示教器触摸屏右下角单击快速设置菜单按钮。 |

	步骤 2：在弹出的对话框中单击"显示详情"，展开菜单。
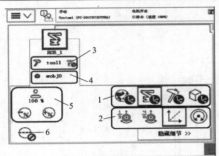 1—设置坐标系；2—设置运动模式； 3—设置工具数据；4—设置工件坐标系； 5—设置操纵杆速度；6—增量开关	步骤 3：在展开菜单中，根据任务做相应的选择。

【任务实施】

➢ 切换工业机器人的运动模式，完成目标点的移动。

◀ 任务 3-3　工业机器人机械原点定义 ▶

【任务学习】

➢ 掌握工业机器人机械原点的标定方法。
➢ 理解机械原点的含义。

工业机器人必须要设置机械原点，六轴的工业机械手一般要设置六个原点坐标系。通过原点坐标系设置，使六个关节的实际坐标系与设计坐标系的原点重合，这样才能保证高精度的定位。例如，某个关节的理想转角位置是 30°（相对于设计或算法建立的坐标系），但由于原点坐标系设置的误差，实际得到的转角位置可能是 29°或者 31°等，根据这个实际角度去求空间位置坐标，得到的理想位置会相差好几毫米，甚至更大。

机械原点位置设置不准确，通常会出现工业机器人可能有很高的重复定位精度，但是定位精度不高。

一般购买回来的工业机器人的原点坐标系是设置好的,但有时工业机器人在运行过程中出现编码器错误,或者更换保存编码器数据的电池,或者工业机器人被重装了等,使得编码器原点数据丢失或无效,在这种情况下需要重新设置原点坐标系。

在定义大型工业机器人,如 ABB IRB6640 工业机器人的机械原点时,为便于操作,一般按 4—5—6—1—2—3 的顺序;而对于小型工业机器人,可以从任意轴开始,手动操纵让工业机器人的六个关节轴运动到机械原点位置。以 ABB IRB1410 工业机器人为例来说明工业机器人机械原点的定义。各轴零点刻度位置如图 3-18 所示。

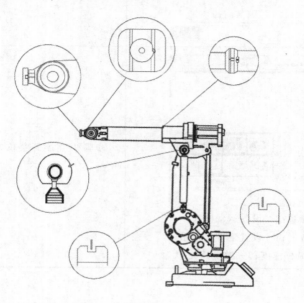

图 3-18   各轴零点刻度位置

	步骤 1:在"手动操纵"菜单中,选择"轴 4—6"动作模式,将关节轴 4 运动到机械原点位置。
	步骤 2:在"手动操纵"菜单中,选择"轴 4—6"动作模式,将关节轴 5 运动到机械原点位置。

步骤 3：在"手动操纵"菜单中，选择"轴 4－6"动作模式，将关节轴 6 运动到机械原点位置。

步骤 4：在"手动操纵"菜单中，选择"轴 1－3"动作模式，将关节轴 1 运动到机械原点位置。

步骤 5：在"手动操纵"菜单中，选择"轴 1－3"动作模式，将关节轴 2 运动到机械原点位置。

步骤 6：在"手动操纵"菜单中，选择"轴 1－3"动作模式，将关节轴 3 运动到机械原点位置。

步骤 7：在 ABB 菜单中，选择"校准"。

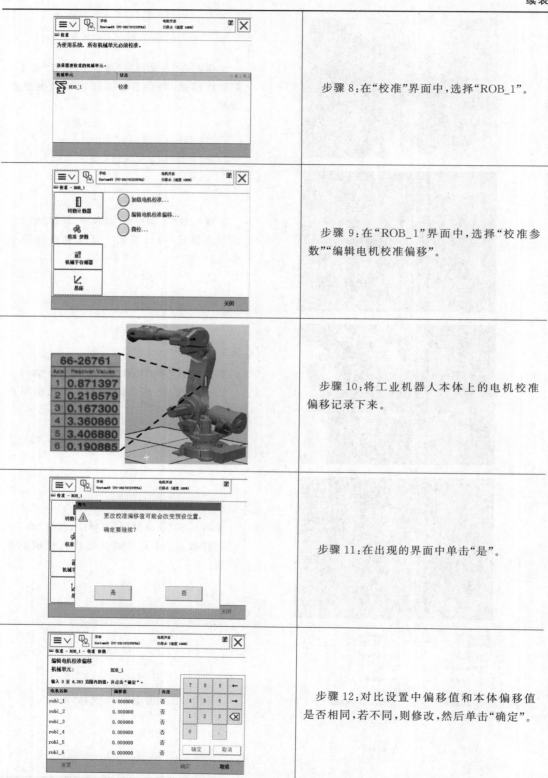

步骤 8：在"校准"界面中，选择"ROB_1"。

步骤 9：在"ROB_1"界面中，选择"校准参数""编辑电机校准偏移"。

步骤 10：将工业机器人本体上的电机校准偏移记录下来。

步骤 11：在出现的界面中单击"是"。

步骤 12：对比设置中偏移值和本体偏移值是否相同，若不同，则修改，然后单击"确定"。

【任务实施】

➤ 比较 IRB120 工业机器人和 IRB1410 工业机器人机械原点标定的区别。

◀ 任务 3-4 工业机器人转数计数器更新 ▶

【任务学习】

➤ 理解进行转数计数器更新的原因。
➤ 了解转数计数器数据存储的位置。

工业机器人每个关节的电机轴的另一端有个位置速度传感器,用来反馈电机的速度、加速度和电机当前的位置。此传感器一般采用的是绝对值式传感器,如绝对编码器或旋转变压器。这种绝对值式传感器可以知道当前圈数的位置,但对于之前累加的圈数,就需转数计数器来记录。转数计数器需要供电才能记录数据,一旦断电,就需要进行转数计数器更新。

在下列情况下需要对工业机器人进行转数计数器更新操作:

(1)更换伺服电动机转数计数器电池后。

(2)当编码器发生故障,修复后。

(3)编码器与测量板之间断开后。

(4)与系统断开后,工业机器人的关节轴发生了移动。

(5)当系统报警提示"10036 转数计数器未更新"时。

下面是进行转数计数器更新的步骤。

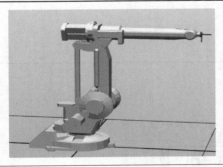	步骤1:手动操纵使工业机器人的各轴回到机械原点。
	步骤2:进入 ABB 菜单界面,选择"校准",进入"校准"页面,选择需要校准的机械单元,单击"转数计数器",再单击"更新转数计数器"。

	步骤 3：在出现的界面中单击"是"。
	步骤 4：在"转数计数器"界面中，单击"全选"，然后单击"更新"；也可以选择更新不同的轴。
	步骤 5：在出现的界面中单击"更新"，即可完成转数计数器的更新。

【任务实施】

➢ 工业机器人控制柜 SMB 数据和本体 SMB 数据不一致时该如何处理？

项目总结

【拓展与提高】

1. 奇点管理

"奇点"很可能会让你想起黑洞。根据物理学家的推论，在宇宙黑洞中心存在一个"引力奇点"，这意味着那里的引力非常大，甚至趋于无穷大。机器人奇点的概念跟黑洞的完全一样。

机器人的奇点是什么？它们怎么会像黑洞一样？

想象一下,你想用你的机器人喷枪画一条线,如果想要这条线画得完美,机器人需要以一个恒定的速度移动。如果机器人改变速度,则这条线可能会有粗有细,看起来就不是很好。如果机器人减速太多,我们可能会看到线上有难看的斑点。显然,在画线的时候,机器人以恒定的速度运动是非常重要的。机器人是非常精确的,在通常情况下,机器人可以处理好这个问题,无任何压力。然而,如果在这条线上存在运动奇点,那么这项工作将不可能完成。

为什么会存在奇点?应该如何解决?

1) 奇点趋于无穷大

宇宙黑洞中心的引力趋于无穷大,这就意味着越靠近宇宙黑洞中心,引力会变得越大。正如某位物理学家解释的那样,从理论上来说,你每次拔下浴缸的塞子,都创造了一个奇点。其基本原理就是,越接近孔的中心,水流越快。根据这个理论,在孔的正中心,水流速度趋于无穷大,但在现实中却并非如此。

机器人之所以会存在奇点,是因为机器人是由数学控制的(它可以达到无穷大),但移动的是真实的物理部件(它无法实现无穷大)。如果控制器命令机器人某个关节以无穷大的角速度旋转180°,机器人关节会"说":我做不到!

2) 六轴工业机器人的奇点

六轴工业机器人存在以下三种类型的奇点。

(1) 腕关节奇点:通常发生在机器人的两个腕关节轴(关节轴 4 和关节轴 6)成一条直线时,这可能会导致这些关节瞬间旋转180°,如图 3-19 所示。

(2) 肩关节奇点:发生在机器人中心的腕关节轴和关节轴 1 对齐时,如图 3-20 所示。

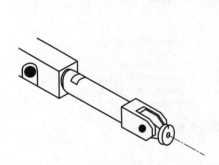

图 3-19　腕关节奇点示意图

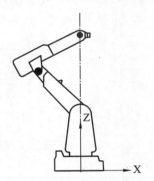

图 3-20　肩关节奇点示意图

(3) 肘关节奇点:发生在机器人中心的腕关节轴与关节轴 2 和关节轴 3 处于同一平面时,如图 3-21 所示。肘关节奇点看起来就像机器人"伸得太远",导致肘关节被锁定在某个位置。

3) 避开奇点的方法

制造商通常都是通过编程来避开奇点,以免机器人受损。在过去,如果某个关节轴被命令以过快的速度运动,那么机器人将以错误信息的方式完全停止,这并不是一个完美的解决方案。这些年来,许多机器人制造商都在改进机器人奇点规避技术。

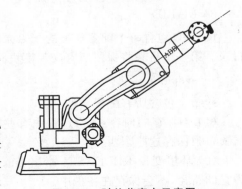

图 3-21　肘关节奇点示意图

机器人的每个关节轴都通过编程被限制了最大速度。当腕关节被命令以"无穷大"的速度运动时,软件就会降低此速度。当腕关节到达线的中间时,机器人的速度会降下来。一旦腕关节通过奇点,机器人将继续以正确的速度完成剩余的运动。画线的工作仍然会被破坏,但机器人能保持正常功能,不会被卡住。另一种方法是把任务移动到没有奇点的区域。

2. 工业机器人数据备份与恢复

定期对工业机器人的数据进行备份,是保证工业机器人正常工作的良好习惯。

工业机器人数据备份的对象是所有正在系统内存中运行的 RAPID 程序和系统参数。当工业机器人系统出现错乱或者重新安装系统以后,可以通过备份快速地将工业机器人恢复到备份时的状态。一般在安装新的 RobotWare 之前或对指令或参数进行重要改动之前,都可考虑执行数据备份。

备份功能可保存上下文中的所有系统参数、系统模块和程序模块。

数据保存在用户指定的目录中。默认路径可加以设置。目录分为四个子目录:backinfo、home、RAPID 和 syspar,如图 3-22 所示。system.xml 也保存于包含用户设置的 ../backup(根目录)中。

1) backinfo

backinfo 包含的文件有 backinfo.txt、key.txt、program.id 和 system.guid.txt、template.guid.txt、keystr.txt。恢复系统时,恢复部分将使用 backinfo.txt。该文件必须从未被用户编辑过。文件 key.txt 和 program.id 由 RobotStudio Online 用于重新创建系统,该系统将包含与备份系统中相同的选项。system.guid.txt 用于识别提取备份的独一无二的系统。system.guid.txt 和/或 template.guid.txt 用于在恢复过程中检查备份是否加载到正确的系统。如果 system.guid.txt 和/或 template.guid.txt 不匹配,用户将被告知这一情况。

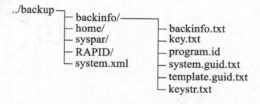

图 3-22　备份文件目录

2) home

home 包含目录中的文件副本。

3) RAPID

RAPID 包含每个配置任务的子目录。每个任务有一个程序模块目录和一个系统模块目录。第一个目录将保留所有安装模块。

4) syspar

syspar 包含所有配置文件。

(1) 不保存的内容:备份过程中有些东西不会保存,了解这一点至关重要,因为有可能需要单独保存这些东西。

(2) 环境变量 RELEASE:指出当前系统盘包。使用"RELEASE:加载的系统模块:"作为它的路径,不会保存在备份中。

已安装模块中的 PERS 对象的当前值不会保存在备份中。

　　进入示教器 ABB 菜单,选择"备份与恢复",单击"备份当前系统…"按钮,在"备份系统"界面设定备份数据文件名称和存放位置,单击"备份"按钮,完成备份操作。进行恢复操作时,在"备份与恢复"界面单击"恢复系统"按钮,选择备份存放的目录,恢复之前备份的系统。

　　打开"syspar"文件夹,找到"EIO. cfg"并打开。

```
EIO:CFG_1.0:5:0::
#
EIO_BUS:
-Name "Virtual1"-ConnectorID "SIM1"
-Name "DeviceNet1"-BusType "DNET"-ConnectorID "PCI1"\
-ConnectorLabel "First DeviceNet"
-Name "Profibus_FA1"-BusType "PBUS"-ConnectorID "FA1"\
-ConnectorLabel "Profibus-DP Fieldbus Adapter"
```
"标准程序,不需更改"
```
#
EIO_UNIT_TYPE:
#
EIO_UNIT:
-Name "BOARD11"-UnitType "DP_SLAVE_FA"-Bus "Profibus_FA1"-PB_Address 40
```
"与 PLC 交互信号,Name 修改为" BOARD11",PB-DP 地址修改为 40"
```
#
EIO_SIGNAL:
-Name "di_Restart"-SignalType "DI"-Unit "BOARD11"-UnitMap "0"
-Name "di_Stop"-SignalType "DI"-Unit "BOARD11"-UnitMap "1"
-Name "di_ProgBit"-SignalType "GI"-Unit "BOARD11"-UnitMap "12-14"
-Name "do_Open"-SignalType "DO"-Unit "BOARD11"-UnitMap "120"
-Name "do_Close"-SignalType "DO"-Unit "BOARD11"-UnitMap "121"
```
"输入输出信号,DI 为 ABB 的输入,DO 为输出,GI 和 GO 为组信号"
```
#
EIO_COMMAND_TYPE:
```
"标准程序,不需更改"
```
#
EIO_ACCESS:
```
"标准程序,不需更改"
```
#
SYSSIG_OUT:
-Status "MotOffState"-Signal "do_MotorOff"
-Status "CycleOn"-Signal "do_CycleOn"
-Status "RunchOk"-Signal "do_ChainsOk"
-Status "Error"-Signal "do_Error"
-Status "MotOnState"-Signal "do_MotorOn"
-Status "AutoOn"-Signal "do_AUTO"
-Status "EmStop"-Signal "do_EmStop"
-Status "MotSupTrigg"-Signal "do_MotSupTrigg"
#
SYSSIG_IN:
```

```
-Signal "di_Stop"-Action "Stop"
-Signal "di_Restart"-Action "Start"-Arg1 "CONT"
-Signal "di_MotorON"-Action "MotorOn"
-Signal "di_Callmain"-Action "StartMain"-Arg1 "CONT"
-Signal "di_MotOff"-Action "MotorOff"
-Signal "di_CyclStop"-Action "StopCycle"
-Signal "di_ResetErr"-Action "ResetError"
-Signal "di_ResetEst"-Action "ResetEstop"
```

"系统信号,请参考《系统参数 .pdf 》"

"标准程序,不需更改"

注:在进行恢复时,需要注意的是,备份数据是具有唯一性的,不能将一台机器人的备份恢复到另一台机器人中去,否则会造成系统故障。

【工程素质培养】

如何开始机器人的初次开机调试?

(1) 确认机器人本体和控制柜定位;

(2) 检测机器人本体和控制柜的线缆连接;

(3) 示教器与控制柜连接完成;

(4) 检查主电源电压是否在工作区间;

(5) 机器人控制柜开机;

(6) 机器人系统备份;

(7) 操作环境设置(语言、时间、操作模式);

(8) 机器人到达能力测试;

(9) 完成开机调试工作。

【思考与练习】

1. 工业机器人的运动模式有哪几种?各自的特点是什么?

2. 简述定义机械原点的意义。

3. 什么情况下需要进行转数计数器更新?

项目 4
工业机器人通信

随着工业技术的发展,工业机器人自动化生产线已成为自动化装备的主流及发展方向。PLC 由于其突出的可靠性、灵活性而被广泛应用于自动化生产线控制系统。为满足控制系统功能,在生产中往往需要多个 PLC 工作站协同工作并完成 PLC 与工业机器人等外设的通信控制。工业机器人提供了许多 I/O 通信接口,可以轻松地实现与周边设备的通信,以获取工作站的运行状态和按照一定的逻辑运算结果执行动作。ABB 工业机器人支持多种协议,提供了多种接口,可以和计算机、PLC、视觉系统等其他工控设备进行数据交换。将多台工业机器人通过工业网络来实现其协同工作。ABB 工业机器人的标准 I/O 板提供的常用信号处理有数字输入 di、数字输出 do、模拟输入 ai、模拟输出 ao 及输送链跟踪。

◀ 知识目标

➢ 了解工业机器人的通信种类。

➢ 熟悉 ABB 工业机器人标准 I/O 板配置的方法。

➢ 熟悉 ABB 工业机器人系统信号关联方法。

➢ 掌握工业机器人 ProfiNet 配置方法。

➢ 掌握 ABB 工业机器人各种信号类型的配置范围。

◀ 技能目标

➢ 能够正确连接和设置 ABB 工业机器人标准 I/O 板的地址和信号。

➢ 能够独立构建工业机器人和 PLC 之间的网络系统。

➢ 能够根据项目要求合理选择和分配 I/O 板。

➢ 能够处理常见的 I/O 板的故障问题。

任务 4-1 工业机器人通信方式介绍

【任务学习】

➢ 掌握工业机器人的信号类型。

➢ 区分工业机器人不同的通信方法。

1. 工业机器人信号

1) I/O 信号种类

信号是消息的表现形式,消息是信号的具体内容。也就是说,任何可以承载某种消息的物理量都可以是信号。包括古时候的狼烟,也是一种简单的信号。电信号是生活中最快捷,也是最常用的一种信号。我们可以从变化的电流或电压中提取很多特征,比如幅值、频率、相位等,而这些特征则与先前人们约定好的信息一一对应。最简单的例子就是,正向电流表示为"1",反向电流表示为"0"。数字信号,包括开关信号、脉冲信号,它们是以二进制的逻辑"1"和"0"或电平的高和低出现的。如开关触点的闭合和断开控制灯的亮和灭,继电器或接触器的吸合和释放控制马达的启动和停止,晶闸管的通和断控制阀门的打开和关闭,仪器仪表的 BCD 码控制脉冲信号的计数和定时等。

开关量:通断信号、无源信号,采用电阻测试法,电阻为零或无穷大;也可以是有源信号,专业叫法是阶跃信号,就是 0 或 1,可以理解成脉冲量。多个开关量可以组成数字量。

数字量:由 0 和 1 组成的信号类型,通常是经过编码后的有规律的信号。数字量和模拟量的关系是数字量是量化后的模拟量。例如,用电子电路记录从自动化生产线上输出的零件数目时,每送出一个零件,便给电子电路一个信号,使之记 1,而平时没有零件送出时,给电子电路的信号是 0。可见,零件数目这个信号无论是在时间上还是在数量上都是不连续的,因此它是一个数字信号。最小的数量单位就是一个。

模拟量:连续的电压、电流等信号量。模拟信号是幅度随时间连续变化的信号,其经过抽样和量化后就是数字量。例如,热电偶在工作时输出的电压信号就属于模拟信号,因为在任何情况下被测温度都不可能发生突变,所以测得的电压信号无论是在时间上还是在数量上都是连续的。而且,这个电压信号在连续变化过程中的任何一个取值都有具体的物理意义,即表示一个相应的温度。

脉冲量:电压或电流在瞬间由某一值跃变为另一值的信号量。脉冲量在量化后,其连续、规律地变化后就是数字量;如果其由 0 变成某一固定值并保持不变,其就是开关量。

2) I/O 信号结构

光电耦合隔离器(见图 4-1)按其输出级的不同,可分为三极管型、单向晶闸管型、双向晶闸管型等,如图 4-2 所示,它们的原理是相同的,即都是通过电—光—电这种信号转换,利用光信号的传送不受电磁场的干扰来完成隔离功能的。

光电耦合隔离器的输入输出特性类似于普通三极管的输入输出特性,即存在着截止区、

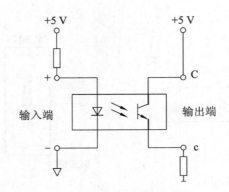

图 4-1　光电耦合隔离器

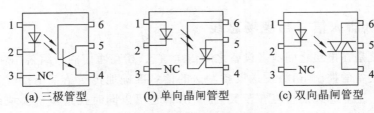

(a) 三极管型　　　　(b) 单向晶闸管型　　　　(c) 双向晶闸管型

图 4-2　光电耦合隔离器的类型

饱和区与线性区。利用光电耦合隔离器的开关特性(即光敏三极管工作在截止区、饱和区),可传送数字信号而隔离电磁干扰,简称对数字信号进行隔离。例如在数字量输入输出通道中以及在模拟量输入输出通道中的 A/D 转换器与 CPU 或 CPU 与 D/A 转换器之间的数字信号的耦合传送,都可用光电耦合隔离器的这种开关特性对数字信号进行隔离。

例如,在现场传感器与 A/D 转换器或 D/A 转换器与现场执行器之间的模拟信号的线性传送,可用光电耦合隔离器的这种线性区对模拟信号进行隔离。光电耦合隔离器的这两种隔离方法各有优缺点。模拟信号隔离方法的优点是使用少量的光电耦合隔离器,成本低;缺点是调试困难,如果光电耦合隔离器挑选得不合适,会影响 A/D 或 D/A 转换的精度和线性度。数字信号隔离方法的优点是调试简单,不影响系统的精度和线性度;缺点是使用较多的光电耦合隔离器,成本较高。由于光电耦合隔离器越来越廉价,数字信号隔离方法的优势凸现出来,因而它在工程中使用得最多。需要注意的是,用于驱动发光管的电源与用于驱动光敏管的电源应不是共地的同一个电源,必须分开单独供电,才能有效避免输出端与输入端相互间的反馈和干扰;另外,发光二极管的动态电阻很小,可以抑制系统内外的噪声干扰。因此,光电耦合隔离器可用来传递信号并有效地隔离电磁场的干扰。

下面以控制系统中常用的数字信号隔离方法为例来说明光电耦合隔离电路。典型的光电耦合隔离电路有数字量同相传递与数字量反相传递两种,如图 4-3 所示。

数字量同相传递如图 4-3(a)所示,光电耦合隔离器的输入正端接正电源,输入负端接到与数据总线相连的数据缓冲器上,光电耦合隔离器的集电极 c 端通过电阻接另一个正电源,发射极 e 端直接接地,光电耦合隔离器输出端即从集电极 c 端引出。当数据线为低电平"0"时,发光管导通且发光,使得光敏管导通,输出 c 端接地而获得低电平"0";当数据线为高电平"1"时,发光管截止而不发光,则光敏管也截止,使输出 c 端从电源处获得高电平"1"。如此便完成了数字量同相传递。

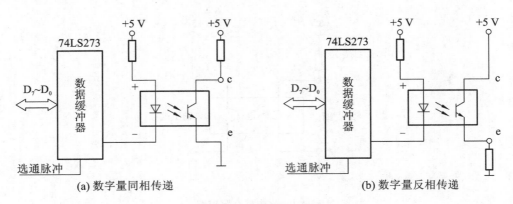

(a) 数字量同相传递　　　　　　　　(b) 数字量反相传递

图 4-3　数字量传递

2. 工业机器人信号与现场总线

工业总线就是在模块之间或者设备之间传送信息、相互通信的一组公用信号线的集合，是系统在主控设备的控制下，将发送设备发送的信息准确地传送给某个接收设备的信号载体或公共通路。工业总线的特点在于其公用性，即它可以同时挂接多个模块或设备。由于总线具有公用性的特点，因此必须解决物理连接技术和信号连接技术的问题。物理连接技术包括电线的选择与连接，用于缓冲的驱动器、接收器的选择与连接，还包括传馈线的屏蔽、接地和抗干扰等技术。信号连接技术包括基本信号相互间的时序匹配和总线握手逻辑控制等技术。现场总线(fieldbus)是近年来迅速发展起来的一种工业数据总线，它主要解决工业现场的智能化仪器仪表、控制器、执行机构等现场控制设备间的数字通信，以及这些现场控制设备和高级控制系统之间的信息传递问题。现场总线由于具有简单可靠、经济实用等一系列突出的优点，因而受到了许多标准团体和计算机厂商的高度重视。现场总线是一种工业数据总线，是自动化领域中底层数据通信网络。

简单地说，现场总线就是以数字通信替代了传统的 4～20 mA 模拟信号及普通开关量信号的传输，是连接智能化的现场控制设备和自动化系统的全数字、双向、多站的通信系统。

1) DeviceNet 通信

DeviceNet 是一种低成本的通信连接，也是一种简单的网络解决方案，有着开放的网络标准。DeviceNet 具有的直接互联性不仅改善了设备间的通信，而且提供了相当重要的设备级阵地功能。DeviceNet 基于 CAN 技术，传输率为 125～500 Kb/s，每个网络的最大节点为 64 个，其通信模式为生产者/客户(producer/consumer)，采用多信道广播信息发送方式。位于 DeviceNet 网络上的设备可以自由连接或断开，不影响网上的其他设备，而且其设备的安装布线成本也较低。DeviceNet 总线的组织结构是 Open DeviceNet Vendor Association(开放式设备网络供应商协会，简称 ODVA)。

2) PROFIBUS 通信

PROFIBUS 是德国标准(DIN19245)和欧洲标准(EN50170)的现场总线标准，由 PROFIBUS-DP、PROFIBUS-FMS、PROFIBUS-PA 系列组成。PROFIBUS-DP 用于分散外设间高速数据传输，适用于加工自动化领域；PROFIBUS-FMS 适用于纺织、楼宇自动化、可编程控制器、低压开关等；PROFIBUS-PA 用于过程自动化的总线类型，服从 IEC1158—2 标准。PROFIBUS 支持主-从系统、纯主站系统、多主多从混合系统等几种传输方式。PROFIBUS 的传输速率为 9.6 Kb/s～12 Mb/s,最大传输距离在 9.6 Kb/s 下为 1 200 m,在 12 Mb/s 下为 200 m,可采用中继器延长至 10 km,传输介质为双绞线或者光缆,最多可挂接 127 个站点,广泛适用于制造业自动化、流程工业自动化,以及楼宇、交通电力等其他领域的自动化。PROFIBUS 是一种用于工厂自动化车间级监控和现场设备层数据通信与控制的现场总线技术,可实现现场设备层到车间级监控的分散式数字控制和现场通信网络,从而为实现工厂综合自动化和现场设备智能化提供可行的解决方案。典型的 PROFIBUS-DP 系统如图 4-4 所示。

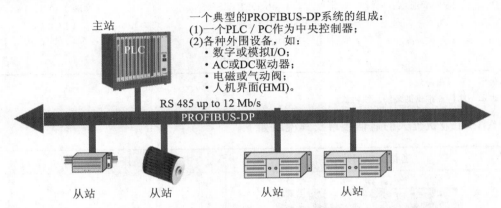

图 4-4 典型的 PROFIBUS-DP 系统

3) PROFINET 通信

PROFINET 由 PROFIBUS 国际组织(PROFIBUS International,PI)推出,是新一代基于工业以太网技术的自动化总线标准。作为一项战略性的技术创新,PROFINET 为自动化通信领域提供了一个完整的网络解决方案,囊括了诸如实时以太网、运动控制、分布式自动化、故障安全以及网络安全等当前自动化领域的热点话题,并且作为跨供应商的技术,可以完全兼容工业以太网和现有的现场总线(如 PROFIBUS)技术,保护现有投资。PROFINET 是适用于不同需求的完整解决方案,其功能包括八个主要的模块,依次为实时通信、分布式现场设备、运动控制、分布式自动化、网络安装、IT 标准和信息安全、故障安全及过程自动化。PROFINET 与 PROFIBUS 从狭义上比较,没有可比性,因为它们的物理接口不同,电气特性不同,波特率不同,电气介质特性不同,因此两者的协议是完全没有关联性的,唯一的关联性就是两者都是 PI 组织推出来的。

4) CC-Link 通信

CC-Link 是 control & communication link(控制与通信链路系统)的缩写,在 1996 年 11 月由三菱电机为主导的多家公司推出,其增长势头迅猛,在亚洲占有较大份额。在其系统中,可以将控制数据和信息数据一同以 10 Mb/s 的高速传送至现场网络。CC-Link 具有性能卓越、使用简单、应用广泛、节省成本等优点,它不仅解决了工业现场配线复杂的问题,同时具有优异的抗噪性能和兼容性。CC-Link 是一个以设备层为主的网络,同时也可覆盖较高层次的控制层和较低层次的传感层。2005 年 7 月,CC-Link 被中国国家标准委员会批准为中国国家标准指导性技术文件。

3. ABB 工业机器人 I/O 通信硬件

ABB 工业机器人的通信硬件方式如表 4-1 所示。

表 4-1　ABB 工业机器人的通信硬件方式

ABB 工业机器人		
PC	现场总线	ABB 标准
RS-232 通信 OPC Server Socket Message[1]	DeviceNet[2] PROFIBUS[2] PROFINET[2] PROFIBUS-DP[2] EtherNet IP[2]	标准 I/O 板 PLC ……

注：①表示一种通信协议。

②表示不同厂商推出的现场总线协议。

ABB 工业机器人的通信接口及其说明如下。

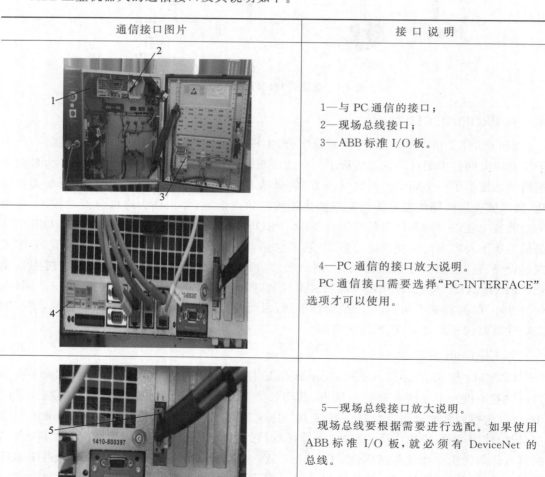

通信接口图片	接口说明
	1—与 PC 通信的接口； 2—现场总线接口； 3—ABB 标准 I/O 板。
	4—PC 通信的接口放大说明。 PC 通信接口需要选择"PC-INTERFACE"选项才可以使用。
	5—现场总线接口放大说明。 现场总线要根据需要进行选配。如果使用 ABB 标准 I/O 板，就必须有 DeviceNet 的总线。

续表

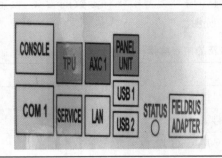	TPU:示教器与主计算机接口。 AXC:轴计算机板与主计算机接口。 PANEL UNIT:安全面板与主计算机接口。 SERVICE:服务端口与主计算机接口。

【任务实施】

➢ 检索书中涉及的通信方式硬件接口。

◀ 任务 4-2 ABB 工业机器人 I/O 通信 ▶

【任务学习】

➢ 掌握标准 I/O 板物理地址的表示方法。
➢ 熟练掌握 ABB 工业机器人 I/O 配置过程。

1. ABB 工业机器人 I/O 系统介绍

I/O 板是工业机器人主机与外界交换信息的接口。主机与外界的信息交换是通过输入/输出设备进行的。一般的输入/输出设备都是机械的或机电相结合的产物,比如常规的传感器、按钮、电磁阀,它们相对于高速的中央处理器来说,速度要慢得多。此外,不同外部设备的信号形式、数据格式也各不相同。因此,外部设备不能与 CPU 直接相连,需要通过相应的 I/O 板来完成它们之间的速度匹配、信号转换,并完成某些控制功能。常用的 ABB 标准 I/O 板如表 4-2 所示。

表 4-2 常用的 ABB 标准 I/O 板

型　　号	说　　明
DSQC651	分布式 I/O 模块 di8\do8\ao2
DSQC652	分布式 I/O 模块 di16\do16
DSQC653	分布式 I/O 模块 di8\do8(继电器型)
DSQC355A	分布式 I/O 模块 ai4\ao4
DSQC327A	分布式 I/O 模块 di16\do16\ao2
DSQC377A	输送链跟踪单元

注:具体规格参数以 ABB 官方最新公布的为准。

在设计 ABB 工业机器人 I/O 信号时,需要熟知信号类型中各种参数的含义、设定范围、功能特征等。I/O 信号涉及的内容解释如表 4-3 所示。

表 4-3 I/O 信号涉及的内容解释

名　称	含　义
Name	指定了该 I/O 信号的名称
Type of Signal	指定了该 I/O 信号的表现形式
Assigned to Device	指定了该 I/O 信号所关联的 I/O 装置(若有)
Signal Identification Label	为一个 I/O 信号提供了一个自由文本标签
Device Mapping	指定了把 I/O 信号映射到哪些位(已指定的 I/O 装置的 I/O 内存映射中的位)上
Category	为一个 I/O 信号提供了一种自由文本分类法
Access Level	指定了拥有 I/O 信号写入权限的客户端
Default Value	指定了相关 I/O 信号的默认值
Safe Level	定义了逻辑输出 I/O 信号在各种工业机器人系统执行情况下的行为
Filter Time Passive	指定了负侧(即从主动到被动的 I/O 信号物理值)检测的滤波时间
Filter Time Active	指定了正侧(即从被动到主动的 I/O 信号物理值)检测的滤波时间
Invert Physical Value	指定了物理表现形式是否宜与相应的逻辑表现形式相反
Analog Encoding Type	指定了如何解读一个模拟 I/O 信号的数值
Maximum Logical Value	指定了 Maximum Physical Value 将对应的逻辑值
Maximum Physical Value	指定了 Maximum Bit Value 将对应的物理值
Maximum Physical Value Limit	指定了最大允许物值(该数值将起到工作范围限制器的作用)
Maximum Bit Value	指定了 Maximum Logical Value 将对应的位置值
Minimum Logical Value	指定了 Minimum Physical Value 将对应的逻辑值
Minimum Physical Value	指定了 Minimum Logical Value 将对应的物理值
Minimum Physical Value Limit	指定了最小允许物值(该数值将起到工作范围限制器的作用)
Minimum Bit Value	指定了 Minimum Logical Value 将对应的位置值
Number of Bits	指定了用于仿真编组 I/O 信号的位数

工业机器人通常拥有一个或多个 I/O 板,每个 I/O 板根据功能型号的不同,会有多个数字信号和模拟通道,这些物理通道只有匹配正确的地址和逻辑信号后才能使用。在完成 I/O 信号的配置连接后的编程期间,建议一个物理通道只对应一个逻辑信号,以防止微动作。ABB 标准 I/O 板都下挂在 DeviceNet 总线上,一个 I/O 信号的定义首先要确认信号总线,然后配置 I/O 模块单元,最后设定 I/O 信号,系统重启后即生效。在配置信号时还要注意以下事项:

(1) 所有输入输出板及信号的名称不允许重复;

(2) 模拟信号不允许使用脉冲或延迟功能;

（3）每个总线上最多配置 20 块输入输出板，每台工业机器人最多配置 40 块输入输出板；

（4）每台工业机器人最多可定义 1024 个输入输出信号；

（5）Cross Connections 不允许循环定义；

（6）在 1 个 Cross Connections 中最多定义 5 个操作；

（7）组合信号最大长度为 16；

（8）系统配置修改（包含更改输入输出信号）后必须重新启动，以使改动生效。

2. ABB 标准 I/O 板介绍

1) DSQC651 板

DSQC651 板主要提供 8 个数字输入信号、8 个数字输出信号和 2 个模拟输出信号的处理。

（1）模块接口说明。

DSQC651 板及其模块接口说明如图 4-5 所示。

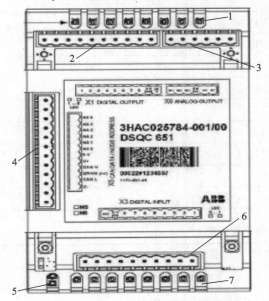

DSQC651 板模块接口说明	
接　口	说　　明
1	数字输出信号指示灯
2	X1 数字输出接口
3	X6 模拟输出接口
4	X5DeviceNet 接口
5	模块状态指示灯
6	X3 数字输入接口
7	数字输入信号指示灯

图 4-5　DSQC651 板及其模块接口说明

（2）模块接口连接说明。

X1 端子、X3 端子、X5 端子及 X6 端子的连接说明分别如表 4-4、表 4-5、表 4-6、表 4-7 所示。

表 4-4　X1 端子的连接说明 1

X1 端子编号	使 用 定 义	地 址 分 配
1	OUTPUT CH1	32
2	OUTPUT CH1	33
3	OUTPUT CH2	34
4	OUTPUT CH3	35

X1 端子编号	使 用 定 义	地 址 分 配
5	OUTPUT CH4	36
6	OUTPUT CH5	37
7	OUTPUT CH6	38
8	OUTPUT CH7	39
9	0 V	—
10	24 V	—

表 4-5　X3 端子的连接说明 1

X3 端子编号	使 用 定 义	地 址 分 配
1	INPUT CH1	0
2	INPUT CH1	1
3	INPUT CH2	2
4	INPUT CH3	3
5	INPUT CH4	4
6	INPUT CH5	5
7	INPUT CH6	6
8	INPUT CH7	7
9	0 V	—
10	未使用	—

表 4-6　X5 端子的连接说明 1

X5 端子编号	使 用 定 义
1	0 V BLACK
2	CAN 信号线 low BLUE
3	屏蔽线
4	CAN 信号线 high WHITH
5	24 V RED
6	GND 地址选择公共端
7	模块 ID bit 1（LSB）
8	模块 ID bit 2（LSB）
9	模块 ID bit 3（LSB）
10	模块 ID bit 4（LSB）
11	模块 ID bit 5（LSB）
12	模块 ID bit 6（LSB）

表 4-7　X6 端子的连接说明

X6 端子编号	使 用 定 义	地 址 分 配
1	未使用	—
2	未使用	—
3	未使用	—
4	0 V	—
5	模拟输出 ao1	0～15
6	模拟输出 ao2	16～31

模拟量输出的范围为 0～+10 V。

ABB 标准 I/O 板是挂在 DeviceNet 总线上的,所以要设定模块在网络中的地址。X5 端子的 6～12 的跳线用来决定模块的地址,地址可用范围为 0～63。

如图 4-6 所示,将第 8 脚和第 10 脚的跳线剪去,2+8 就可以获得 10 的地址。

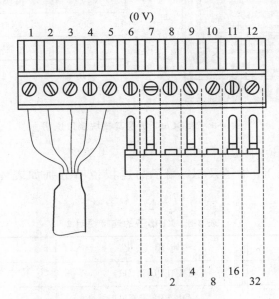

图 4-6　DeviceNet 段子排

DeviceNet 接线端如图 4-7 所示。

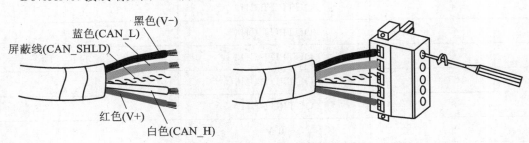

图 4-7　DeviceNet 接线端

2）DSQC652 板

DSQC652 板主要提供 16 个数字输入信号和 16 个数字输出信号的处理。

（1）模块接口说明。

DSQC652 板及其模块接口说明如图 4-8 所示。

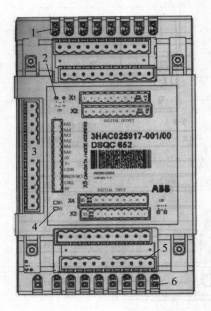

DSQC652 板模块接口说明	
接　口	说　明
1	数字输出信号指示灯
2	X1、X2 数字输出接口
3	X5 DeviceNet 接口
4	模块状态指示灯
5	X3、X4 数字输入接口
6	数字输入信号指示灯

图 4-8　DSQC652 板及其模块接口说明

（2）模块接口连接说明。

X1 端子、X2 端子、X4 端子及 X5 端子的连接说明分别如表 4-8、表 4-9、表 4-10 及表 4-11 所示。

表 4-8　X1 端子的连接说明 2

X1 端子编号	使 用 定 义	地 址 分 配
1	OUTPUT CH1	0
2	OUTPUT CH1	1
3	OUTPUT CH2	2
4	OUTPUT CH3	3
5	OUTPUT CH4	4
6	OUTPUT CH5	5
7	OUTPUT CH6	6
8	OUTPUT CH7	7
9	0 V	—
10	24 V	—

表 4-9　X2 端子的连接说明

X2 端子编号	使 用 定 义	地 址 分 配
1	OUTPUT CH9	8
2	OUTPUT CH10	9
3	OUTPUT CH11	10
4	OUTPUT CH12	11
5	OUTPUT CH13	12
6	OUTPUT CH14	13
7	OUTPUT CH15	14
8	OUTPUT CH16	15
9	0 V	—
10	24 V	—

表 4-10　X4 端子的连接说明

X4 端子编号	使 用 定 义	地 址 分 配
1	INPUT CH01	0
2	INPUT CH02	1
3	INPUT CH03	2
4	INPUT CH04	3
5	INPUT CH05	4
6	INPUT CH06	5
7	INPUT CH07	6
8	INPUT CH08	7
9	0 V	—
10	未使用	—

表 4-11　X5 端子的连接说明 2

X5 端子编号	使 用 定 义	地 址 分 配
1	INPUT CH09	8
2	INPUT CH10	9
3	INPUT CH11	10
4	INPUT CH12	11
5	INPUT CH13	12
6	INPUT CH14	13
7	INPUT CH15	14

续表

X5 端子编号	使 用 定 义	地 址 分 配
8	INPUT CH16	15
9	0 V	—
10	未使用	—

3）DSQC653 板

DSQC653 板主要提供 8 个数字输入信号和 8 个数字继电器输出信号的处理。

（1）模块接口说明。

DSQC653 板及其模块接口说明如图 4-9 所示。

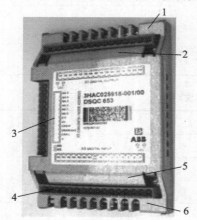

DSQC653 板模块接口说明	
接　　口	说　　明
1	数字继电器输出信号指示灯
2	X1 数字继电器输出信号接口
3	X5 DeviceNet 接口
4	模块状态指示灯
5	X3 数字输入信号接口
6	数字输入信号指示灯

图 4-9　DSQC653 板及其模块接口说明

（2）模块接口连接说明。

X1 端子和 X3 端子的连接说明分别如表 4-12、表 4-13 所示。

表 4-12　X1 端子的连接说明 3

X1 端子编号	使 用 定 义	地 址 分 配
1	OUTPUT CH1A	0
2	OUTPUT CH1B	
3	OUTPUT CH2A	1
4	OUTPUT CH2B	
5	OUTPUT CH3A	2
6	OUTPUT CH3B	
7	OUTPUT CH4A	3
8	OUTPUT CH4B	
9	OUTPUT CH5A	4
10	OUTPUT CH5B	

续表

X1 端子编号	使用定义	地址分配
11	OUTPUT CH6A	5
12	OUTPUT CH6B	
13	OUTPUT CH7A	6
14	OUTPUT CH7B	
15	OUTPUT CH8A	7
16	OUTPUT CH8B	

表 4-13　X3 端子的连接说明 2

X3 端子编号	使用定义	地址分配
1	INPUT CH1	0
2	INPUT CH2	1
3	INPUT CH3	2
4	INPUT CH4	3
5	INPUT CH5	4
6	INPUT CH6	5
7	INPUT CH7	6
8	INPUT CH8	7
9	0 V	—
10～16	未使用	—

X5 端子的连接说明如表 4-6 所示。

4) DSQC355A 板

DSQC355A 板主要提供 4 个模拟输入信号和 4 个模拟输出信号的处理。

（1）模块接口说明。

DSQC355A 板及其模块接口说明如图 4-10 所示。

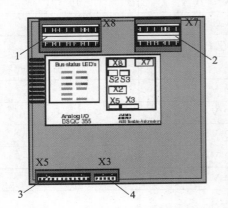

DSQC355A 板模块接口说明	
接　口	说　明
1	X8 模拟输入端口
2	X7 模拟输出端口
3	X5 DeviceNet 接口
4	X3 供电电源

图 4-10　DSQC355A 板及其模块接口说明

（2）模块接口连接说明。

X3 端子、X5 端子、X7 端子及 X8 端子的连接说明分别如表 4-14、表 4-6、表 4-15、表 4-16 所示。

表 4-14　X3 端子的连接说明 3

X3 端子编号	使 用 定 义
1	0 V
2	未使用
3	接地
4	未使用
5	＋24 V

表 4-15　X7 端子的连接说明

X7 端子编号	使 用 定 义	地 址 分 配
1	模拟输出_1，－10 V/＋10 V	0～15
2	模拟输出_2，－10 V/＋10 V	16～31
3	模拟输出_3，－10 V/＋10 V	32～47
4	模拟输出_4，4～20 mA	48～63
5～18	未使用	—
19	模拟输出_1，0 V	—
20	模拟输出_2，0 V	—
21	模拟输出_3，0 V	—
22	模拟输出_4，0 V	—
23～24	未使用	—

表 4-16　X8 端子的连接说明

X8 端子编号	使 用 定 义	地 址 分 配
1	模拟输入_1，－10 V/＋10 V	0～15
2	模拟输入_2，－10 V/＋10 V	16～31
3	模拟输入_3，－10 V/＋10 V	32～47
4	模拟输入_4，－10 V/＋10 V	48～63
5～16	未使用	—
17～24	模拟输入_1，0 V	—
25	模拟输入_2，0 V	—
26	模拟输入_3，0 V	—
27	模拟输入_4，0 V	—
28	模拟输入_5，0 V	—
29～32	0 V	—

5）DSQC377A 板

DSQC377A 板主要提供输送链跟踪单元功能。

（1）模块接口说明。

DSQC377A 板及其模块接口说明如图 4-11 所示。

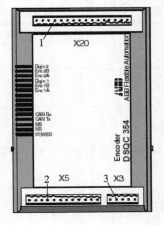

DSQC377A 板模块接口说明	
接　口	说　明
1	X20 编码器与同步开关的端子
2	X5 DeviceNet 接口
3	X3 供电电源

图 4-11　DSQC377A 板及其模块接口说明

（2）模块接口连接说明。

X3 端子、X5 端子及 X20 端子的连接说明分别如表 4-14、表 4-6、表 4-17 所示。

表 4-17　X20 端子的连接说明

X20 端子编号	使 用 定 义
1	24 V
2	0 V
3	编码器 1,24 V
4	编码器 1,0 V
5	编码器 1,A 相
6	编码器 1,B 相
7	数字输入信号 1,24 V
8	数字输入信号 1,0 V
9	数字输入信号 1,信号
10～16	未使用

　　ABB 标准 I/O 板 DSQC651 是最常用的模块，下面以创建数字输入信号 Di、数字输出信号 Do、组输入信号 Gi、组输出信号 Go 和模拟输出信号 ao 为例做一个详细的讲解。

3. 配置 I/O 板总线连接

　　ABB 标准 I/O 板都是下挂在 DeviceNet 现场总线下的设备，通过 X5 端口与 DeviceNet 现场总线进行通信。

　　DSQC651 板的总线连接的相关参数说明如表 4-18 所示。

表 4-18   DSQC651 板的总线连接的相关参数说明

参 数 名 称	设 定 值	说　　　明
Name	Board10	设定 I/O 板在系统中的名字
模板	DSQC 651	DSQC 651 Combi I/O Device
Address	10	设定 I/O 板在总线中的地址

I/O 单元创建步骤如下。

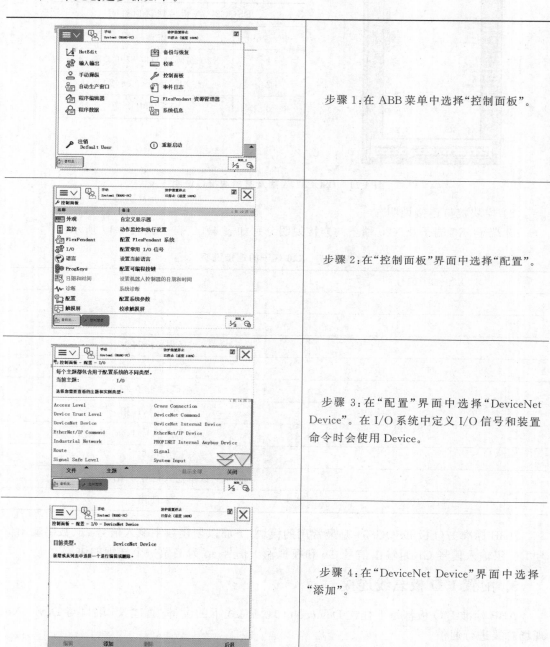

步骤 1：在 ABB 菜单中选择"控制面板"。

步骤 2：在"控制面板"界面中选择"配置"。

步骤 3：在"配置"界面中选择"DeviceNet Device"。在 I/O 系统中定义 I/O 信号和装置命令时会使用 Device。

步骤 4：在"DeviceNet Device"界面中选择"添加"。

续表

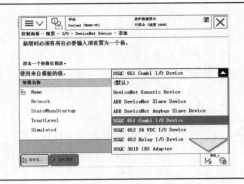

步骤 5：在"添加"界面中选择"DSQC 651 Combi I/O Device"。

步骤 6：在界面中选择"Address"，将其修改为和总线相同的物理地址。

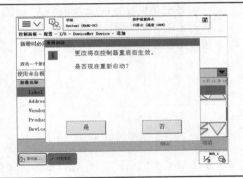

步骤 7：单击"确定"，在弹出的"重新启动"界面中选择"是"，重启后即可生效。至此完成 Board10 I/O 板的配置。

4. 定义数字输入输出信号

数字输入信号 Di1 的相关参数说明如表 4-19 所示。

表 4-19 数字输入信号 Di1 的相关参数说明

参 数 名 称	设 定 值	说 明
Name	Di1	设定数字输入信号的名字
Type of Signal	Digital Input	设定信号的类型
Assigned to Device	Board10	设定信号所在的 I/O 模块
Device Mapping	0	设定信号所占用的地址

I/O 信号配置步骤如下。

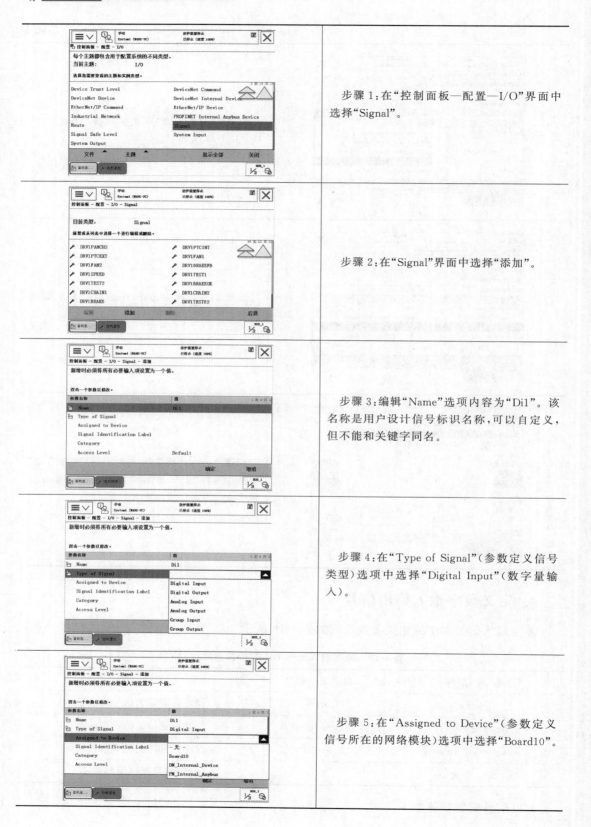

步骤1:在"控制面板—配置—I/O"界面中选择"Signal"。

步骤2:在"Signal"界面中选择"添加"。

步骤3:编辑"Name"选项内容为"Di1"。该名称是用户设计信号标识名称,可以自定义,但不能和关键字同名。

步骤4:在"Type of Signal"(参数定义信号类型)选项中选择"Digital Input"(数字量输入)。

步骤5:在"Assigned to Device"(参数定义信号所在的网络模块)选项中选择"Board10"。

续表

步骤 6:在"Device Mapping"(参数定义 I/O 信号的地址)选项中编辑地址为 0。

步骤 7:单击"确定",在弹出的"重新启动"界面中选择"是",重启后即可生效。至此完成地址为 0 的数字输入信号 Di1 的配置。

定义数字输出信号的操作过程和定义数字输入信号的操作过程是相同的,只是信号类型有区别。数字输出信号 Do1 的相关参数说明如表 4-20 所示。

表 4-20 数字输出信号 Do1 的相关参数说明

参 数 名 称	设 定 值	说 明
Name	Do1	设定数字输出信号的名字
Type of Signal	Digital Output	设定信号的类型
Assigned to Device	Board10	设定信号所在的 I/O 模块
Device Mapping	32	设定信号所占用的地址

5. 定义组输入输出信号

组输入信号 Gi1 的相关参数说明如表 4-21 所示。

表 4-21 组输入信号 Gi1 的相关参数说明

参 数 名 称	设 定 值	说 明
Name	Gi1	设定组输入信号的名字
Type of Signal	Group Input	设定信号的类型
Assigned to Unit	Board10	设定信号所在的 I/O 模块
Unit Mapping	1~4	设定信号所占用的地址

组输入信号 Gi1 的二进制状态值与十进制数的关系如表 4-22 所示。

表 4-22　组输入信号 Gi1 的二进制状态值与十进制数的关系

状　　态	地址 1	地址 2	地址 3	地址 4	十 进 制 数
	1	2	3	4	
状态 1	0	1	0	1	2＋8＝10
状态 2	1	0	1	1	1＋4＋8＝13

组输入信号就是将几个数字输入信号组合起来使用,用于接收外围设备输入的 BCD 编码的十进制数。

此例中,Gi1 占用地址 1～4,共 4 位,可以代表十进制数 0～15。以此类推,如果占用 5 位地址的话,可以代表十进制数 0～31。I/O 信号配置步骤如下。

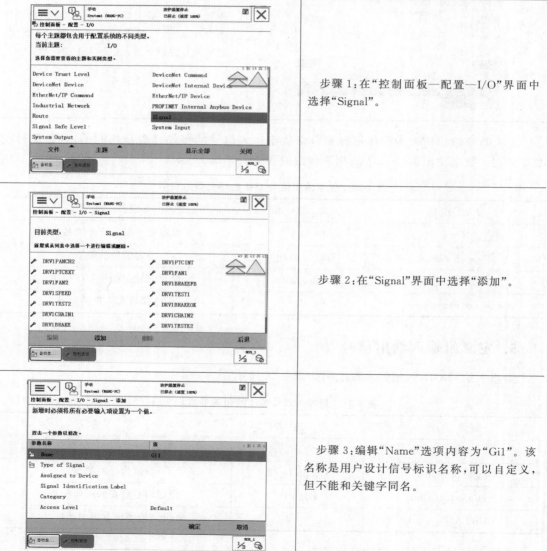

步骤 1:在"控制面板—配置—I/O"界面中选择"Signal"。

步骤 2:在"Signal"界面中选择"添加"。

步骤 3:编辑"Name"选项内容为"Gi1"。该名称是用户设计信号标识名称,可以自定义,但不能和关键字同名。

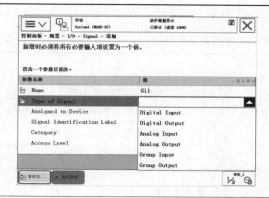

步骤 4：在"Type of Signal"（参数定义信号类型）选项中选择"Group Input"（组信号输入）。

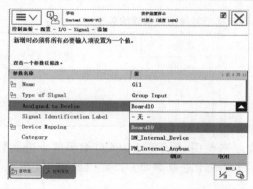

步骤 5：在"Assigned to Device"（参数定义信号所在的网络模块）选项中选择"Board10"。

步骤 6：在"Device Mapping"（参数定义 I/O 信号的地址）选项中编辑地址为 1～4。

步骤 7：单击"确定"，在弹出的"重新启动"界面中选择"是"，重启后即可生效。至此完成地址为 1～4 的组输入信号 Gi1 的配置。

定义组输出信号的操作过程和定义组输入信号的操作过程是相同的,只是信号类型有区别。组输出信号 Go1 的相关参数说明如表 4-23 所示。

表 4-23 组输出信号 Go1 的相关参数说明

参 数 名 称	设 定 值	说 明
Name	Go1	设定组输出信号的名字
Type of Signal	Group Output	设定信号的类型
Assigned to Unit	Board10	设定信号所在的 I/O 模块
Unit Mapping	33～36	设定信号所占用的地址

组输出信号 Go1 的二进制状态值与十进制数的关系如表 4-24 所示。

表 4-24 组输出信号 Go1 的二进制状态值与十进制数的关系

状 态	地址 33	地址 34	地址 35	地址 36	十 进 制 数
	1	2	4	8	
状态 1	0	1	0	1	2＋8＝10
状态 2	1	0	1	1	1＋4＋8＝13

组输出信号就是将几个数字输出信号组合起来使用,用于输出 BCD 编码的十进制数。

此例中,Go1 占用地址 33～36,共 4 位,可以代表十进制数 0～15。以此类推,如果占用 5 位地址的话,可以代表十进制数 0～31。

6. 定义模拟输出信号

模拟输出信号 ao1 的相关参数说明如表 4-25 所示。

表 4-25 模拟输出信号 ao1 的相关参数说明

参 数 名 称	设 定 值	说 明
Name	ao1	设定模拟输出信号的名字
Type of Signal	Analog Output	设定信号的类型
Assigned to Unit	Board10	设定信号所在的 I/O 模块
Unit Mapping	0～15	设定信号所占用的地址
Analog Encoding Type	Unsigned	设定模拟信号的属性
Maximum Logical Value	10	设定最大逻辑值
Maximum Physical Value	10	设定最大物理值
Maximum Bit Value	65535	设定最大位置值

本例以松下 YD-350GR3 信号焊接电源的电流输出为例来说明模拟信号设置。松下 YD-350GR3 信号焊接电源的输出信号示意图如图 4-12 所示。

焊接时流经焊接回路的电流称为焊接电流。焊接电流对焊极熔化速度、母材熔深、焊缝内在质量和生产效率有着重要的影响。焊接电流过小,不仅引弧困难,而且电弧不稳定,会

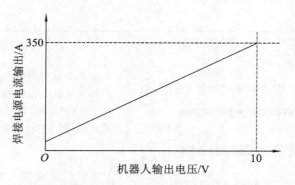

图 4-12 松下 YD-350GR3 信号焊接电源的输出信号示意图

造成焊不透和夹生等缺陷;同时焊接电流过小,使得热量不够,造成焊极的熔滴堆积在表面,使焊缝成形不美观。焊接电流过大,电弧和热功率都增加,因此熔池体积和弧坑深度都会随着焊接电流的增加而增加。

　　ABB 工业机器人模拟输出 AoWeldingCurrent 采用的是 16 位输出,其输出位值为 65535 时为 10 V 输出,输出位值为 0 时为 0 V 输出。ABB 工业机器人输出电压模拟量的设定步骤如下。

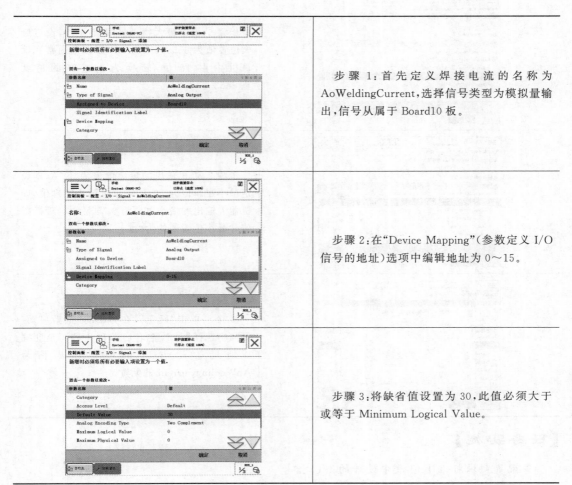

步骤	说明
步骤 1	首先定义焊接电流的名称为 AoWeldingCurrent,选择信号类型为模拟量输出,信号从属于 Board10 板。
步骤 2	在"Device Mapping"(参数定义 I/O 信号的地址)选项中编辑地址为 0~15。
步骤 3	将缺省值设置为 30,此值必须大于或等于 Minimum Logical Value。

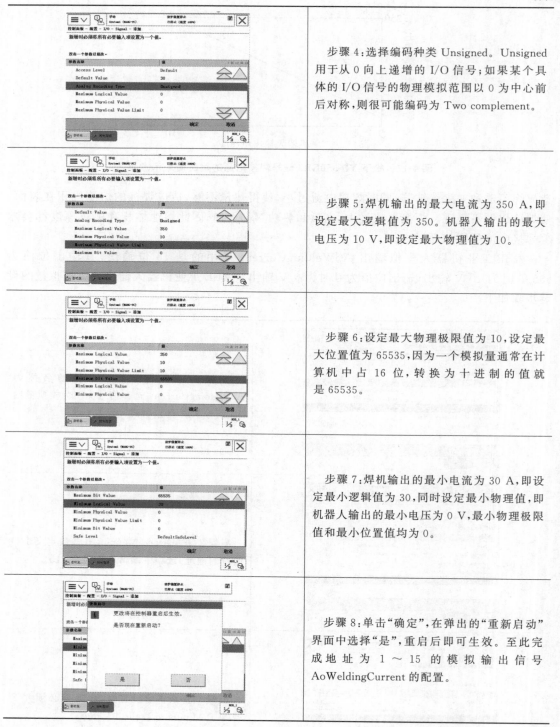

步骤4:选择编码种类 Unsigned。Unsigned 用于从 0 向上递增的 I/O 信号;如果某个具体的 I/O 信号的物理模拟范围以 0 为中心前后对称,则很可能编码为 Two complement。

步骤5:焊机输出的最大电流为 350 A,即设定最大逻辑值为 350。机器人输出的最大电压为 10 V,即设定最大物理值为 10。

步骤6:设定最大物理极限值为 10,设定最大位置值为 65535,因为一个模拟量通常在计算机中占 16 位,转换为十进制的值就是 65535。

步骤7:焊机输出的最小电流为 30 A,即设定最小逻辑值为 30,同时设定最小物理值,即机器人输出的最小电压为 0 V,最小物理极限值和最小位置值均为 0。

步骤8:单击"确定",在弹出的"重新启动"界面中选择"是",重启后即可生效。至此完成地址为 1～15 的模拟输出信号 AoWeldingCurrent 的配置。

【任务实施】

➤ 配置码垛标准 I/O 表中设计的 I/O 信号。

◀ 任务 4-3 I/O 信号监控与系统信号 ▶

【任务学习】

➢ 熟悉 I/O 信号监控界面。
➢ 掌握信号仿真调试方法。

工业机器人 I/O 信号的监控是指检测外部设备通信是否正常,观测传感器的实时状态和执行机构的逻辑动作的过程,以便于工程师分析外部现场环境,检测工业总线运行是否正常和工业机器人的安全链信号是否异常,它是工业机器人现场调试的重要环节。

1．打开输入输出画面

I/O 信号监控界面如图 4-13、图 4-14 所示。

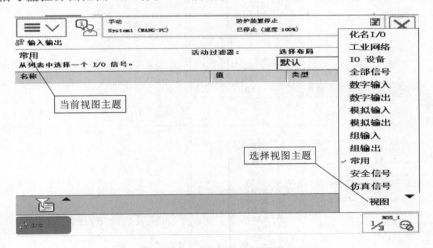

图 4-13　I/O 信号监控界面 1

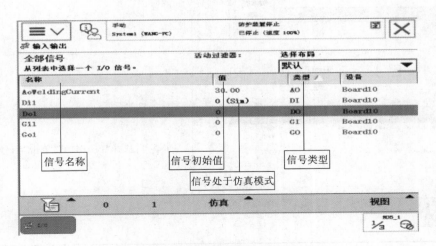

图 4-14　I/O 信号监控界面 2

现在就来学习一下如何对 I/O 信号进行监控与操作。

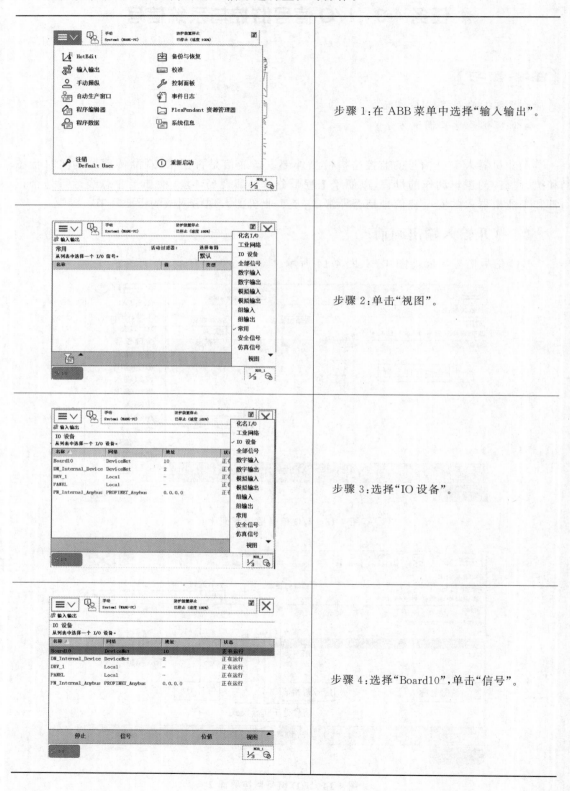

步骤 1：在 ABB 菜单中选择"输入输出"。

步骤 2：单击"视图"。

步骤 3：选择"IO 设备"。

步骤 4：选择"Board10"，单击"信号"。

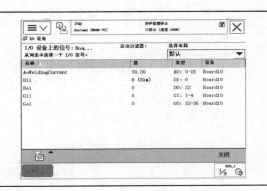

步骤 5：在这个界面上可以监控信号当前的状态和信号的地址，同时也可以对信号进行强制和仿真操作。

2. 对 I/O 信号进行仿真和强制操作

对 I/O 信号的状态或数值进行仿真和强制操作，以便在工业机器人调试和检修时使用。下面就来学习数字信号、组信号、模拟量的仿真和强制操作。

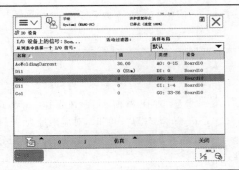

步骤 1：在当前界面中选择"Do1"，单击状态"1"，可以强制输出 Do1。

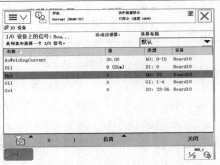

步骤 2：在当前界面中选择 Do1 的状态为"1"时，对应地址为 32 的 DSQC651 板的输出通道 1 输出。

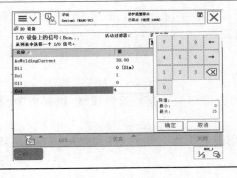

步骤 3：在当前界面中选择"Go1"，单击状态"123…"，可以设置为 4，强制输出 Go1。

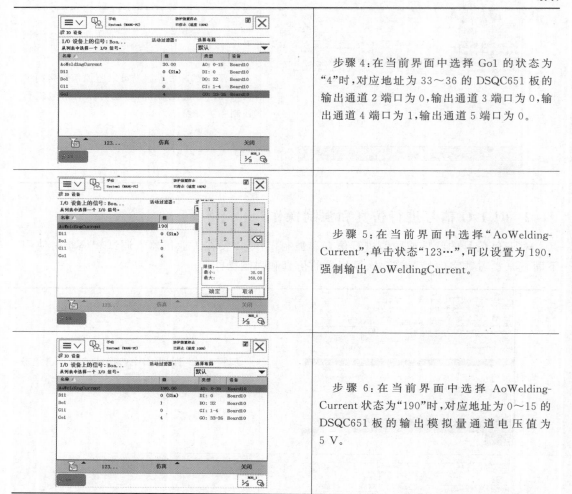

	步骤 4：在当前界面中选择 Go1 的状态为 "4"时，对应地址为 33～36 的 DSQC651 板的输出通道 2 端口为 0，输出通道 3 端口为 0，输出通道 4 端口为 1，输出通道 5 端口为 0。
	步骤 5：在当前界面中选择 "AoWelding-Current"，单击状态 "123…"，可以设置为 190，强制输出 AoWeldingCurrent。
	步骤 6：在当前界面中选择 AoWelding-Current 状态为 "190" 时，对应地址为 0～15 的 DSQC651 板的输出模拟量通道电压值为 5 V。

3. ABB 工业机器人系统输入输出信号

ABB 工业机器人系统信号是 ABB 工业机器人预制的功能信号。输入 I/O 信号时可指定具体的系统输入项，比如 Start 或 Motors On。该输入项会在不使用 FlexPendant 示教器或其他硬件装置的情况下触发一项交由系统处理的系统行动，或者一项具体的系统行动指定输出 I/O 信号。当出现相应的系统行动时，系统便会在无用户输入项的情况下自动设置这些 I/O 信号。这些系统输出的 I/O 信号既可以是数字信号，也可以是模拟信号。当然，这些信号应用的前提是和用户配置的 I/O 信号相关联。

1）系统输入功能

MotorOn——工业机器人电机上电。

当工业机器人控制器必须处于自动模式时，会把相关控制器设置成"电机开启"状态。

MotorOff——工业机器人电机下电。

当工业机器人正在运行时，系统先自动停止工业机器人运行，再使电机下电；如果此输入信号为 1，工业机器人将无法使电机上电。

Start——运行工业机器人程序。

从程序指针当前位置运行工业机器人程序。

StartMain——重新运行工业机器人程序。

从主程序第一行运行工业机器人程序，如果工业机器人正在运行，此功能无效。

Stop——停止运行工业机器人程序。

当此输入信号值为 1 时，工业机器人将无法运行工业机器人程序。

StopCycle——停止运行工业机器人程序循环。

当运行完主程序最后一行后，工业机器人将自动停止运行，此时输入信号值为 1，工业机器人将无法再次运行工业机器人程序。

SysReset——热启动工业机器人。

AckErrDialog——确认示教器错误信息。

Interrupt——中断。

在系统输入 Argument 项，直接填入服务例行程序名称，例如 routine1。无论程序指针处在什么位置，工业机器人直接运行相应的服务例行程序，运行完成后，程序指针自动回到原位置。如果工业机器人正在运行，此功能无效。

LoadStart——载入程序并运行。

在系统输入 Argument 项，填入所载入程序路径与名称，例如 flp1：ABB. prg。如果工业机器人正在运行，此功能无效。

ResetEstop——工业机器人急停复位。

ResetError——复位工业机器人系统输出 Error。

MotOnStart——工业机器人上电并运行。

工业机器人电机上电后，自动从程序指针当前位置运行工业机器人程序。

StopInstr——完成当前指令后停止运行。

完成当前指令后，停止运行工业机器人程序，当此输入信号值为 1 时，工业机器人将无法运行工业机器人程序。

QuickStop——快速停止运行。

快速停止运行工业机器人程序，当此输入信号值为 1 时，工业机器人将无法运行工业机器人程序。

StiffStop——强行停止运行。

强行停止运行工业机器人程序，当此输入信号值为 1 时，工业机器人将无法运行工业机器人程序。

2）系统输出功能

MotorOn——工业机器人电机上电。

如果工业机器人未同步，此信号灯将闪烁。

MotorOff——工业机器人电机下电。

如果工业机器人安全链打开，此信号灯将闪烁。

CycleOn——工业机器人程序正在运行，包括预制程序。

EmStop——急停。

工业机器人处于急停状态，拔出急停按钮，重新复位急停后，信号才复位。

AutoOn——工业机器人处于自动模式。

RunchOk——工业机器人安全链闭合。

TCPSpeed——工业机器人运行速度。

此系统输出必须连接一个模拟量输出信号,其逻辑量为2,代表工业机器人当前速度为2000 mm/s。

Error——工业机器人故障。

由于工业机器人故障,造成正在运行的工业机器人停止,如果故障发生时工业机器人没有被运行,此信号将没有输出。

MotOnState——工业机器人电机上电。

信号稳定,信号灯不会闪烁。

MotOffState——工业机器人电机下电。

信号稳定,信号灯不会闪烁。

PFError——电源故障。

热启动后,工业机器人程序无法立即再运行,一般情况下,程序将被重置,从主程序第一行开始运行,这种情况下此信号将被输出。

MotSupTrigg——工业机器人运行监控被触发。

MotSupOn——工业机器人运行监控被触发。

RegDistErr——工业机器人无法运行。

工业机器人运行位置超出工作范围,并且工业机器人已经启动过一次,则工业机器人无法再次运行,这种状态下此信号被输出。

3)建立系统输入/输出与I/O信号关联的操作步骤

建立系统输入"电机开启"与数字输入信号DI_MotorOn关联的操作步骤如下。

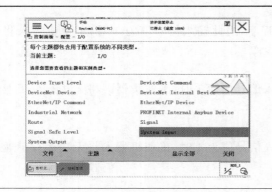	步骤1:在"控制面板—配置—I/O"界面中选择"System Input",单击"显示全部"。
	步骤2:在"System Input"界面中单击"添加"。

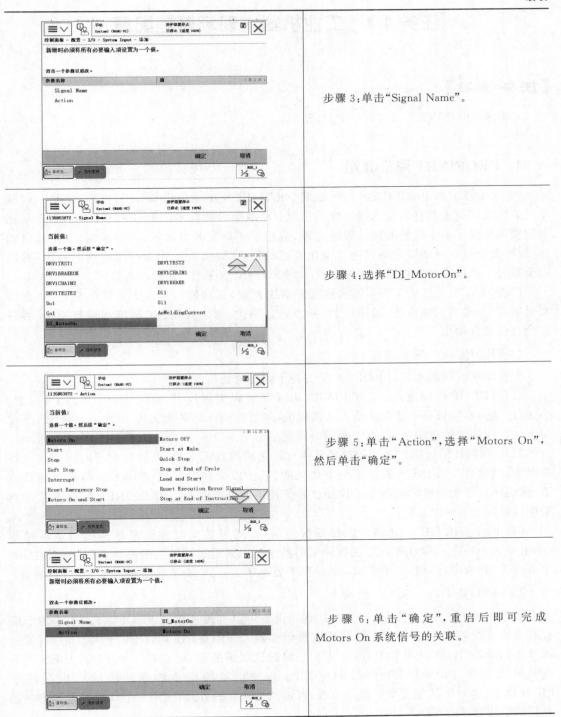

步骤 3：单击"Signal Name"。

步骤 4：选择"DI_MotorOn"。

步骤 5：单击"Action"，选择"Motors On"，然后单击"确定"。

步骤 6：单击"确定"，重启后即可完成 Motors On 系统信号的关联。

【任务实施】

➢ 应用外部信号驱动工业机器人电机上电。

◀ 任务 4-4　工业机器人现场通信配置 ▶

【任务学习】

➢ 掌握 PROFINET 通信的配置过程。

1. PROFINET 通信介绍

PROFINET 由 PROFIBUS 国际组织（PROFIBUS International，PI）推出，是新一代基于工业以太网技术的自动化总线标准。作为一项战略性的技术创新，PROFINET 为自动化通信领域提供了一个完整的网络解决方案，囊括了诸如实时以太网、运动控制、分布式自动化、故障安全以及网络安全等当前自动化领域的热点话题，并且作为跨供应商的技术，可以完全兼容工业以太网和现有的现场总线（如 PROFIBUS）技术，保护现有投资。

PROFINET 是适用于不同需求的完整解决方案，其功能包括八个主要的模块，依次为实时通信、分布式现场设备、运动控制、分布式自动化、网络安装、IT 标准与信息安全、故障安全及过程自动化。

1）PROFINET 实时通信

根据响应时间的不同，PROFINET 支持下列三种通信方式。

（1）TCP/IP 标准通信。PROFINET 基于工业以太网技术，使用 TCP/IP 和 IT 标准。TCP/IP 是 IT 领域关于通信协议方面的标准，尽管其响应时间大概为 100 ms 的量级，不过对于工厂控制级的应用来说，这个响应时间就足够了。

（2）实时（RT）通信。对于传感器和执行器之间的数据交换，系统对响应时间的要求更为严格，因此，PROFINET 提供了一个优化的、基于以太网第二层（Layer 2）的实时通信通道，该实时通信通道极大地减少了数据在通信栈中的处理时间。PROFINET 实时通信的典型响应时间是 5～10 ms。

（3）同步实时（IRT）通信。在现场级通信中，对通信实时性要求最高的是运动控制（motion control）。PROFINET 的同步实时技术可以满足运动控制的高速通信需求，在 100 个节点下，其响应时间要小于 1 ms，抖动误差要小于 1 μs，以此来保证及时的、确定的响应。

2）PROFINET 分布式现场设备

通过集成 PROFINET 接口，分布式现场设备可以直接连接到 PROFINET 上。对于现有的现场总线通信系统，可以通过代理服务器实现与 PROFINET 的透明连接。例如，通过 IE/PB Link（PROFINET 和 PROFIBUS 之间的代理服务器）可以将一个 PROFIBUS 网络透明地集成到 PROFINET 中，PROFIBUS 各种丰富的设备诊断功能同样也适用于 PROFINET。对于其他类型的现场总线，可以通过同样的方式，使用一个代理服务器将现场总线网络接到 PROFINET 中。

3）PROFINET 运动控制

通过 PROFINET 的同步实时（IRT）功能，可以轻松实现对伺服运动控制系统的控制。在 PROFINET 同步实时通信中，每个通信周期被分成两个不同的部分，一个是循环的、确定的部分,称为实时通道;另外一个是标准通道,标准的 TCP/IP 数据通过这个通道传输。

在实时通道中,为实时数据预留了固定循环间隔的时间窗,而实时数据总是按固定的次序插入,因此,实时数据就在固定的间隔被传送,循环周期中剩余的时间用来传递标准的 TCP/IP 数据。这样两种不同类型的数据就可以同时在 PROFINET 上传递,而且不会互相干扰。通过独立的实时数据通道,保证对伺服运动系统的可靠控制。

4) PROFINET 分布式自动化

随着现场设备智能程度的不断提高,自动化控制系统的分散程度也越来越高。工业控制系统正由分散式自动化向分布式自动化演进,因此,基于组件的自动化(component based automation,CBA)成为新兴的趋势。工厂中相关的机械部件、电气/电子部件和应用软件等具有独立工作能力的工艺模块抽象成一个封装好的组件,各组件间使用 PROFINET 连接。通过 SIMATIC iMap 软件,即可用图形化组态的方式实现各组件间的通信配置,不需要另外编程,大大简化了系统的配置及调试过程。

通过模块化这一成功理念,可以显著减少机器和工厂建设中的组态与上线调试时间。在使用分布式智能系统或可编程现场设备、驱动系统和 I/O 时,还可以扩展使用模块化理念,从机械应用扩展到自动化解决方案。另外,也可以将一条生产线的单个机器作为生产线或过程中的一个"标准模块"进行定义。对于设备与工厂设计者,工艺模块化能够更容易、更好地对设备与系统进行标准化和再利用,使设备与系统能够更快、更具灵活性地对不同的客户要求作出反应,设计者可以对各台设备和厂区提前进行测试,这样可以极大地缩短系统上线调试时间;对于系统操作者,从现场设备到管理层,都可以从 IT 标准的通用通信中获得好处,对现有系统进行扩展也很容易。

5) PROFINET 网络安装

PROFINET 支持除星形、总线形和环形的拓扑结构。为了减少布线费用,并保证高度的可用性和灵活性,PROFINET 提供了大量的工具帮助用户方便地实现 PROFINET 的安装。特别设计的工业电缆和耐用连接器满足 EMC 和温度要求,并且在 PROFINET 框架内形成标准化,保证了不同制造商设备之间的兼容性。

6) PROFINET IT 标准与信息安全

PROFINET 的一个重要特征就是可以同时传递实时数据和标准的 TCP/IP 数据。在其传递 TCP/IP 数据的公共通道中,各种已验证的 IT 技术(如 http、HTML、SNMP、DHCP 和 XML 等)都可以使用。在使用 PROFINET 的时候,我们可以使用这些 IT 标准服务来加强对整个网络的管理和维护,这意味着调试和维护成本的节省。PROFINET 实现了从现场级到管理层的纵向通信集成,一方面方便管理层获取现场级的数据,另一方面原本在管理层存在的数据的安全性问题也延伸到了现场级。为了保证现场级控制数据的安全性,PROFINET 提供了特有的安全机制,通过使用专用的安全模块,可以保护自动化控制系统,使自动化通信网络的安全风险最小化。

7) PROFINET 故障安全

在过程自动化领域中,故障安全是相当重要的一个概念。所谓故障安全,是指当系统发生故障或出现致命错误时,系统能够恢复到安全状态(即"零"态)。在这里,安全有两个方面的含义:一方面是指操作人员的安全,另一方面是指整个系统的安全。因为在过程自动化领域中,系统出现故障或致命错误时很可能会导致整个系统的爆炸或毁坏。故障安全机制就是用来保证系统在发生故障后可以自动恢复到安全状态,不会对操作人员和过程控制系统造成损害。

PROFINET 集成了 PROFIsafe 行规，实现了 IEC61508 中规定的 SIL3 等级的故障安全，很好地保证了整个系统的安全。

8) PROFINET 过程自动化

PROFINET 不仅可以用于工厂自动化场合，也可用于过程自动化。工业界针对工业以太网总线供电及以太网应用在本质安全区域的问题的讨论正在形成标准或解决方案。PROFIBUS 国际组织在 2006 年的时候提出 PROFINET 进入过程自动化现场级应用方案。

通过代理服务器技术，PROFINET 可以无缝地集成现场总线 PROFIBUS 和其他总线标准。目前 PROFIBUS 是世界范围内唯一可覆盖从工厂自动化场合到过程自动化应用的现场总线标准。集成 PROFIBUS 现场总线解决方案的 PROFINET 是过程自动化领域应用的完美体验。

作为国际标准 IEC61158 的重要组成部分，PROFINET 是完全开放的协议，PROFIBUS 国际组织的成员公司在 2004 年的汉诺威展览会上推出了大量的带有 PROFINET 接口的设备，对 PROFINET 技术的推广和普及起到了积极的作用。随着时间的流逝，作为面向未来的新一代工业通信网络标准，PROFINET 必将为自动化控制系统带来更大的收益和便利。

9) PROFINET 的应用领域

PROFINET 作为一种标准的、实时的工业以太网协议，满足了自动化控制的实时通信要求，可应用于运动控制。PROFINET 具有 PROFIBUS 和 IT 标准的开放透明通信，支持从现场层到工厂管理层通信的连续性，从而增加了生产过程的透明度，优化了公司的系统运作，亦适用于 Ethernet 和其他任何现场总线系统之间的通信，可实现与其他现场总线的无缝集成。PROFINET 同时实现了分布式自动化，为自动化系统提供了多元化的解决方案，而且为基于 IT 的信息技术和控制理念在自动化控制中提供了高效的技术平台，广泛应用于烟草、船舶、物流等多变量智能控制系统中。

2. PROFINET 通信配置

以 ABB 工业机器人 IRB1410 与西门子 S7-1200PLC PN 通信来说明 PROFINET 通信配置过程。

1) 网络拓扑图

ABB 工业机器人 IRB1410 与西门子 S7-1200PLC PN 网络拓扑图如图 4-15 所示。

2) 硬件说明

ABB 工业机器人 IRB1410 是由 IRB1410 本体和 IRC5 控制柜组成的，其中完成通信数据交互功能的硬件是 IRC5 控制柜。工业机器人的系统选项配置如下：

（1）Chinese；

（2）709-1 DeviceNet Master/Slave；

（3）888-2 PROFINET Controller/Device。

S7-1200PLC 的 CPU 为 6ES7 212-1AE40-0XB0，它具有 75 KB 的工作存储器，24 V DC 电源，板载 DI8×24 V DC 漏型/源型、DQ6×24 V DC 和 AI2，板载 4 个高速计数器（可通过数字量信号板扩展）和 4 路脉冲输出，信号板扩展板载 I/O，多达 3 个用于串行通信的通信模块，多达 2 个用于 I/O 扩展的信号模块，0.04 ms/1000 条指令，PROFINET 接口用于编程、HMI 和 PLC 间的数据通信。

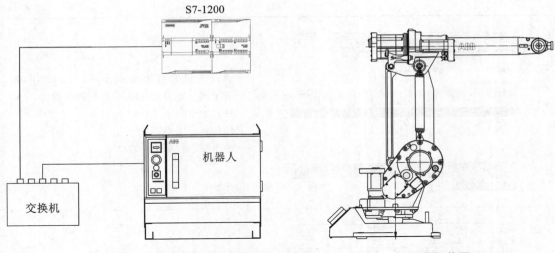

图 4-15　ABB 工业机器人 IRB1410 与西门子 S7-1200PLC PN 网络拓扑图

3）连接电缆

推荐使用西门子 PN 通信电缆连接 ABB 工业机器人 IRB1410 和 S7-1200 PLC。若因条件限制，也可自行制作对等网线连接 ABB 工业机器人 IRB1410 和 S7-1200 PLC，但要求所使用的网线及 RJ45 水晶头采用超五类产品。

4）工业机器人 PROFINET 配置

工业机器人 PROFINET 配置步骤如下。

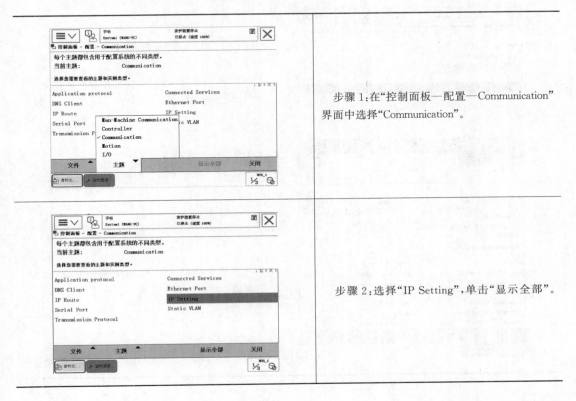

步骤 1：在"控制面板—配置—Communication"界面中选择"Communication"。

步骤 2：选择"IP Setting"，单击"显示全部"。

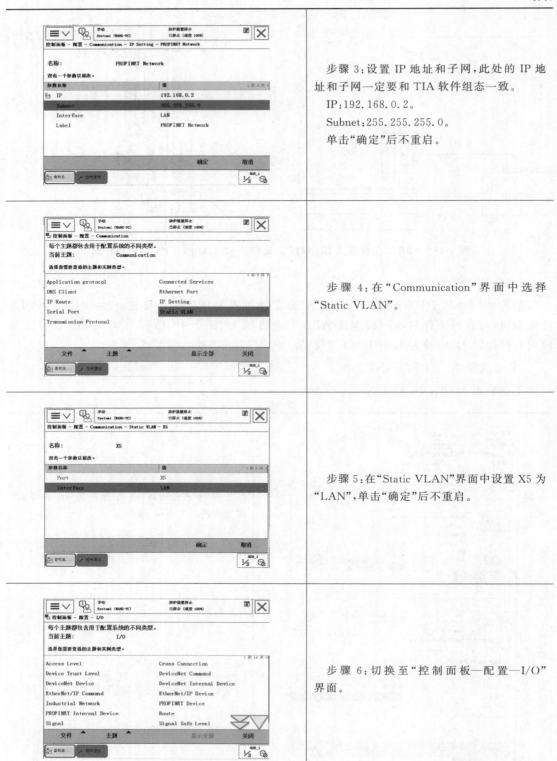

步骤 3：设置 IP 地址和子网，此处的 IP 地址和子网一定要和 TIA 软件组态一致。
IP：192.168.0.2。
Subnet：255.255.255.0。
单击"确定"后不重启。

步骤 4：在"Communication"界面中选择"Static VLAN"。

步骤 5：在"Static VLAN"界面中设置 X5 为"LAN"，单击"确定"后不重启。

步骤 6：切换至"控制面板—配置—I/O"界面。

步骤 7：切换至"控制面板—配置—I/O—Industrial Network—PROFINET"界面。

步骤 8：编辑"PROFINET Station Name"为"irc5_pnio_device"，次站名一定要和 TIA 软件组态 PROFINET 设备名称一致，单击"确定"后不重启。

步骤 9：切换至"控制面板—配置—I/O"界面，选择"PROFINET Internal Device"，创建PLC 对应虚拟 I/O 板。

步骤 10：确认 Input Size 和 Output Size 的数据宽度和 TIA 软件组态一致，输入输出数据宽度相同。

3. PROFINET 信号配置

在 PROFINET 网络中定义工业机器人部分信号的操作步骤如下。

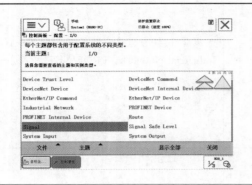

步骤 1：切换至"控制面板—配置—I/O"界面，选择"Signal"。

步骤 2：编辑信号名称和选择信号类型（工业机器人的输出信号对应 PLC 的输入信号），选择信号从属的 I/O 板。

步骤 3：设定"Device Mapping"配置地址为 0。

步骤 4：单击"确认"，在弹出的"重新启动"界面中选择"是"，重启后即可生效。

【任务实施】

➢ 配置 ABB 工业机器人 IRB1410 与西门子 S7-1200PLC PN 通信。

项目总结

【拓展与提高】

1. 常见工作站机器人 I/O 板信号配置

ABB 工业机器人标准 I/O 板的常见型号有 DSQC651、DSQC652、DSQC653、DSQC355A 和 DSQC377A 等,不同的板卡有数量不等的数字量输入、数字量输出以及模拟量输出通道,可以根据不同的工业生产需求选择不同的通信板卡。常见的几种 I/O 板的信号配置如下,仅供读者参考。

1) 搬运工作站

I/O 板说明

Name	Type of Unit	Connect to Bus	DeviceNet Address
Board13	D651	DeviceNet	13

I/O 信号列表

Name	Type	Unit	Mapping	I/O 说明
di00_BufferReady	DI	Board13	0	暂存装置到位信号
di01_PanelInPickPos	DI	Board13	1	产品到位信号
di02_VacuumOk	DI	Board13	2	真空反馈信号
do32_VacuumOpen	DO	Board13	32	打开真空
do34_BufferFull	DO	Board13	34	暂存装置满载
di03_Start	DI	Board13	3	外接"开始"
di04_Stop	DI	Board13	4	外接"停止"
di05_StartAtMain	DI	Board13	5	外接"从主程序开始"
di06_EstopRest	DI	Board13	6	外接"急停复位"
di07_MotorOn	DI	Board13	7	外接"电机上电"
do33_AutoOn	DO	Board13	33	外接"自动状态输出信号"

系统输入输出关联配置表

系统信号种类	信 号 名 称	功能/状态	Argument
System DI	di03_Start	Start	Continues
System DI	di04_Stop	Stop	—

续表

系统信号种类	信 号 名 称	功能/状态	Argument
System DI	di05_StartAtMain	Start At Main	Continues
System DI	di06_EstopRest	E stop Rest	—
System DI	di07_MotorOn	Motor On	—
System DO	do33_AutoOn	Auto On	—

2）码垛工作站

I/O 板说明

Name	Type of Unit	Connect to Bus	DeviceNet Address
Board11	D651	DeviceNet	11

I/O 信号列表

Name	Type	Unit	Mapping	I/O 说明
di00_BoxInPos_L	DI	Board11	0	左侧流水线工件到位信号
di01_BoxInPos_R	DI	Board11	1	右侧流水线工件到位信号
di02_PalletInPos_L	DI	Board11	2	左侧码盘到位信号
di03_PalletInPos_R	DI	Board11	3	右侧码盘到位信号
do00_ClampAct	DO	Board11	0	控制夹板
do01_HookAct	DO	Board11	1	控制钩爪
do02_PalletFull_L	DI	Board11	2	左侧码盘满载信号
do03_PalletFull_R	DI	Board11	3	右侧码盘满载信号
di07_MotorOn	DI	Board11	7	外接"电机上电"
di08_Start	DI	Board11	8	外接"程序开始"
di09_Stop	DI	Board11	9	外接"程序停止"
di10_StartAtMain	DI	Board11	10	外接"主程序开始执行"
di11_EstopRest	DI	Board11	11	外接"急停复位"
do05_AutoOn	DO	Board11	5	上电状态
do06_Estop	DO	Board11	6	急停状态
do07_CycleOn	DO	Board11	7	程序正在运行指示
do08_Error	DO	Board11	8	程序出错

3）弧焊工作站

I/O 板说明

Name	Type of Unit	Connect to Bus	DeviceNet Address
Board12	D651	DeviceNet	12

I/O 信号列表

Name	Type	Unit	Mapping	I/O 说明
AoWeldingCurrent	AO	Board12	0～15	控制焊接电流或者送丝速度
AoWeldingVoltage	AO	Board12	16～31	控制焊接电源
doWeldOn	DO	Board12	32	起弧控制
doGasOn	DO	Board12	33	送气控制
doFeed	DO	Board12	34	点动送丝控制
do35Error	DO	Board12	35	机器人处于错误报警状态信号
do36E_Stop	DO	Board12	36	机器人处于急停状态信号
diArcEst	DI	Board12	0	起弧建立信号（焊机通知机器人）
di01RestError	DI	Board12	1	错误报警复位信号
di02MotorOn	DI	Board12	2	电机上电输入信号

系统输入输出关联配置表

系统信号种类	信号名称	功能/状态	Argument
System Do	do35Error	Execution Error	—
System Do	do36E_Stop	Emergency Stop	—
System Di	di01RestError	Reset Execution Error	—
System Di	di02MotorOn	Motors On	—

4）压铸工作站

I/O 板说明

Name	Type of Unit	Connect to Bus	DeviceNet Address
Board31	D651	DeviceNet	31

I/O 信号列表

Name	Type	Unit	Mapping	I/O 说明
do01RobInHome	DO	Board31	32	机器人在 Home 点
do02GripperON	DO	Board31	33	夹爪打开
do03GripperOFF	DO	Board31	34	夹爪关闭
do04StartDCM	DO	Board31	35	允许合模信号
do05RobInDCM	DO	Board31	36	机器人在压铸机工作区域中
do06AtPartCheck	DO	Board31	37	机器人在检测位置
do07EjectFWD	DO	Board31	38	模具顶针顶出
do08EjectBWD	DO	Board31	39	模具顶针收回

续表

Name	Type	Unit	Mapping	I/O 说明
do09E_Stop	DO	Board31	32	机器人急停输出信号
do10CycleOn	DO	Board31	33	机器人运行状态信号
do11RobManual	DO	Board31	34	机器人处于手动模式信号
do12Error	DO	Board31	35	机器人错误信号
di01DCMAuto	DI	Board31	0	压铸机自动状态
di02DoorOpen	DI	Board31	1	安全门打开状态
di03DieOpen	DI	Board31	2	模具处于开模状态
di04PartOK	DI	Board31	3	产品检测 OK 信号
di05CnvEmpty	DI	Board31	4	输送链产品检测信号

系统输入输出关联配置表

系统信号种类	信 号 名 称	功能/状态	注　　解
System Do	do09E_Stop	Emergency Stop	急停状态输出
System Do	do10CycleOn	Cycle On	自动循环状态输出
System Do	do12Error	Execution Error	报警状态输出

2. 别名 I/O 信号配置

1) 别名 I/O 介绍

别名 I/O 是 ABB 工业机器人提供给用户在程序中的虚拟 I/O 端口,便于用户在程序设计时不用特别考虑外部 I/O 信号的配置定义和物理通道接口,方便用户离线模块化地设计工业机器人程序。完成程序设计后,只需将虚拟 I/O 和物理 I/O 用 AliasIO 来完成连接。AliasIO 用于用别名定义任意类型的信号。在 RAPID 程序中执行 AliasIO 指令后,可以从别名 I/O 菜单中查看别名 I/O 信号,方法与从"视图"菜单中查看其他信号的方法一样。程序数据视图如图 4-16 所示。

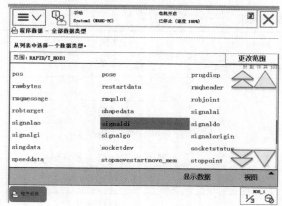

"程序数据"界面中:

signaldi:定义虚拟数字量输入信号。

signaldo:定义虚拟数字量输出信号。

signalai:定义虚拟模拟量输入信号。

signalao:定义虚拟模拟量输出信号。

signalgi:定义虚拟组输入信号。

signalgo:定义虚拟组输出信号。

图 4-16　程序数据视图

2）添加别名信号的步骤

（1）在 ABB 菜单中，单击"Program Data"（程序数据）。

（2）单击"View"（视图），并选择"All Data Types"（全部数据类型），显示所有可用数据类型的列表。

（3）选择"signaldi"并单击"Show Data"（显示数据）。

（4）单击"New"（新建），将出现"New Data Declaration"（新的数据声明）界面。

（5）单击"Name"（名称）的右侧并定义数据实例的名称，例如 alias_di1。

（6）单击"Scope"（范围）菜单，并选择"Global"（全局）。

（7）单击"OK"（确定）。

（8）重复步骤（1）~（7），创建 signaldo 数据实例，数据实例的名称为 alias_do1。

请参考以下示例："VAR signaldo alias_do1;""AliasIO do_1, alias_do1;"。

VAR 声明必须在模块中全局完成。只要 RAPID 程序激活，alias_do1 信号将激活，并且在执行 AliasIO 指令后将显示该信号。

3. 示教器可编程按键

ABB 工业机器人示教器上提供了四个可编程按键，以方便对 I/O 信号进行强制与仿真操作。每一个按键都可以设置为输入信号、输出信号、系统信号类型。当设置为输出信号时，可以选择按键类型。示教器可编程按键示意图如图 4-17 所示。

图 4-17 示教器可编程按键示意图

为可编程按键 1 配置数字输出信号 do1 的操作步骤如下。

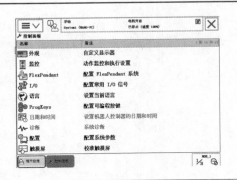	步骤 1：在"控制面板"界面中选择"ProgKeys"。
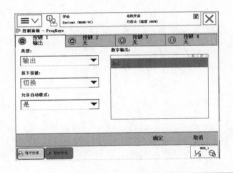	步骤 2：单击"按键 1"，选择需要的类型和按键模式。

【工程素质培养】

（1）在配置一个信号时需要遵循图 4-18 所示的规律。

Configure Industrial Network	指定一套工业网络的方式来创建相应的真实工业网络的逻辑表现形式
Configure Device Trust Level	定义装置信任等级
Configure Device	<网络>可以是DeviceNet、以太网IP、PROFINET网、PROFIBUS总线
Configure Access Level	定义信号权限等级
Configure Signal Safe Level	定义信号安全等级
Configure Signal	配置信号

图 4-18 信号配置规律

（2）在设计信号时要赋予信号可被识别的含义，不仅要让使用者读懂其含义，更重要的是让使用者能快速地分辨设计用意，同时符合一定的行业规律。在选择和采购信号板时，在资金充裕的条件下尽量预留部分备用端口，为后续的维修和扩展保留足够的空间。在信号测试过程中，首先确认设备硬件是否连接正确且无故障，再检查信号的配置过程。在首次测试过程中，尽量先不向设备提供动力源，先校对逻辑信号，以防误动作。

【思考与练习】

1. 什么叫工业机器人的输入信号？什么叫工业机器人的输出信号？
2. DSQC652 通信 I/O 属性是什么？
3. 如何将 DO01 配置为系统启动信号？
4. 在配置模拟量信号和数字量信号时有什么差异？
5. 在工程项目应用中如何实现小数的传送？

项目 5
工业机器人坐标系

坐标系是为确定工业机器人的位置和姿态而在工业机器人或空间上进行定义的位置指标系统。工业机器人的坐标系根据用途的不同,有多种分类,理解和掌握各个坐标系的意义及使用方法,合理运用这些坐标系,可以给操作和编程带来极大的方便,对于工业机器人的研究和实操具有重要意义。

◀ **知识目标**
➤ 掌握工业机器人坐标系的类型。
➤ 掌握各个坐标系的概念和意义。
➤ 掌握工具坐标系的设定和变换方法。
➤ 掌握工件坐标系的设定和变换方法。
➤ 掌握有效载荷的设定方法。

◀ **技能目标**
➤ 能理解各坐标系的意义和使用方法。
➤ 能设定工具坐标系。
➤ 能设定工件坐标系。
➤ 能设定有效载荷。

◀ 任务 5-1　工业机器人系统坐标系 ▶

【任务学习】

➢ 掌握工业机器人坐标系的类型。
➢ 掌握各个坐标系的概念和意义。

坐标系从一个称为原点的固定点通过轴定义平面或空间。工业机器人目标和位置通过沿坐标系轴的测量来确定。工业机器人使用若干坐标系,每一坐标系都适用于特定类型的微动控制或编程。

基坐标系位于工业机器人基座,它是最便于工业机器人从一个位置移动到另一个位置的坐标系。

大地坐标系可定义工业机器人单元,所有其他的坐标系均与大地坐标系直接或间接相关,它适用于微动控制、一般移动,以及处理具有若干工业机器人或外轴移动工业机器人的工作站和工作单元。

工件坐标系与工件相关,通常是最适于对工业机器人进行编程的坐标系。

工具坐标系定义工业机器人到达预设目标时所使用工具的位置。

用户坐标系在表示持有其他坐标系的设备(如工件)时非常有用。

1. 基坐标系

基坐标系在工业机器人基座中有相应的零点,这使固定安装的工业机器人的移动具有可预测性,因此它对将工业机器人从一个位置移动到另一个位置很有帮助。对工业机器人编程来说,其他坐标系如工件坐标系等,通常是最佳选择。基坐标系位置示意图如图 5-1 所示。

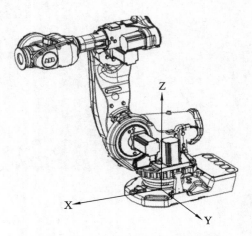

图 5-1　基坐标系位置示意图

在正常配置的工业机器人系统中,当使用者站在工业机器人的前方并在基坐标系中微动控制,将控制杆拉向自己这一侧时,工业机器人将沿 X 轴移动;向两侧移动控制杆时,工业机器人将沿 Y 轴移动;扭动控制杆时,工业机器人将沿 Z 轴移动。

2．大地坐标系

大地坐标系在工作单元或工作站中的固定位置有其相应的零点,这有助于处理若干个工业机器人或由外轴移动的工业机器人。

在默认情况下,大地坐标系与基坐标系是一致的,如图 5-2 所示。

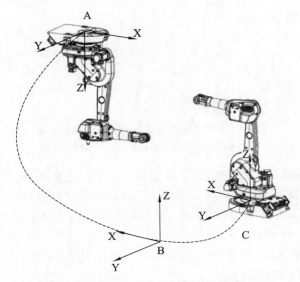

图 5-2　基坐标系与大地坐标系之间的关系
A.工业机器人 1 的基坐标系;B.大地坐标系;C.工业机器人 2 的基坐标系

3．工件坐标系

工件坐标系对应工件,它定义工件相对于大地坐标系(或其他坐标系)的位置。

工件坐标系必须定义两个框架:用户框架(与大地基座相关)和工件框架(与用户框架相关)。

工业机器人可以拥有若干个工件坐标系,或表示不同工件,或表示同一工件在不同位置的若干副本。对工业机器人进行编程时,就是在工件坐标系中创建目标和路径,这具有很多优点:

(1) 重新定位工作站中的工件时,只需更改工件坐标系的位置,所有路径即刻随之更新;

(2) 允许操作以外轴或传送导轨移动的工件,因为整个工件可连同其路径一起移动。

大地坐标系与工件坐标系之间的关系如图 5-3 所示。

4．工具坐标系

工具坐标系将工具中心点设为零点,它会由此定义工具的位置和方向。工具坐标系经常缩写为 TCPF(tool center point frame),而工具坐标系中心缩写为 TCP(tool center point)。

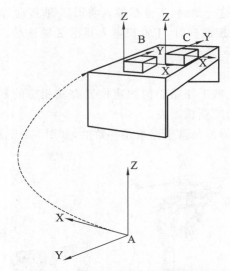

图5-3　大地坐标系与工件坐标系之间的关系
A.大地坐标系；B.工件坐标系1；C.工件坐标系2

执行程序时，工业机器人就是将 TCP 移至编程位置。这意味着，如果要更改工具（以及工具坐标系），工业机器人的移动应随之更改，以便新的 TCP 到达目标。所有工业机器人在手腕处都有一个预定义工具坐标系，该坐标系被称为 tool0，这样就能将一个或多个新工具坐标系定义为 tool0 的偏移值。

微动控制工业机器人时，如果不想在移动时改变工具方向（例如移动锯条时不使其弯曲），工具坐标系就显得非常有用。

工具坐标系位置示意图如图 5-4 所示。

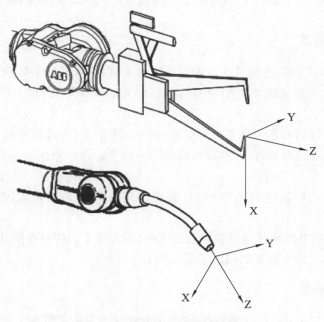

图 5-4　工具坐标系位置示意图

5. 用户坐标系

用户坐标系可用于表示固定装置、工作台等设备。它就是在相关坐标系链中提供一个额外级别，有助于处理持有工件或其他坐标系的处理设备。

用户坐标系与工件坐标系之间的关系如图 5-5 所示。

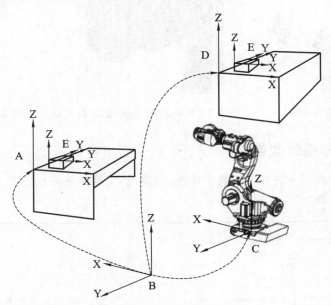

图 5-5 用户坐标系与工件坐标系之间的关系

A. 用户坐标系；B. 大地坐标系；C. 工件坐标系；D. 移动用户坐标系；

E. 工件坐标系，与用户坐标系一同移动

【任务实施】

➤ 在典型工作站标注所涉及的坐标系。

◀ 任务5-2 工具坐标系设定 ▶

【任务学习】

➤ 掌握工件坐标系的设定和变换方法。

在进行正式的编程之前，需要构建必要的编程环境，其中有三个必需的程序数据（工具数据 tooldata、工作坐标 wobjdata、负荷数据 loaddata）需要在编程前进行定义。下面介绍这三个程序数据的设定方法。

工具数据 tooldata 用于描述安装在工业机器人第六轴上的工具的 TCP、质量、重心等参数数据。

一般不同的工业机器人应配置不同的工具，比如说弧焊的工业机器人就使用弧焊枪作为工具，而用于搬运板材的工业机器人就使用吸盘式的夹具（见图 5-6）作为工具。

默认工具（tool0）的工具中心点位于工业机器人安装法兰的中心，如图5-7所示。图5-8中的A点就是原始的TCP。

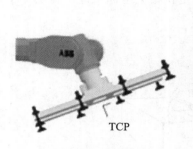

TCP

图5-6　吸盘式的夹具

图5-7　默认工具（tool0）的工具中心点

A TCP

图5-8　焊枪TCP示意图

1. 工具坐标系的变换

通常一个工业机器人在几个夹具中切换，相应地，工具坐标系也需要变换。下面介绍工具坐标系的变换方法。

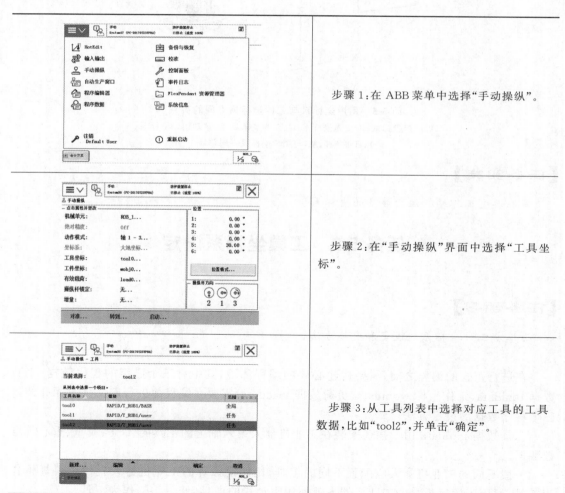

	步骤1：在ABB菜单中选择"手动操纵"。
	步骤2：在"手动操纵"界面中选择"工具坐标"。
	步骤3：从工具列表中选择对应工具的工具数据，比如"tool2"，并单击"确定"。

步骤 4:工具坐标系变换完毕。

2. 工具坐标系的设定

TCP 的设定原理如下：

（1）在工业机器人工作范围内找一个非常精确的固定点作为参考点。

（2）在工具上确定一个参考点（最好是工具的中心点）。

（3）前面介绍的手动操纵工业机器人的方法移动工具上的参考点，将四种不同的工业机器人姿态尽可能与固定点刚好碰上。

（4）工业机器人通过这四个位置点的位置数据计算求得 TCP 数据，然后 TCP 数据保存在 tooldata 程序数据中被程序调用。

定义工具坐标系时可使用三种不同的方法，如表 5-1 所示，这三种方法都需要定义工具中心点的笛卡尔坐标系，不同的方法对应不同的方向定义方式。

表 5-1 定义工具坐标系的三种方法

方　法	定　义　方　向
TCP（默认方向）	将方向设置为与工业机器人安装平台相同的方向
TCP 和 Z	设置 Z 轴方向
TCP 和 Z,X	设置 X 轴和 Z 轴方向

在以下例子中使用"TCP 和 Z,X"方法进行操作，第四点是工具参考点垂直于固定点，第五点是工具参考点从固定点向将要设定为 TCP 的 X 轴方向移动，第六点是工具参考点从固定点向将要设定为 TCP 的 Z 轴方向移动。

前三个点的姿态相差尽量大一些，这样有利于 TCP 精度的提高。

工具坐标系的设定步骤如下。

步骤 1:在 ABB 菜单中选择"手动操纵"。

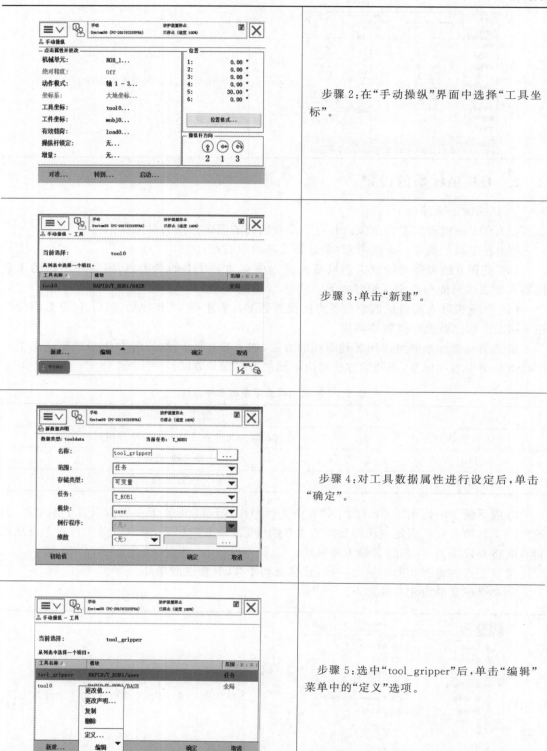

步骤 2：在"手动操纵"界面中选择"工具坐标"。

步骤 3：单击"新建"。

步骤 4：对工具数据属性进行设定后，单击"确定"。

步骤 5：选中"tool_gripper"后，单击"编辑"菜单中的"定义"选项。

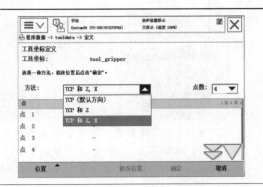

步骤 6：选择"TCP 和 Z，X"，使用六点法定义 TCP。

步骤 7：选择合适的手动操纵模式，按下使能键，使用摇杆使工具参考点靠上固定点，作为第 1 个点。单击"修改位置"，将点 1 的位置记录下来。

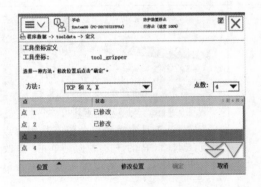

步骤 8：更改工业机器人姿态，单击"修改位置"，将点 2 的位置记录下来。

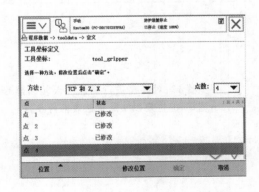

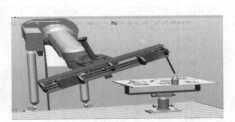

步骤 9：更改工业机器人姿态，单击"修改位置"，将点 3 的位置记录下来。

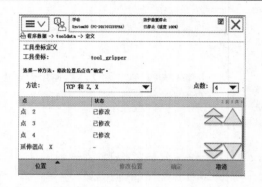

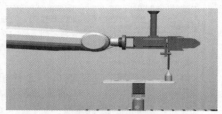

步骤10：工具参考点以此姿态垂直靠上固定点。这是第 4 个点，工具参考点垂直于固定点。单击"修改位置"，将点 4 的位置记录下来。

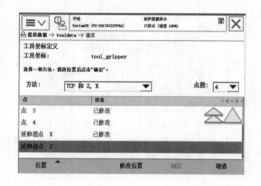

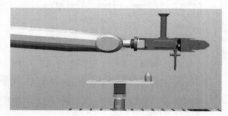

步骤11：工具参考点以点 4 的姿态从固定点移动到工具 TCP 的＋X 方向。单击"修改位置"，将延伸器点 X 的位置记录下来。

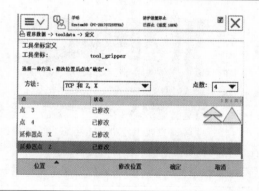

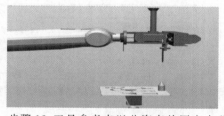

步骤12：工具参考点以此姿态从固定点移动到工具 TCP 的＋Z 方向。单击"修改位置"，将延伸器点 Z 的位置记录下来。单击"确定"。

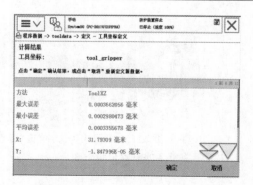

步骤13：对误差进行确认。误差当然是越小越好，但也要以实际验证效果为准。

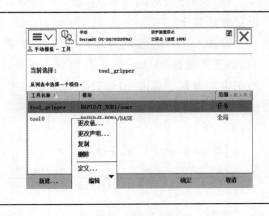

步骤 14：选中"tool_gripper"，然后打开"编辑"菜单，选择"更改值"。

步骤 15：单击箭头向下翻页，找到"mass"，根据实际情况设定工具的质量（单位为 kg）和重心位置数据（此重心是基于 tool0 的偏移值，单位为 mm），然后单击"确定"。

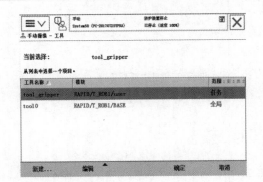

步骤 16：选中"tool_gripper"，单击"确定"。

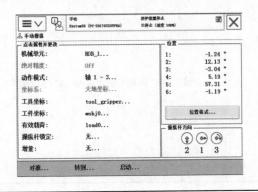

步骤 17：工具坐标系 tool_gripper 创建完毕。

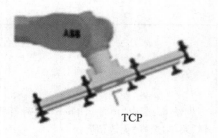

TCP

图 5-9　真空吸盘夹具

如果使用搬运的夹具,一般工具坐标系的设定方法如下。

以图 5-9 中的搬运薄板的真空吸盘夹具为例,其质量是 25 kg,重心在默认 tool0 的 Z 轴正方向偏移了 250 mm,TCP 设定在夹具的接触面上,在默认 tool0 的 Z 轴正方向偏移了 300 mm。

工具坐标系的设定步骤如下。

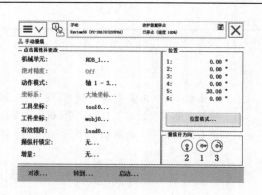

步骤 1:在"手动操纵"界面中选择"工具坐标"。

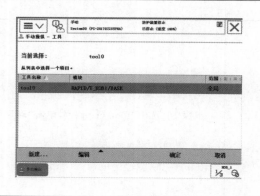

步骤 2:单击"新建"。

步骤 3:在"新建"界面中单击"初始值"。

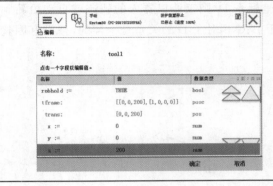	步骤 4:TCP 设定在夹具的接触面上,在默认 tool0 的 Z 轴正方向偏移了 300 mm,在此界面中设定对应的数值。
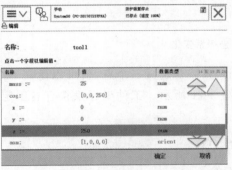	步骤 5:此夹具的质量是 25 kg,重心在默认 tool0 的 Z 轴正方向偏移了 250 mm,在此界面中设定对应的数值,然后单击"确定",设定完成。

【任务实施】

➤ 设定专用工具的末端操作器的 TCP。

◀ 任务 5-3 工件坐标系设定 ▶

【任务学习】

➤ 掌握工件坐标系的设定和变换方法。

工件坐标系,用一种通俗的说法就是,用尺子进行测量的时候,将尺子上零刻度的位置作为测量对象的起点。在工业机器人中,在工作对象上进行运作的时候,也需要一个像尺子的零刻度一样的起点,以便于进行编程和坐标的偏移。在进行所有示教工作之前,必须先建立对应的工件坐标系。

在图 5-3 中,A 是工业机器人的大地坐标系,为了方便编程,给第一个工件建立了一个工件坐标系 B,并在这个工件坐标系 B 中进行轨迹编程。

如果台子上还有一个一样的工件需要走一样的轨迹,那么只需建立一个工件坐标系 C,将工件坐标系 B 中的轨迹复制一份,然后将工件坐标系从 B 更新为 C,则无须对一样的轨迹再编程。

如果在工件坐标系 B 中对 A 进行轨迹编程,当工件坐标系 B 的位置变化成工件坐标系 D 后,只需在工业机器人系统中重新定义工件坐标系 D,则工业机器人的轨迹就自动更新到 C 了,不需要再次进行轨迹编程,因为 A 相对于 B、C 相对于 D 的关系是一样的,并没有因整体偏移而发生变化,如图 5-10 所示。

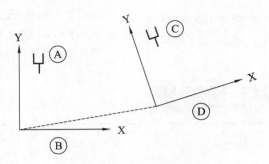

图 5-10　工件坐标系变化

工件坐标系的定义方法为:在对象的平面上,只需要定义三个点,就可以建立一个工件坐标系。X 轴将通过 X1、X2,Y 轴通过 Y1,如图 5-11 所示。工件坐标系符合右手定则,如图 5-12 所示。

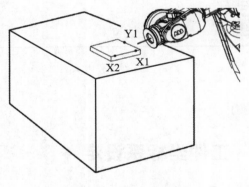

图 5-11　定义工件坐标系

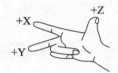

图 5-12　右手定则

1. 工件坐标系的变换

工件坐标系的变换步骤如下。

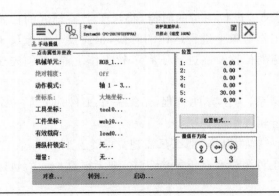

步骤 1:在"手动操纵"界面中选择"工件坐标"。

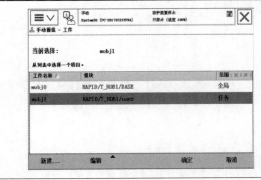

步骤 2：在"工件"界面中，根据实际需要和已设置的工件坐标系选择工件坐标系，比如"wobj1"，单击"确定"。

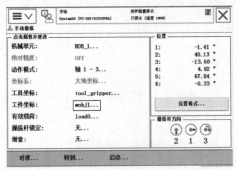

步骤 3：工件坐标系变换完成。

2. 工件坐标系的设定

工件坐标系的设定步骤如下。

步骤 1：在"手动操纵"界面中选择"工件坐标"。

步骤 2：在"工件"界面中单击"新建"。

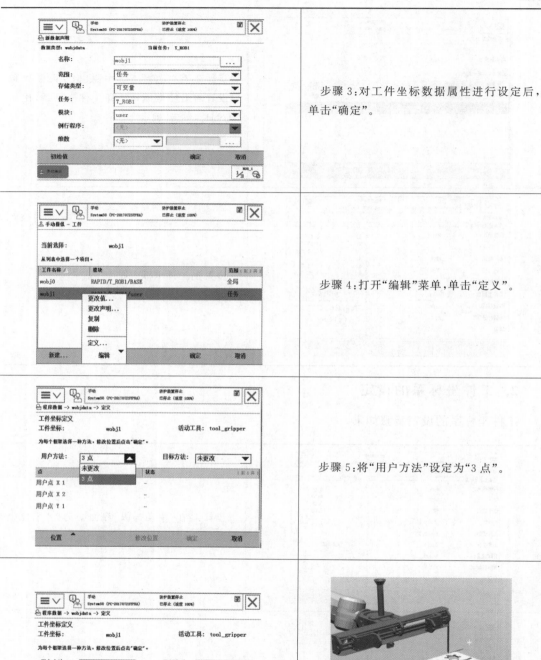

步骤3:对工件坐标数据属性进行设定后，单击"确定"。

步骤4:打开"编辑"菜单，单击"定义"。

步骤5:将"用户方法"设定为"3点"。

步骤6:手动操作使工业机器人的工具参考点靠近定义工件坐标的X1点，单击"修改位置"，将用户点X1的位置记录下来。

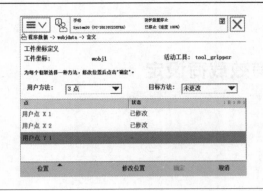

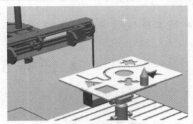

步骤7：手动操作使工业机器人的工具参考点靠近定义工件坐标的 X2 点，单击"修改位置"，将用户点 X2 的位置记录下来。

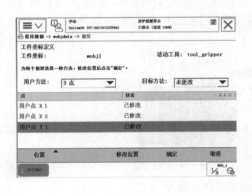

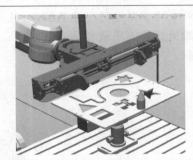

步骤8：手动操作使工业机器人的工具参考点靠近定义工件坐标的 Y1 点，单击"修改位置"，将用户点 Y1 的位置记录下来。单击"确定"。

步骤9：对自动生成的工件坐标数据进行确认后，单击"确定"。

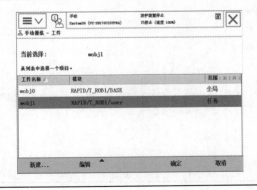

步骤10：工件坐标系 wobj1 创建完毕，单击"确定"。

【任务实施】

➢ 建立多功能模组的工件坐标系。

◀ 任务 5-4 有效载荷设定 ▶

【任务学习】

➢ 掌握工业机器人载荷数据定义方法。

对于用于搬运的工业机器人(见图 5-13),应该正确设定夹具的质量和重心数据 tooldata 以及搬运对象的质量和重心数据 loaddata。载荷数据定义不正确可能会导致机械臂机械结构过载。

图 5-13　用于搬运的工业机器人

有效载荷设定步骤如下。

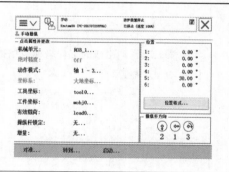	步骤 1:在"手动操纵"界面中选择"有效载荷"。
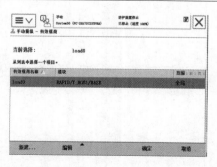	步骤 2:在"有效载荷"界面中单击"新建"。

步骤 3:对有效载荷数据属性进行设定后单击"初始值"。

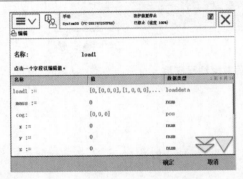

步骤 4:根据实际情况对有效载荷的数据进行设定,各参数代表的含义请参考有效载荷参数表。单击"确定"。

有效载荷参数表如表 5-2 所示。

表 5-2　有效载荷参数表

名　　称	参　　数	单　　位
有效载荷质量	load. mass	kg
有效载荷重心	load. cog. x load. cog. y load. cog. z	mm
力矩轴方向	load. aom. q1 load. aom. q2 load. aom. q3 load. aom. q4	
有效载荷的转动惯量	ix iy iz	kg·m²

在 RAPID 编程中,需要对有效载荷的情况进行实时调整,如图 5-14 所示。

指令解释如下:

Set do1;　夹具夹紧,抓取工件

GripLoad load1;　指定当前搬运有效载荷为 load1

……

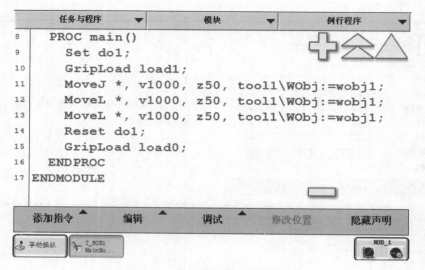

| 任务与程序 ▼ | 模块 ▼ | 例行程序 ▼ |

```
8    PROC main()
9      Set do1;
10     GripLoad load1;
11     MoveJ *, v1000, z50, tool1\WObj:=wobj1;
12     MoveL *, v1000, z50, tool1\WObj:=wobj1;
13     MoveL *, v1000, z50, tool1\WObj:=wobj1;
14     Reset do1;
15     GripLoad load0;
16   ENDPROC
17 ENDMODULE
```

| 添加指令 ▲ | 编辑 ▲ | 调试 ▲ | 修改位置 | 隐藏声明 |

图 5-14　有效载荷数据编程应用

Reset do1;　夹具松开,释放工件

GripLoad load0;　将搬运有效载荷恢复为 load0

【任务实施】

➤ 定义一个多功能末端操作器的重量。

项目总结

【拓展与提高】

1. 自动测定机械臂上的载荷

LoadIdentify 是 ABB 工业机器人开发的用于自动识别安装于工业机器人上的载荷数据,如重量,以及重心的例行程序。载荷数据定义不正确可能会导致机械臂机械结构过载。(前面介绍了,设置 tooldata 和 loaddata 是手动输入数据,这样会有一定的不准确性)

应用手持工具时,应使用 LoadIdentify 识别工具的重量和重心,手动操作步骤如下。

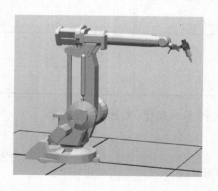

步骤 1:使用手动操纵功能,使工业机器人回到机械原点位置。

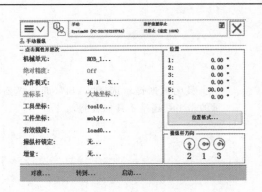

步骤 2：在"手动操纵"界面中选择"工具坐标"，选取需要测量的工具数据（如果有载荷，选择测量的载荷）。

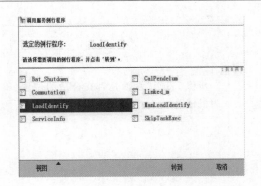

步骤 3：进入"程序编辑器"界面，单击"调试"，选择"调用例行程序"，选择"LoadIdentify"（此程序为标准程序），单击"转到"。

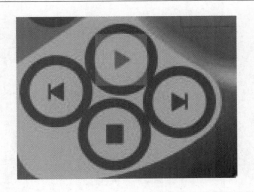

步骤 4：按下使能键，单击示教器右下侧的播放键运行程序，在弹出的对话框中单击"OK"。

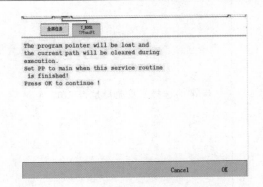

步骤 5：单击"OK"。

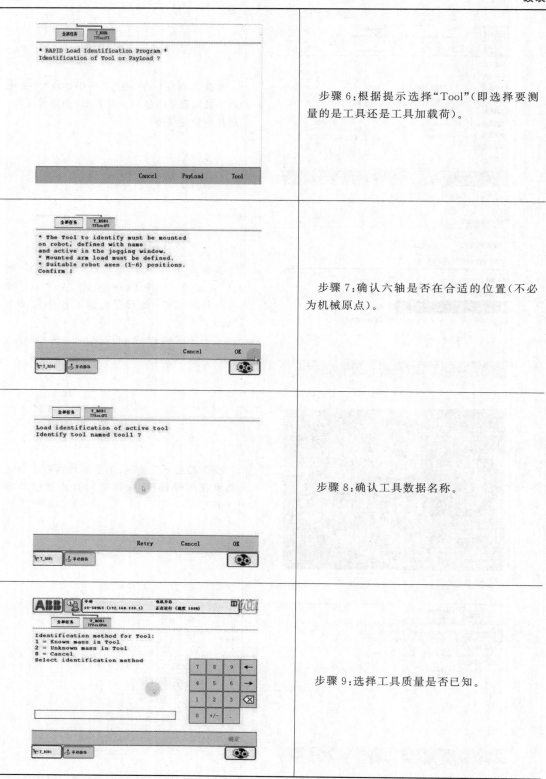

* RAPID Load Identification Program * Identification of Tool or PayLoad ?	步骤6：根据提示选择"Tool"（即选择要测量的是工具还是工具加载荷）。
* The Tool to identify must be mounted on robot, defined with name and active in the jogging window. * Mounted arm load must be defined. * Suitable robot axes (1-6) positions. Confirm !	步骤7：确认六轴是否在合适的位置（不必为机械原点）。
Load identification of active tool Identify tool named tool1 ?	步骤8：确认工具数据名称。
Identification method for Tool: 1 = Known mass in Tool 2 = Unknown mass in Tool 0 = Cancel Select identification method	步骤9：选择工具质量是否已知。

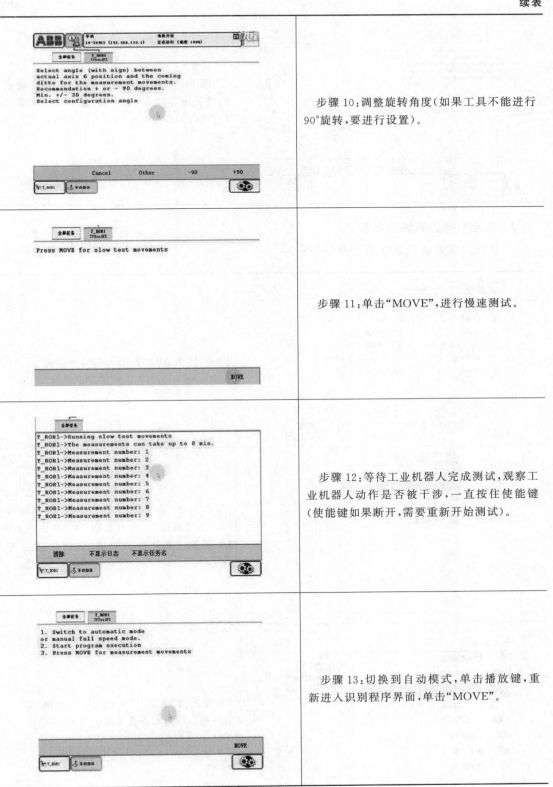

步骤 10：调整旋转角度（如果工具不能进行 90°旋转，要进行设置）。

步骤 11：单击"MOVE"，进行慢速测试。

步骤 12：等待工业机器人完成测试，观察工业机器人动作是否被干涉，一直按住使能键（使能键如果断开，需要重新开始测试）。

步骤 13：切换到自动模式，单击播放键，重新进入识别程序界面，单击"MOVE"。

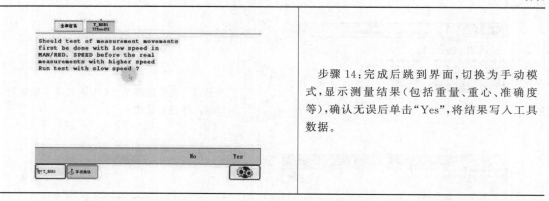	步骤 14：完成后跳到界面，切换为手动模式，显示测量结果（包括重量、重心、准确度等），确认无误后单击"Yes"，将结果写入工具数据。

2. 工业机器人系统信息查看

工业机器人系统信息查看步骤如下。

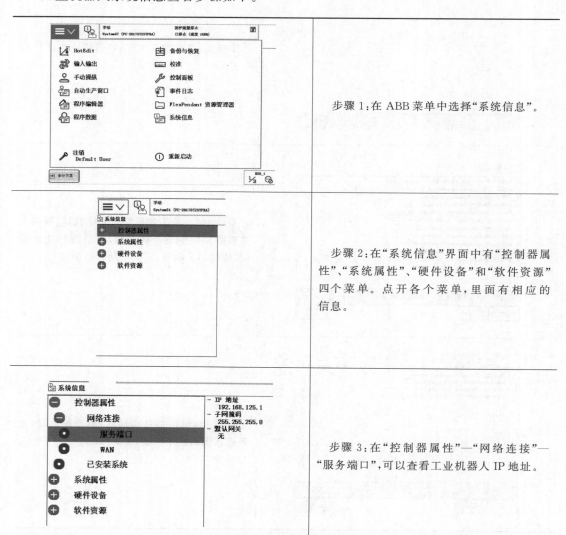

	步骤 1：在 ABB 菜单中选择"系统信息"。
	步骤 2：在"系统信息"界面中有"控制器属性"、"系统属性"、"硬件设备"和"软件资源"四个菜单。点开各个菜单，里面有相应的信息。
	步骤 3：在"控制器属性"—"网络连接"—"服务端口"，可以查看工业机器人 IP 地址。

续表

	步骤 4：在"系统属性"—"控制模块"—"选项"，可以查看所添加的系统选项。系统选项信息介绍如表 5-3 所示。

系统选项信息如表 5-3 所示。

表 5-3 系统选项信息

选 项	功 能
Default Language	该组选项设置语言
Industrial Networks	该组选项设置工业机器人通信板
Anybus Adapters	该组选项设置网络适配工具
Motion Performance	该组选项可优化工业机器人的性能
Motion Coordination	该组选项可让工业机器人与外接设备或其他机器人相互协调
Motion Events	该组选项可监管工业机器人的位置
Motion Functions	该组选项可控制工业机器人的路径
Motion Supervision	该组选项可监管工业机器人的移动
Communication	该组选项可让工业机器人与其他设备相互通信（外接 PC 等）
Engineering Tools	该组选项供高级工业机器人集成人员使用
Servo Motor Control	该组选项可通过工业机器人控制器来运行独立于工业机器人的外部电机

在每个大选项中又有子选项，比如"Motion Performance"中有"687-1 Advanced Robot Motion"和"603-1 Absolute Accuracy"，在此不一一介绍，如需了解更多信息，请参见随机光盘"产品规格——控制器软件 IRC5"。

注：687-1 Advanced Robot Motion 激活工业机器人高级运动模式，603-1 Absolute Accuracy 确保了整个工作范围内的 TCP 准确度在大多数情况下都优于±1 毫米。

【工程素质培养】

TCP 的类型有：常规 TCP、固定 TCP 和动态 TCP。

（1）常规 TCP：TCP 跟随工业机器人本体一起运动。

工业机器人一般都事先定义了一个 TCS，TCS 的 XY 平面绑定在工业机器人第六轴的法兰盘平面上，TCS 的原点与法兰盘中心重合。显然 TCP 在法兰盘中心。ABB 工业机器人把 TCP 称为 tool0，REIS 机器人称之为 _tnull。虽然可以直接使用默认的 TCP，但是在实际使用时，比如焊接时，用户通常把 TCP 定义到焊丝的尖端（实际上是焊枪 tool 的坐标系在 tool0 坐标系中的位置），那么程序里记录的位置便是焊丝尖端的位置，记录的姿态便是焊枪围绕焊丝尖端转动的姿态。

（2）固定 TCP：将 TCP 定义为工业机器人本体以外静止的某个位置，常应用在涂胶上，胶罐喷嘴静止不动，工业机器人抓取工件移动，其本质是一个工件坐标。

（3）动态 TCP：随着应用的复杂化，TCP 可以延伸到工业机器人本体轴外部（外部轴）。动态 TCP 应用在 TCP 需要相对于法兰盘做动态变化的场合。

【思考与练习】

1. 工业机器人有哪些坐标系？简述各坐标系的意义。

2. 设定工具坐标系有哪几种方法？各自有什么不同？

项目 6
工业机器人编程与调试

　　工业机器人语言已经成为工业机器人技术的一个重要部分。工业机器人的功能除了依靠几个硬件的支持以外，相当一部分还要依赖于工业机器人语言来完成。由于早期的工业机器人功能单一、动作简单，因此可采用固定的程序或示教方式来控制工业机器人的运动。随着工业机器人作业动作的多样化和作业环境的复杂化，依靠固定的程序或示教方式已经满足不了要求，必须依靠能适应作业和环境变化的工业机器人语言编程来完成工业机器人的工作。工业机器人的程序编制是工业机器人运动和控制的结合点，是实现人与工业机器人通信的主要方法，也是研究工业机器人系统的关键问题之一。

◀ 知识目标
- ➢ 了解工业机器人的程序结构。
- ➢ 熟悉 RAPID 数据种类和存储类型。
- ➢ 熟悉 RAPID 程序的调试流程。
- ➢ 掌握工业机器人语言的编程指令。
- ➢ 掌握程序建立的方法。

◀ 技能目标
- ➢ 能够正确定义程序的编程环境。
- ➢ 能够熟练掌握工业机器人的运动指令和流程控制指令。
- ➢ 能够熟记程序基本元素的使用方法。
- ➢ 能够排除工业机器人程序的语法错误。

◀ **任务 6-1　工业机器人的语言类型** ▶

【任务学习】

➢ 了解工业机器人语言的编程对象和功能。

1. 对工业机器人编程的要求

1）能够建立世界模型（world model）

工业机器人编程需要一种描述物体在三维空间内运动的方法。具体的几何形式是工业机器人编程语言最基本的组成部分。物体的所有运动都以相对于基坐标系的工具坐标来描述。工业机器人语言应当具有对世界（环境）的建模功能。

2）能够描述工业机器人的作业

对工业机器人作业的描述与其环境模型密切相关，描述水平决定了编程语言水平，其中以自然语言输入为最高水平。现有的工业机器人语言需要给出作业顺序，由语法和词法定义输入语言，并由输入语言描述整个作业。

3）能够描述工业机器人的运动

工业机器人编程语言的基本功能之一就是描述工业机器人需要进行的运动。用户能够运用语言中的运动语句，与规划器和发生器连接，允许用户规定路径上的点及目标点，决定是否采用点插补运动或笛卡尔直线运动。用户还可以控制运动速度或运动持续时间。

4）允许用户规定执行流程

工业机器人编程系统允许用户规定执行流程，包括实验和转移、循环、调用子程序以至中断等，这与一般的计算机编程语言一样。

5）要有良好的编辑环境

一个好的计算机编程环境有助于提高程序员的工作效率。机械手的编程比较困难，其编程趋向于试探对话式。如果用户忙于应付连续重复的编译语言的编辑—编译—循环执行，那么其工作效率必然是较低的。因此，现在大多数工业机器人编程语言含有中断功能，以便能够在程序开发和调试过程中每次只执行一条单独语句。典型的编程支撑（如文本编辑调试程序）和文件系统也是需要的。

6）需要人机接口和综合传感信号

要求在编辑和作业过程中，便于人与工业机器人之间进行信息交换，以便在运动出现故障时能及时处理，确保安全。而且，随着作业环境和作业内容复杂程度的增加，需要有功能强大的人机接口。

工业机器人语言的一个极其重要的部分是与传感器的相互作用。工业机器人语言系统应能提供一般的决策结构，以便根据传感器的信息来控制程序的流程。

2．工业机器人语言的分类

工业机器人的语言尽管有很多分类方法，但根据作业描述水平的高低，通常可分为三级，即动作级、对象级、任务级。

1）动作级语言

动作级语言是以工业机器人的运动为描述中心，通常由指挥夹手从一个位置到另一个位置的一系列命令组成。动作级语言的每个命令（指令）对应于一个动作。如可以定义工业机器人的运动序列（MOVE），其基本语句形式为

```
MOVE TO(Destination)
```

动作级语言的代表是 VAL 语言，它的语句比较简单，易于编程。动作级语言的缺点是不能进行复杂的数学运算，不能接收复杂的传感信息，仅能接收传感器的开关信号，并且和其他计算机的通信能力很差。VAL 语言不提供浮点数或字符串，而且子程序不含自变量。

2）对象级语言

对象级语言解决了动作级语言的不足，它是通过描述操作物体间的关系使工业机器人动作的语言，即是以描述操作物体之间的关系为中心的语言，这类语言有 AML、AUTOPASS 等。

AUTOPASS 是一种用于计算机控制下进行机械零件装配的自动编程系统，这一编程系统面对对象级装配操作，而不直接面对装配机器人的运动。

3）任务级语言

任务级语言是比较高级的工业机器人语言，这类语言允许使用者对工作任务所要求达到的目标直接下命令，不需要规定工业机器人所做的每个动作的细节。只要按某种原则给出最初的环境模型和最终的工作状态，工业机器人便可自动进行推理、计算，最后自动生成工业机器人的动作。任务级语言的概念类似于人工智能中程序自动生成的概念。任务级工业机器人编程系统能够自动执行许多规划任务。

3．工业机器人语言的基本功能

工业机器人的任务程序员通过编程能够指挥工业机器人去完成分立的单一动作就是基本程序功能，例如把工具移动至某一指定位置、操作末端执行装置、从传感器或手动输入装置读数等。工业机器人工作站系统程序员的责任是选用一套对作业程序员工作最有用的基本功能。这些基本功能包括运算、决策、通信、机械手运动、工具指令，以及某些简单的传感器数据处理等。

1）运算

在作业过程中执行的规定运算能力是工业机器人控制系统的最重要能力之一。如果工业机器人未安装任何传感器，那么就可能不需要对工业机器人程序规定什么运算。没有传感器的工业机器人只不过是一台适于编程的数控机器。

装有传感器的工业机器人所进行的一些最有用的运算是解析几何运算。这些运算结果能使工业机器人自行做出下一步把工具或夹手置于何处的决定。

2）决策

工业机器人系统能够根据传感器输入的信息做出决策，而不必执行任何运算。用未处

理的传感器数据计算得到的结果,是做出下一步该干什么这类决策的基础。这种决策能力使得工业机器人控制系统的功能更强大。

3)通信

工业机器人系统与操作人员之间的通信能力,允许工业机器人要求操作人员提供信息、告诉操作人员下一步该干什么,以及让操作人员知道工业机器人打算干什么。操作人员与工业机器人能够通过许多不同的方式进行通信。

4)机械手运动

可用许多方法来规定机械手的运动。最简单的方法是向各关节伺服装置提供一组关节的位置,然后等待伺服装置到达这些规定的位置;比较复杂的方法是在机械手工作空间内插入一些中间位置。这种程序使所有关节同时开始运动和同时停止运动。用与机械手的形状无关的坐标来表示工具位置是更先进的方法,而且需要用一台计算机对解答进行计算(除X-Y-Z机械手外)。在笛卡尔空间内插入工具位置能使工具端点沿着路径跟随轨迹平滑运动。引入一个参考坐标系,用以描述工具位置,然后让该坐标系运动,这对许多情况是很方便的。

5)工具指令

一个工具指令通常是由闭合某个开关或继电器而开始触发的,而继电器又可能把电器连通或断开,以直接控制工具运动,或者送出一个小功率的信号给电子控制器,让后者去控制工具运动。直接控制是最简单的方法,而且对控制系统的要求也较少。可以用传感器来感受工具运动及其功能的执行情况。

6)传感器数据处理

用于机械手控制的通用计算机只有与传感器连接起来,才能发挥其全部效用。传感器具有多种形式,按照功能的不同可分为如下几种。

(1)内体传感器:用于感受机械手或其他由计算机控制的关节式机构的设置。

(2)触觉传感器:用于感受工具与物体(工件)间的实际接触。

(3)近度或距离传感器:用于感受工具至工件或障碍物的距离。

(4)力和力矩传感器:用于感受装配时所产生的力和力矩。

(5)视觉传感器:用于"看见"工作空间内的物体,确定物体的位置或识别它们的形状等。

传感器数据处理是许多工业机器人程序编制十分重要而又复杂的组成部分。

【任务实施】

➢工业机器人语言的基本功能及实际应用。

◀ 任务6-2　ABB 程序模块与 RAPID 程序 ▶

【任务学习】

➢熟悉 RAPID 语言的程序框架。

➢掌握编写工业机器人程序的一般步骤。

1．ABB 工业机器人程序结构

RAPID 程序中包含了一连串控制工业机器人的指令，执行这些指令可以实现对工业机器人的控制。应用程序是使用称为 RAPID 编程语言的特定词汇和语法编写而成的。RAPID 是一种英文编程语言，所包含的指令可以移动工业机器人、设置输出、读取输入，还能实现决策、重复其他指令、构造程序、与系统操作员交流等功能。RAPID 程序的基本结构如表 6-1 和图 6-1 所示。

表 6-1　RAPID 程序的基本结构

RAPID 程序的基本结构			
程序模块 1	程序模块 2	程序模块 3	系统模块
程序数据	程序数据	程序数据	……
主程序 main	例行程序	例行程序	……
例行程序	中断程序	中断程序	……
中断程序	功能	功能	……
功能			

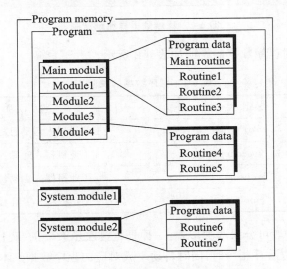

图 6-1　RAPID 程序的基本结构

RAPID 程序的基本结构说明如下。

（1）RAPID 程序由程序模块与系统模块组成。一般只通过新建程序模块来构建工业机器人的程序，而系统模块多用于系统方面的控制。

（2）可以根据不同的用途创建多个程序模块，如专门用于主控制的程序模块、用于位置计算的程序模块、用于存放数据的程序模块，这样便于归类管理不同用途的例行程序与数据。

（3）每一个程序模块包含程序数据、例行程序、中断程序和功能四种对象，但在一个模块中不一定都有这四种对象，程序模块之间的程序数据、例行程序、中断程序和功能是可以互相调用的。

（4）在 RAPID 程序中，只有一个主程序 main，并且存在于任意一个程序模块中，作为整个 RAPID 程序执行的起点。

1）ABB 工业机器人程序数据介绍

程序数据是在程序模块或系统模块中设定的值和定义的一些环境数据。创建的程序数据由同一个模块或其他模块中的指令进行引用。如图 6-2 所示，虚线框中是一条常用的工业机器人关节运动指令（MoveJ），它调用了四个程序数据。

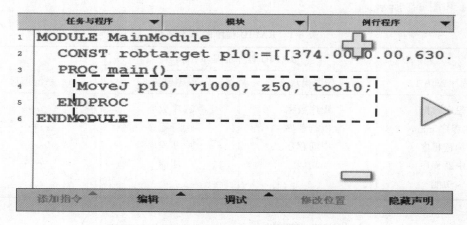

图 6-2　程序数据界面示意图

图 6-2 中所使用的程序数据的说明如表 6-2 所示。

表 6-2　程序数据的说明 1

程 序 数 据	数 据 类 型	说　　明
p10	robottarget	工业机器人运动目标位置数据
v1000	speeddata	工业机器人运动速度数据
z50	zonedata	工业机器人运动转弯数据
tool0	tooldata	工业机器人工具数据 TCP

程序数据的建立一般可分为两种形式：一种是直接在示教器的"程序数据"界面中建立程序数据；另一种是在建立程序指令时，同时自动生成对应的程序数据。本节将介绍直接在示教器的"程序数据"界面中建立程序数据的方法。下面以建立布尔数据（bool）为例进行说明。

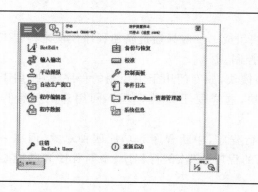

步骤 1：在 ABB 菜单中选择"程序数据"。

续表

	步骤2：单击"视图"，选择"全部数据类型"。
	步骤3：选择"bool"，单击"显示数据"。
	步骤4：单击"新建"，弹出数据参数设置窗口，设置名称、范围、存储类型、任务、模块、例行程序和维数等参数。

　　ABB工业机器人的程序数据共有98个，并且可以根据实际情况进行程序数据的创建，这为ABB工业机器人的程序设计带来了无限可能。可按数据形式保存信息。工具数据包含对应工具的所有相关信息，如工具的工具中心接触点及其重量等；数值数据也有多种用途，如计算待处理的零件量等。数据分为多种类型，不同类型的数据所含的信息也各不相同，如工具、位置和载荷等。由于程序数据是可创建的，且可赋予任意名称，因此其数量不受限制（除来自内存的限制外），既可遍布于整个程序中，也可只在某一程序的局部。

　　在示教器的"程序数据"界面中可查看和创建所需要的程序数据（见图6-3）。

　　（1）在"程序数据"界面中，选择所需要的程序数据进行查看与创建的相关操作。

　　（2）系统中还有针对一些特殊功能的程序数据，在对应的功能说明书中会有相应的详细介绍，请查看随机光盘电子版说明书。也可根据需要新建程序数据类型。

图 6-3　程序数据

图 6-3 中所使用的程序数据的说明如表 6-3 所示。

表 6-3　程序数据的说明 2

程 序 数 据	说　明	程 序 数 据	说　明
bool	布尔量	pos	位置数据（只有 X、Y 和 Z）
byte	整数数据 0～255	pose	坐标转换
clock	计时数据	robjoint	工业机器人轴角度数据
dionum	数字输入/输出信号	robtarget	工业机器人与外轴的位置数据
extjoint	外轴位置数据	speeddata	工业机器人与外轴的速度数据
intnum	中断标志符	string	字符串
jointtarget	关节位置数据	tooldata	工具数据
loaddata	载荷数据	trapdata	中断数据
mecunit	机械装置数据	wobjdata	工件数据
num	数值数据	zonedata	TCP 转弯半径数据
orient	姿态数据		

2）ABB 工业机器人程序数据存储类型

按系统定义的数据对象分配内存和解除内存类型的不同，数据对象的存储可分为静态存储和动态存储。常量、永久数据对象和模块都是静态存储，当声明对象的模块被加载后，将为存储静态数据对象分配所需内存，即永久数据对象或模块变量分配的值将一直保持不变，直至下一次赋值。程序数据属于动态存储类。在首次调用含程序变量声明的程序时，即分配存储易失变量值所需的内存。在程序运行结束时，释放变量所占用的内存。

（1）变量 VAR。

变量型数据在程序执行的过程中和停止时会保持当前的值，但如果程序指针被移到主程序后，数值会丢失。

举例说明：

```
VAR num length:=0;      名称为 length 的数字数据
VAR string name:="John";      名称为 name 的字符数据
```

```
VAR bool finished:=FALSE;      名称为 finished 的布尔量数据
```

此例在程序编辑窗口中的显示如图 6-4 所示。

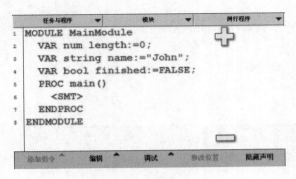

图 6-4　程序编辑窗口 1

VAR 表示存储类型为变量,num 表示程序数据类型。

在定义数据时,可以定义变量数据的初始值。如 length 的初始值为 0,name 的初始值为 John,finished 的初始值为 FALSE。

在工业机器人执行的 RAPID 程序中也可以对变量存储类型的程序数据进行赋值操作,如图 6-5 所示。

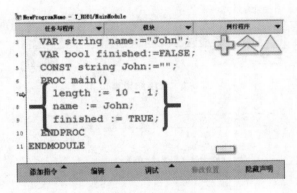

图 6-5　程序编辑窗口 2

在程序中执行变量存储类型的程序数据的赋值时,程序数据在指针复位后将恢复为初始值。

（2）可变量 PERS。

可变量最大的特点是无论程序的指针如何,都会保持最后赋予的值。

举例说明:

```
PERS num nbr:=0;      名称为 nbr 的数字数据
PERS string text:="Hello";      名称为 text 的字符数据
```

此例在程序编辑窗口中的显示如图 6-6 所示。

PERS 表示存储类型为可变量。

在工业机器人执行的 RAPID 程序中也可以对可变量存储类型的程序数据进行赋值操作,如图 6-7、图 6-8 所示。

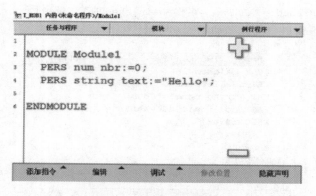

图 6-6　程序编辑窗口 3

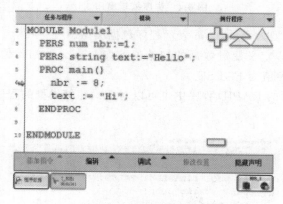

图 6-7　程序编辑窗口 4

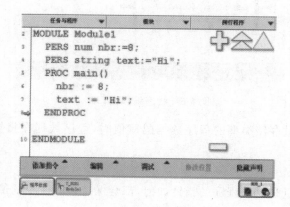

图 6-8　程序编辑窗口 5

在程序执行后,赋值的结果会一直保持,直到对其进行重新赋值。

（3）常量 CONST。

常量的特点是在定义时已赋予了数值,且不能在程序中进行修改,除非手动修改。

举例说明:

```
CONST num gravity:=9.81;      名称为 gravity 的数字数据
CONST string greating:="Hello";      名称为 greating 的字符数据
```

CONST 表示存储类型为常量。

此例在程序编辑窗口中的显示如图 6-9 所示。

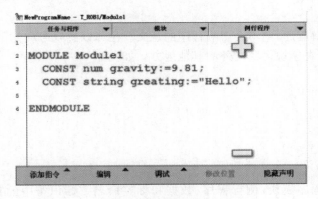

图 6-9 程序编辑窗口 6

2. 编写工业机器人程序的一般步骤

编写工业机器人程序的一般步骤如下。

1）设定关键程序数据

在进行正式编程前，需要构建必要的编程环境，其中工具数据 tooldata、工件坐标 wobjdata 和载荷数据 loaddata 这三个必要的程序数据需要在编程前进行定义。

2）确定运动轨迹方案和示教目标点

设计工业机器人的运动轨迹方案时，应确保在工业机器人系统安装过程中设置了基坐标系和大地坐标系，同时确保附加轴已设置。目标点要设计在相关的坐标系中，以便后续工作中对轨迹的整体偏移进行调整。

3）编写程序并设置参数

选择配置程序所需要的参数，合理地定义数据的格式和类型。根据工艺要求编辑程序逻辑、程序流程、程序结构。程序编写可以在示教器上进行，也可以通过离线编程的方式进行。

4）调试

程序编写完成，检查无误后，进行调试。在手动模式下试运行程序，检测其正确性。

【任务实施】

➤建立指定工作站的数据列表。

◀ 任务 6-3 程序基本元素与运算符 ▶

【任务学习】

➤掌握程序基本元素组成。
➤掌握工业机器人程序的运算过程。

1. 基本元素

1）注释

注释可帮助理解程序,绝不会影响程序的意义。注释以感叹号(!)开始,以换行符结束,占一整行,不会出现在模块声明之外的其他地方。如:

```
! comment
IF reg1>5 THEN
! comment
reg2:=0;
ENDIF
```

2）标识符

标识符用于对程序模块、例行程序、数据和标签命名。标识符中的首个字符必须为字母,其余部分可采用字母、数字或下划线(_)。任一标识符最长不超过 32 个字符,每个字符都很重要。字符相同的标识符相同,除非字符是大写形式。如:

```
MODULE module_name
PROC routine_name()
VAR pos data_name;
label_name:
```

3）保留字

保留字是 RAPID 语言事先定义并赋予具体含义的字符。保留字在 RAPID 语言中都有特殊意义,因此不能用作标识符。此外,还有许多预定义数据类型名称、系统数据、指令和有返回值的程序都不能用作标识符。RAPID 保留字如表 6-4 所示。

表 6-4　RAPID 保留字

ALIAS	AND	BACKWARD	CASE
CONNECT	CONST	DEFAULT	DIV
DO	ELSE	ELSEIF	ENDFOR
ENDFUNC	ENDIF	ENDMODULE	ENDPROC
ENDRECORD	ENDTEST	ENDTRAP	ENDWHILE
ERROR	EXIT	FALSE	FOR
FROM	FUNC	GOTO	IF
INOUT	LOCAL	MOD	MODULE
NOSTEPIN	NOT	NOVIEW	OR
PERS	PROC	RAISE	READONLY
RECORD	RETRY	RETURN	STEP
SYSMODULE	TEST	THEN	TO
TRAP	TRUE	TRYNEXT	UNDO
VAR	VIEWONLY	WHILE	WITH
XOR			

4）数值

在 RAPID 程序中，数值有如下两种表示方式：整数，如 3、−100 或 3E2 等；小数，如3.5、−0.345 或−245E−2 等。

5）逻辑值

逻辑值是计算机语言，意为逻辑状态下赋予的真或者假。逻辑值有两种情况：成立和不成立。成立的时候我们说逻辑值为真，用 true 或 1 表示；不成立的时候我们说逻辑值为假，用 false 或 0 表示。

6）字符串

字符串或串（string）是由数字、字母、下划线组成的一串字符，一般记为 s＝"a1a2…an"（n＞＝0）。它是编程语言中表示文本的数据类型。在程序设计中，字符串为符号或数值的一个连续序列，如符号串（一串字符）或二进制数字串（一串二进制数字）。字符串的最长长度为 80 个字符。

例如：

"This is a string"

"This string ends with the BEL control character\07"

7）空格和换行符

RAPID 编程语言是一种自由格式语言，也就是说，任何地方都可用空格，除了标识符、保留字、数值、占位符中。只要可用空格的地方就可用换行符、制表符和换页符，在注释中除外。标识符、保留字和数值之间必须用空格、换行符或换页符隔开。

8）占位符

离线编程工具和在线编程工具可以利用占位符来临时表示 RAPID 程序的"未定义"部分。如果含占位符的程序在语法上是正确的，可以加载到任务缓冲区（也可在任务缓冲区保存）；如果 RAPID 程序中的占位符未引起语义错误，那么该程序甚至可被执行，但遇到占位符会引起执行错误。RAPID 占位符如表 6-5 所示。

表 6-5　RAPID 占位符

占 位 符	描 述
\<TDN>	数据类型定义
\<DDN>	数据声明
\<RDN>	程序声明
\<PAR>	可选替换形参
\<ALT>	可选形参
\<DIM>	形式（一致）数组阶数
\<SMT>	指令
\<VAR>	数据对象（变量、永久数据对象或参数）索引
\<EIT>	if 指令的 else if 子句

占 位 符	描 述
<CSE>	测试指令情况子句
<EXP>	表达式
<ARG>	过程调用参数
<ID>	标识符

2. 数据结构

1）数据类型的范围规则

数据类型定义范围表示类型的显示范围，取决于声明的位置和上下文。预定义类型的范围包括任何 RAPID 模块，用户定义类型常常定义在模块内部。下列范围规则对模块类型定义有效：

（1）局部模块类型定义的范围包括其所处模块。

（2）全局模块类型定义的范围还包括任务缓冲区的其他模块。

（3）在范围之内，模块类型定义隐藏了同名的预定义类型。

（4）在范围之内，局部模块类型定义隐藏了同名的全局模块类型。

（5）同一模块中声明的两个模块对象不可同名。

（6）任务缓冲区中，两个不同模块中声明的两个全局对象不可同名。

2）atomic 数据类型

atomic 数据类型被命名为原子型，这是因为它们未按其他类型来定义。该数据类型不可分成各个部分或各个分量。原子型的内部结构（实现）是隐藏的。内置原子型数据有数字型 num 和 dnum、逻辑型 bool 以及文本型 string。

（1）num 型。

num 对象表示一个数值。在子域 $-8388607 \sim (+)8388608$ 中，num 对象可用于表示整数（精确）值。只要运算元和结果保持在 num 的整数子域范围内，则算术运算符 +、- 和 * 将保持整数表示。

```
VAR num counter;    变量的声明
counter:=250;    num 文字使用
```

（2）dnum 型。

dnum 对象表示一个数值。在子域 $-4503599627370496 \sim (+)4503599627370496$ 中，dnum 对象可用于表示整数（精确）值。只要运算元和结果保持在 dnum 的整数子域范围内，则算术运算符 +、- 和 * 将保持整数表示。

```
VAR dnum value;    变量的声明
value:=2E+43;    dnum 文字使用
```

（3）bool 型。

bool 对象表示一个逻辑值。bool 型表示二值逻辑的域，即真或假。

```
VAR bool active;    变量的声明
active:=TRUE;    bool 文字使用
```

（4）string 型。

string 对象表示一个字符串。string 型表示所有序列的图形字符和控制字符（数字代码范围 0～255 中的非 ISO 8859-1 字符）的域。字符串可包括 0 至 80 个字符（固定的 80 字符存储格式）。

```
VAR string name;    变量的声明
name:="John dnum Smith";    文字使用
```

3）record 数据类型

record 数据类型为带有命名的有序分量的复合型。record 型的值是一个复合值，包括各分量的值。一个分量可为 atomic 型或 record 型。record 型无法包含半值型。record 型有 pos、orient 和 pose。可用的安装记录型和用户定义记录型数据集按定义不受 RAPID 规范约束。

（1）pos 型。

pos 对象表示 3D 空间中的矢量（位置）。pos 型有三个分量，即[x,y,z]。

```
VAR pos p1;    变量的声明
p1:=[10,10,55.7];    聚合使用
p1.z:=p1.z+250;    分量使用
p1:=p1+p2;    运算符使用
```

（2）orient 型。

orient 对象表示 3D 空间中的方位（旋转）。orient 型有四个分量，即[q1,q2,q3,q4]。四元数表示法是表示空间中方位的最简洁表示法。

```
VAR orient o1;    变量的声明
o1:=[1,0,0,0];    聚合使用
o1.q1:=-1;    分量使用
o1:=Euler(a1,b1,g1);    有返回值程序使用
```

（3）pose 型。

pose 对象表示 3D 空间中的 3D 坐标系。pose 型有两个分量，即[trans,rot]。trans 为 pos 型，表示平移原点；rot 为 orient 型，表示旋转。

```
VAR pose p1;    变量的声明
p1:=[[100,100,0],o1];    聚合使用
p1.trans:=homepos;    分量使用
```

4）数据声明

有四种数据对象：常量 CONST、变量 VAR、永久数据对象 PERS、参数。除了预定义数据对象和循环变量外，必须对所有数据对象进行声明。数据声明通过将标识符与数据类型关联起来，引入了一个常量、一个变量或一个永久数据对象。

3. 运算符

1）运算符之间的优先级

相关运算符之间的优先级决定了求值的顺序。圆括号能够调整运算符的优先级。

运算符之间的优先级如表 6-6 所示。

表 6-6　运算符之间的优先级

优　先　级	操　作　符
最高 ↓ 最低	＊ /DIV MOD
	＋－
	<><><=>==
	AND
	XOR OR NOT

先求解优先级较高的运算符的值,然后求解优先级较低的运算符的值。对于优先级相同的运算符,则按从左到右的顺序挨个求值。求解优先级举例如表 6-7 所示。

表 6-7　求解优先级举例

示例表达式	求　值　顺　序	备　　注
a＋b＋c	(a＋b)＋c	从左到右的规则
a＋b＊c	a＋(b＊c)	＊高于＋
a OR b OR c	(a OR b) OR c	从左到右的规则
a AND b OR c AND d	(a AND b) OR (c AND d)	AND 高于 OR
a＜b AND c＜d	(a＜b) AND (c＜d)	＜高于 AND

2) 算数运算符

算数运算符如表 6-8 所示。

表 6-8　算数运算符

运　算　符	操　　作	运算元类型	结　果　类　型
＋	加法	num＋num	num
＋	加法	dnum＋num	dnum
＋	保留符号	＋num 或＋dnum 或＋pos	
＋	矢量加法	pos＋pos	pos
－	减法	num－num	num
－	减法	dnum－dnum	dnum
	矢量减法	pos－pos	pos
＊	乘法	num＊num	num
＊	乘法	dnum＊dnum	dnum
＊	矢量数乘	num＊pos 或 pos＊num	pos
＊	矢积	pos＊pos	pos
＊	旋转连接	orient＊orient	orient

运 算 符	操 作	运算元类型	结果类型
/	除法	num / num	num
/	除法	dnum / dnum	dnum
DIV	整数除法	num DIV num	num
DIV	整数除法	dnum DIV dnum	dnum
MOD	整数模运算(余数)	num MOD num num	num
MOD	整数模运算(余数)	dnum MOD dnum dnum	dnum

3)关系运算符与逻辑运算符

由关系运算符与逻辑运算符构成的表达式的运算结果为逻辑值(TRUE/FALSE)。关系运算符与逻辑运算符如表 6-9 所示。

表 6-9 关系运算符与逻辑运算符

运 算 符	操 作	运算元类型	结 果 类 型
<	小于	num<num	bool
<	小于	dnum<dnum	bool
<=	小于等于	num<=num	bool
<=	小于等于	dnum<=dnum	bool
=	等于	任意类型=任意类型	bool
>=	大于等于	num>=num	bool
>=	大于等于	dnum>=dnum	bool
>	大于	num>num	bool
>	大于	dnum>dnum	bool
<>	不等于	任意类型<>任意类型	bool
AND	和	bool AND bool	bool
XOR	异或	bool XOR bool	bool
OR	或	bool OR bool	bool
NOT	否,非	NOT bool	bool

4)字符串运算符

字符串运算符"+"把两个字符串连成一个字符串,例如"IN"+"PUT"给出结果"INPUT"。

【任务实施】

➤ 工艺条件如何转化为逻辑运算?

任务 6-4　常用 RAPID 程序指令

【任务学习】

➤ 掌握 RAPID 常用工作指令。
➤ 理解程序指令的结构形式。

指令就是指挥工业机器人工作的指示和命令,程序就是一系列按一定顺序排列的指令,执行程序的过程就是工业机器人的工作过程。控制器靠指令指挥工业机器人工作,人们用指令表达自己的意图,并交给控制器执行。ABB 工业机器人的 RAPID 编程提供了丰富的指令来完成各种简单与复杂的应用。下面就从最常用的指令开始学习 RAPID 编程,感受 RAPID 丰富的指令集提供的编程便利性。

1. 赋值指令与函数指令

1) 赋值指令

赋值指令":="用于对程序数据进行赋值。赋值可以是一个常量或数学表达式。

下面就以添加一个常量赋值与数学表达式赋值来说明赋值指令的使用方法。常量赋值:reg1:=5;数学表达式赋值:reg2:=reg1+4。

添加常量赋值指令的操作步骤如下。

步骤 1:在程序编辑界面选择"<SMT>",单击"添加指令"。

步骤 2:选择 Common 目录下的":="指令。

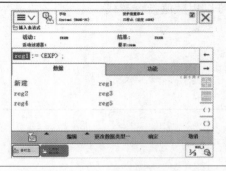	步骤 3：在"：="指令左侧添加被赋值的对象（当前对象的数据类型为 num）。
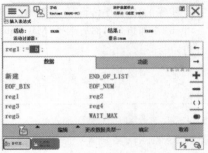	步骤 4：在"：="指令右侧编辑赋值的内容，该内容必须和被赋值对象的数据类型一致。
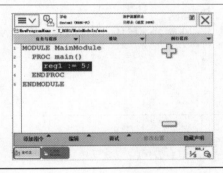	步骤 5：单击"确定"，在程序界面中显示"reg1：=5；"，完成赋值指令添加。

2）简单函数指令

ABB 工业机器人的函数指令用于计算和修改数据数值。

运算函数如表 6-10 所示。

表 6-10　运算函数

指　　令	用　　途
Clear	清除数值
Add	加上或减去一个数值
Incr	加 1
Decr	减 1

语法：

```
Add Name,AddValue
Name:数据名称(num)
```

AddValue:增加的值(num)

应用:在一个数字数据值上增加相应的值,可以用赋值指令替代。

实例:

Add reg1,3;   等同于   reg1:=reg1+3;

Add reg1,reg2; 等同于 reg1:=reg1+reg2;

添加 Add 指令的步骤如下。

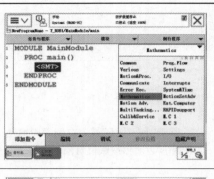	步骤1:在"程序编辑"界面选择"＜SMT＞",单击"添加指令",然后选择"Mathematics"。
	步骤2:选择"Mathematics"后单击"Add"。
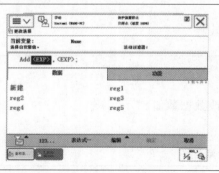	步骤3:选择第一个"＜EXP＞"添加被加的对象,选择第二个"＜EXP＞"添加加的对象。
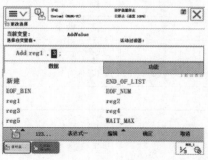	步骤4:分别添加"reg1"和数字"3"。

续表

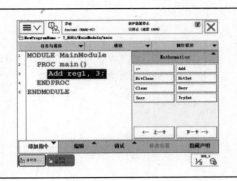

步骤 5：单击"确定"，即完成 Add 指令的添加。

3）算数函数功能

算数运算函数如表 6-11 所示。

表 6-11　算数运算函数

功　　能	用　　途
Abs	计算绝对值
Round	按四舍五入计算数值
Trunc	取到数值的指定项即终止运算
Sqrt	计算平方根
Exp	以"e"作为底数计算指数值
Pow	以任意值作为底数计算指数值
ACos	计算反余弦值
ASin	计算反正弦值
ATan	计算区间[-90,90]内的反正切值
ATan2	计算区间[-180,180]内的反正切值
Cos	计算余弦值
Sin	计算正弦值
Tan	计算正切值
EulerZYX	基于方位计算欧拉角
OrientZYX	基于欧拉角计算方位

函数 Round 实例：

VAR num val;

val:=Round(0.3852138\Dec:=3);

变量 val 被赋予值 0.385。

添加 Round 指令的步骤如下。

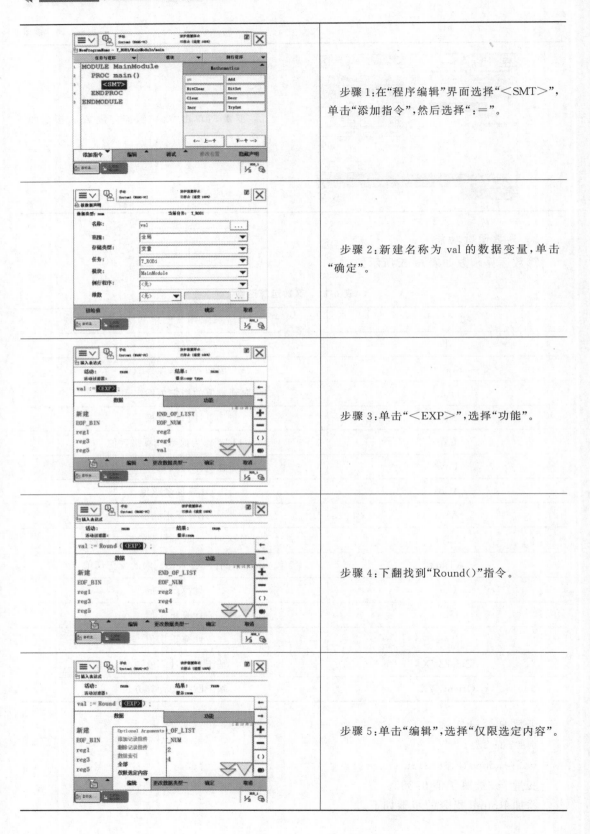

步骤1：在"程序编辑"界面选择"＜SMT＞"，单击"添加指令"，然后选择"：＝"。

步骤2：新建名称为 val 的数据变量，单击"确定"。

步骤3：单击"＜EXP＞"，选择"功能"。

步骤4：下翻找到"Round()"指令。

步骤5：单击"编辑"，选择"仅限选定内容"。

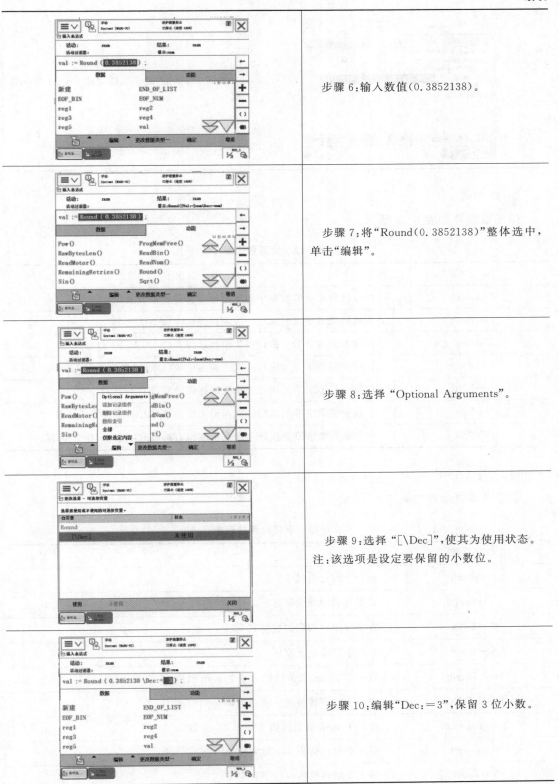

步骤6:输入数值(0.3852138)。

步骤7:将"Round(0.3852138)"整体选中,单击"编辑"。

步骤8:选择"Optional Arguments"。

步骤9:选择"[\Dec]",使其为使用状态。
注:该选项是设定要保留的小数位。

步骤10:编辑"Dec:=3",保留3位小数。

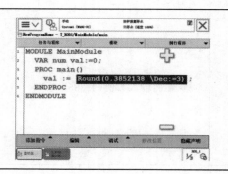

步骤11:单击"确定",即完成 Round 指令的添加。

4）位函数

位函数运算如表 6-12 所示。

表 6-12　位函数运算

功　　能	用　　途
BitCheck	检查已定义字节数据中的某个指定位是否被设置成 1
BitAnd	在数据类型字节上执行一次逻辑逐位与（AND）运算
BitNeg	在数据类型字节上执行一次逻辑逐位非（NEGATION）运算
BitOr	在数据类型字节上执行一次逻辑逐位或（OR）运算
BitXOr	在数据类型字节上执行一次逻辑逐位异或（XOR）运算
BitLSh	在数据类型字节上执行一次逻辑逐位左移（LEFT SHIFT）运算
BitRSh	在数据类型字节上执行一次逻辑逐位右移（RIGHT SHIFT）运算

5）字符串函数

字符串函数运算如表 6-13 所示。

表 6-13　字符串函数运算

功　　能	说　　明
StrMemb	检查字符是否属于一组
StrFind	在字符串中搜索字符
StrMatch	在字符串中搜索预置样式
StrOrder	检查字符串是否有序
DnumToNum	将一个 dnum 数值转换为一个 num 数值
DnumToStr	将一个数值转换为一段字符串
NumToDnum	将一个 num 数值转换为一个 dnum 数值
NumToStr	将一个数值转换为一段字符串
ValToStr	将一个值转换为一段字符串

功　　能	说　　明
StrToVal	将一段字符串转换为一个值
StrMap	映射一段字符串
StrToByte	将一段字符串转换为一个字节
ByteToStr	将一个字节转换为一段字符串
DecToHex	将十进制可读字符串中指定的一个数字转换成十六进制

2. 工业机器人基本运动控制

工业机器人基本运动控制指令如表 6-14 所示。

表 6-14　工业机器人基本运动控制指令

指　　令	移　动　类　型
MoveC	工具中心接触点(TCP)沿圆周路径移动
MoveJ	关节运动
MoveL	工具中心接触点(TCP)沿直线路径移动
MoveAbsJ	绝对关节移动
MoveExtJ	在无工具中心接触点的情况下,沿直线或圆周移动附加轴
MoveCDO	沿圆周移动机械臂,设置转角路径中间的数字信号输出
MoveJDO	通过关节运动移动机械臂,设置转角路径中间的数字信号输出
MoveLDO	沿直线移动机械臂,设置转角路径中间的数字信号输出
MoveCSync	沿直线移动机械臂,执行 RAPID 语言过程
MoveJSync	通过关节运动移动机械臂,执行 RAPID 语言过程
MoveLSync	沿直线移动机械臂,执行 RAPID 语言过程

1) MoveAbsJ——把工业机器人移动到绝对轴位置

MoveAbsJ(绝对关节移动)用来把工业机器人或者外部轴移动到一个绝对位置,该位置在轴定位中定义。最终位置既不受工具或者工作对象的影响,也不受激活程序更换的影响。但是工业机器人要用到这些数据来计算载荷、TCP 速度和转角点。

例 1　`MoveAbsJ p50,v1000,z50,tool2;`

工业机器人将工具 tool2 沿着一个非线性路径移动到绝对轴位置 p50,速度数据为 v1000,zone 数据为 z50。

例 2　`MoveAbsJ*,v1000\T:=5,fine,grip3;`

工业机器人将工具 grip3 沿着一个非线性路径移动到一个停止点,该停止点在指令中作为一个绝对轴位置存储(用 * 标记)。整个运动需要 5 秒钟。

2) MoveJ——通过关节移动移动工业机器人

当运动不必是直线的时候,MoveJ 用来快速将工业机器人从一个点移动到另一个点。

工业机器人和外部轴沿着一个非直线的路径移动到目标点,所有轴同时到达目标点。

例 1 `MoveJ p1,vmax,z30,tool2;`

工具 tool2 的 TCP 沿着一个非线性的路径移动到位置 p1,速度数据是 vmax,zone 数据是 z30。

例 2 `MoveJ*,vmax\T:=5,fine,grip3;`

工具 grip3 的 TCP 沿着一个非线性的路径移动到存储在指令中的停止点(用 * 标记)。整个运动需要 5 秒钟。

例 3 `MoveJ*,v2000\V:=2200,z40\Z:=45,grip3;`

工具 grip3 的 TCP 沿着一个非线性的路径移动到存储在指令中的位置。运动执行数据被设定为 v2000 和 z40,TCP 的速度和 zone 的大小分别是 2 200 mm/s 和 45 mm。

3) MoveL——让工业机器人作直线运动

MoveL 用来让工业机器人的 TCP 直线运动到给定的目标位置。当 TCP 仍然固定的时候,该指令也可以重新给工具定方向。

例 1 `MoveL p1,v1000,z30,tool2;`

工具 tool2 的 TCP 沿直线移动到位置 p1,速度数据为 v1000,zone 数据为 z30。

例 2 `MoveL p5,v2000,fine\Inpos:=inpos50,grip3;`

工具 grip3 的 TCP 沿直线移动到停止点 p5。当停止点 fine 的 50% 的位置条件和 50% 的速度条件满足的时候,工业机器人认为它到达了目标点。工业机器人等待条件满足的时间最多为两秒。

4) MoveC——让工业机器人作圆周运动

MoveC 用来让工业机器人的 TCP 沿圆周运动到一个给定的目标点。在运动过程中,相对于圆周的方向通常保持不变。该指令只能在主任务 T_ROB1 中使用,或者在多运动系统中的运动任务中使用。当 TCP 在圆起点和终点之间时,MoveC 指令(或者其他包括圆周运动的指令)不允许从开头执行,否则工业机器人将不能执行编程路径(从和编程路径方向不同的方向绕圆周路径定位)。

例 1 `MoveC p1,p2,v500,z30,tool2;`

工具 tool2 的 TCP 沿圆周运动到 p2,速度数据为 v500,zone 数据为 z30。圆由开始点、中间点 p1 和目标点 p2 确定。

例 2 `MoveC*,*,v500\T:=5,fine,grip3;`

工具 grip3 的 TCP 沿圆周运动到存储在指令中的 fine 点(第二个 * 标记)。中间点也存储在指令中(第一个 * 标记)。整个运动需要 5 秒钟。

图 6-10 说明了如何用两个 MoveC 指令画一个完整的圆。

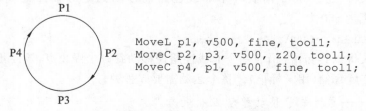

```
MoveL p1, v500, fine, tool1;
MoveC p2, p3, v500, z20, tool1;
MoveC p4, p1, v500, fine, tool1;
```

图 6-10 工业机器人圆周运动编程示意图

5）MoveLDO——直线移动工业机器人并且在转角处设置数字输出

MoveLDO（直线运动数字输出）用来直线移动 TCP 到指定的目标点。在转角路径的中间位置，指定的数字输出信号被置位/复位。当 TCP 仍旧固定的时候，该指令也可以用来给工具重新定向。

例 1 `MoveLDO p1,v1000,z30,tool2,do1,1;`

工具 tool2 的 TCP 直线运动到目标位置 p1，速度数据为 v1000，zone 数据为 z30。在 p1 的转角路径的中间位置，输出信号 do1 被置位。

图 6-11 说明了在转角路径 MoveLDO 指令的数字输出信号的置位/复位。

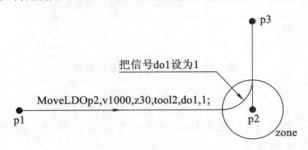

图 6-11　MoveLDO 指令示意图

对于停止点，推荐使用"正常"的编程顺序，即 MoveJ + SetDO。但是当在指令 MoveLDO 中使用停止点和当工业机器人到达停止点的时候，数字输出信号置位/复位。

6）MoveCDO——圆周移动工业机器人并且在转角处设置数字输出

MoveCDO（圆周移动数字输出）用来把 TCP 圆周移动到一个给定的目标点。指定的数字输出在目标点的转角路径的中间被置位/复位。在移动过程中，相对于圆周的方向通常保持不变。

例 1 `MoveCDO p1,p2,v500,z30,tool2,do1,1;`

工具 tool2 的 TCP 沿圆周移动到位置 p2，速度数据为 v500，zone 数据为 z30。圆周由开始点、圆周点 p1 和目标点 p2 确定。在转角路径 p2 的中间位置设置输出 do1。

7）MoveCSync——圆周移动工业机器人并且执行一个 RAPID 程序

MoveCSync（同步圆周移动）用来将 TCP 圆周移动到一个给定的目标位置。在目标点的转角路径的中间位置，指定的 RAPID 程序开始运行。在移动过程中，相对于圆周的方向通常保持不变。

例 1 `MoveCSync p1,p2,v500,z30,tool2,"proc1";`

工具 tool2 的 TCP 沿圆周移动到位置 p2，速度数据为 v500，zone 数据为 z30。圆周由开始点、圆周点 p1 和目标点 p2 确定。在转角路径 p2 的中间位置，程序 proc1 开始执行。

8）MoveLSync——直线移动工业机器人并且执行一个 RAPID 程序

MoveLSync（同步直线移动）用来直线移动 TCP 到给定的目标位置。在目标点的转角路径的中间位置，指定的 RAPID 程序开始运行。

例 1 `MoveLSync p1,v1000,z30,tool2,"proc1";`

工具 tool2 的 TCP 沿直线移动到位置 p1，速度数据为 v1000，zone 数据为 z30。在转角路径 p1 的中间位置,程序 proc1 开始执行。

当 TCP 到达 MoveLSync 指令的目标点的转角路径的中间位置时,指定的 RAPID 程序开始执行,如图 6-12 所示。对于停止点,推荐使用"正常"的编程顺序,即 MoveL＋其他 RAPID 指令。

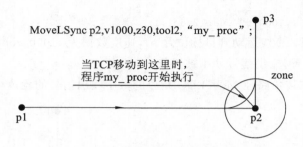

MoveLSync p2,v1000,z30,tool2,"my_proc";

当TCP移动到这里时,
程序my_proc开始执行

图 6-12　MoveLSync 指令示意图

9）MoveExtJ——移动一个或者多个没有 TCP 的机械单元

MoveExtJ(移动外部关节)只用来移动线性或者旋转外部轴。该外部轴可以属于一个或者多个没有 TCP 的外部单元。

例 1　`MoveExtJ jpos10,vrot10,z50;`

移动旋转外部轴到关节位置 jpos10,速度为 $10°/s$,zone 数据为 z50。

例 2　`MoveExtJ\Conc,jpos20,vrot10\T:=5,fine\InPos:=inpos20;`

用 5 秒钟的时间把旋转外部轴移动到关节位置 jpos20。程序立即向前执行,但是旋转外部轴停止在位置 jpos20 上,直到 inpos20 的检测标准满足。

添加运动指令的步骤如下。

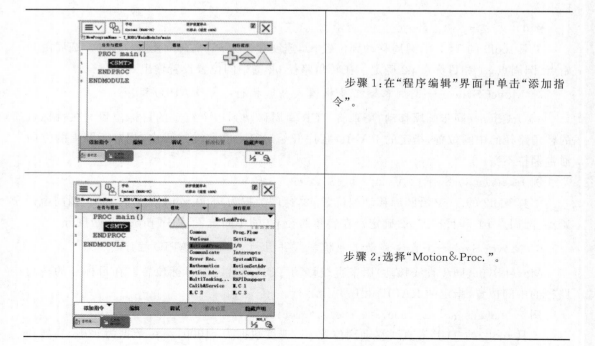

	步骤 1:在"程序编辑"界面中单击"添加指令"。
	步骤 2:选择"Motion&Proc."。

续表

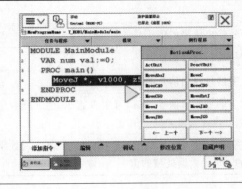

步骤 3:选择"MoveJ"。

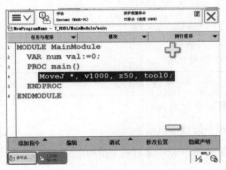

步骤 4:完成运动指令的添加。

3. I/O 信号设置

1)I/O 信号输出指令说明

I/O 信号输出指令如表 6-15 所示。

表 6-15 I/O 信号输出指令

指 令	用 于 定 义
InvertDO	转化数字信号输出信号的值
PulseDO	使数字信号输出信号生成脉冲
Reset	重设数字信号输出信号(为 0)
Set	设数字信号输出信号(为 1)
SetAO	变更数字信号输出信号的值
SetDO	变更数字信号输出信号的值(符号值,如高/低)
SetGO	变更一组数字信号输出信号的值

2)读取 I/O 信号指令说明

读取 I/O 信号指令如表 6-16 所示。

表 6-16　读取 I/O 信号指令

指　令	用 于 定 义
AOutput	读取当前模拟信号输出信号的值
DOutput	读取当前数字信号输出信号的值
GOutput	读取当前一组数字信号输出信号的值
GOutputDnum	读取当前一组数字信号输出信号的值,可用多达 32 位处理数字组信号,返回读取到的 dnum 数据类型的值
GInputDnum	读取当前一组数字信号输入信号的值,可用多达 32 位处理数字组信号,返回读取到的 dnum 数据类型的值

3) 等待 I/O 信号指令说明

等待 I/O 信号指令如表 6-17 所示。

表 6-17　等待 I/O 信号指令

指　令	用 于 定 义
WaitDI	等到设置或重设数字信号输入时
WaitDO	等到设置或重设数字信号输出时
WaitGI	等到将一组数字信号输入信号设为一个值时
WaitGO	等到将一组数字信号输出信号设为一个值时
WaitAI	等到模拟信号输入小于或大于某个值时
WaitAO	等到模拟信号输出小于或大于某个值时

4) 重点指令机构说明

(1) 置位指令——Set。

Set Signal;

Signal:输入输出信号名称(signaldo)。

应用:将工业机器人相应的数字输出信号设置为 1,与指令 Reset 对应,是自动化的重要组成部分。

实例:

Set do12;

(2) 脉冲输出指令——PulseDO。

PulseDO[\High][\PLength]Signal;

Signal:输出信号名称(signaldo)。

应用:工业机器人输出数字脉冲信号,一般作为运输链完成信号或计数信号。脉冲长度为 0.1~32 s,默认为 0.2 s。

实例:如图 6-13 所示。

(3) 模拟量输出指令——SetAO。

SetAO signal,Value;

signal:模拟量输出信号名称(signaldo)。

Value:模拟量输出信号值(num)。

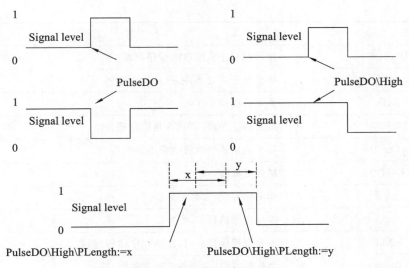

图 6-13　脉冲输出指令工作过程

应用:使工业机器人当前模拟量输出信号输出相应的值。例如,当工业机器人焊接时,通过模拟量输出控制焊接电压与送丝速度。

实例:

```
SetAO ao2,5.5;
```

(4)等待输入指令——WaitDI。

```
WaitDI signal,Value[\MaxTime][\TimeFlag];
```

signal:输出信号名称(signaldo)。

Value:输出信号的值(dionum)。

[\MaxTime]:最长等待时间(num)。

[\TimeFlag]:超出逻辑量(bool)。

应用:等待数字输入信号满足相应值,达到通信目的,是自动化生产的重要组成部分,例如工业机器人等待工件到位信号。

实例:

```
PROC Pickpart()
MoveJ pPrePick,vFastempty,zBig,tool1;
WaitDI di_Ready,1;
…ENDPROC;
```

4. 程序流程控制

程序流程控制语句如表 6-18 所示。

表 6-18　程序流程控制语句

指　　令	用　　途
ProcCall	调用(跳转至)其他程序
CallByVar	调用有特定名称的无返回值程序

指　　令	用　　途
RETURN	返回源程序范围内的程序控制
IF	基于是否满足条件，执行指令序列
FOR	重复一段程序多次
WHILE	重复指令序列，直到满足给定条件
TEST	基于表达式的数值执行不同指令
GOTO	跳转至标签
label	指定标签（线程名称）
Stop	停止程序执行
EXIT	不允许程序重启时，终止程序执行过程
Break	为排除故障，临时终止程序执行过程
SystemStopAction	终止程序执行过程和机械臂移动
ExitCycle	终止当前循环，将程序指针移至主程序中的第一个指令处；选中执行模式 CONT 后，在下一个程序循环中继续执行

1）IF——如果满足条件，那么…；否则…

结构：

```
IF Condition THEN…
{ELSEIF Condition THEN…}[ELSE…]
ENDIF
```

Condition：判断条件（bool）。

应用：当前指令通过判断相应条件，控制需要执行的相应指令，是工业机器人程序流程的基本指令。

实例：

例1
```
IF reg1>5 THEN
    Set do1;
    Set do2;
ENDIF
```

仅当 reg1 大于 5 时，设置信号 do1 和 do2 。

例2
```
IF reg1>5 THEN
    Set do1;
    Set do2;
ELSE
    Reset do1;
    Reset do2;
ENDIF
```

根据 reg1 是否大于 5，设置或重置信号 do1 和 do2 。

例 3
```
IF reg2=1 THEN
routine1;
ELSEIF reg2=2 THEN
routine2;
ELSEIF reg2=3 THEN
routine3;
ELSEIF reg2=4 THEN
routine4;
ELSE Error;
ENDIF
```

2) TEST——根据表达式的值…

结构：
```
TEST Test data
{CASE Test value {,Test value}:…} [DEFAULT:…]
ENDTEST
```

Test data：判断数据变量（all）。

Test value：判断数据值（Same as）。

应用：当前指令通过判断相应数据变量与其所对应的值，控制需要执行的相应指令。

实例：

例 1
```
TEST reg1
CASE 1,2,3:
routine1;
CASE 4:
routine2;
DEFAULT:
TPWrite "Illegal choice";
Stop;
ENDTEST
```

根据 reg1 的值，执行不同的指令。如果该值为 1、2 或 3，则执行 routine1；如果该值为 4，则执行 routine2；否则，打印出错误消息，并停止执行。

3) WHILE——只要…便重复

结构：
```
WHILE Condition DO
…ENDWHILE
```

Condition：判断条件（bool）。

应用：当前指令通过判断相应的条件，如果符合判断条件，则执行循环内指令，直至判断条件不满足才跳出循环，继续执行循环以后指令。需要注意的是，当前指令存在死循环。

实例：

例 1
```
WHILE reg1<reg2 DO
…
```

```
reg1:=reg1+1;
ENDWHILE
```

只要 reg1＜reg2，则重复 WHILE 块中的指令。

例 2
```
WHILE reg1<reg2 DO
...
reg1:=reg1+1; ENDWHILE PROC main()
rInitial;
WHILE TRUE DO
...ENDWHILE
ENDPROC
```

4）FOR——重复给定的次数

结构：
```
FOR Loop counter FROM Start value TO End value [STEP Step value] DO
...ENDFOR
```

Loop counter：循环计数标识（identifier）。

Start value：标识初始值（num）。

End value：标识最终值（num）。

[STEP Step value]：计数更改值（num）。

应用：当前指令通过循环判断标识从初始值逐渐更改最终值，从而控制程序相应循环次数。如果不使用参变量[STEP]，循环标识每次更改值为 1；如果使用参变量[STEP]，循环标识每次更改值为参变量相应设置。通常情况下，初始值、最终值与更改值为整数，循环判断标识使用 i、k、j 等小写字母，是标准的工业机器人循环指令，常在通信口读写，数组数据赋值等数据处理时使用。

实例：

例 1
```
FOR i FROM 1 TO 10 DO
routine1;
ENDFOR
```

例 2
```
FOR i FROM 10 TO 2 STEP-1 DO
a{i}:= a{i- 1};
ENDFOR
```

例 3
```
PROC ResetCount()
FOR i FROM 1 TO 20 DO
FOR j FORM 1 TO 2 DO
nCount{i,j}:=0
ENDFOR
ENDFOR
ENDPROC
```

5）GOTO——转到新的指令

结构：
```
GOTO Label:
```

Label：程序执行位置标签（identifier）。

应用：当前指令必须与指令 Label 同时使用，执行当前指令后，工业机器人将从相应标签位置 Label 处继续运行程序指令。

实例：

例 1
```
reg1:=1;
next:
…
reg1:=reg1+1;
IF reg1<=5 GOTO next;
```

例 2
```
IF reg1>100 THEN
GOTO highvalue
ELSE
GOTO lowvalue
ENDIF
lowvalue:
…
GOTO ready;
highvalue:
…
ready:
```

6）ProcCall——调用无返回值例行程序

结构：
```
Procedure {Argument};
```

Procedure：例行程序名称（ldentifier）。

{Argument}：例行程序参数（all）。

应用：工业机器人调用相应例行程序，同时给带有参数的例行程序中的相应参数赋值。

实例：
```
errormessage;
Set do1;
…
PROC errormessage()
TPWrite "ERROR";
ENDPROC
```

调用 errormessage 无返回值程序。当该无返回值程序就绪时，程序执行返回过程调用后的指令 Set do1。

7）Break——中断程序执行

结构：
```
Break;
```

应用：工业机器人在当前指令行立刻停止运行，程序运行指针停留在下一行指令，可以用 Start 键继续运行工业机器人。

实例：

```
MoveL p2,v100,z30,tool0;
Break;(Stop;)
MoveL p3.v100,fine,tool0;
```

图 6-14 说明了 Break 和 Stop 停止的区别。

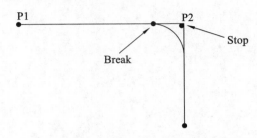

图 6-14　Break 和 Stop 停止的区别

8）EXIT——终止程序执行

结构：

```
EXIT;
```

应用：工业机器人在当前指令行停止运行，并且程序重置，程序运行指针停留在主程序的第一行。

实例：

```
ErrWrite "Fatal error","Illegal state";
EXIT;
```

程序停止执行，且无法从程序中的该位置重启。

9）ExitCycle——中断当前循环，并开始下一个循环

结构：

```
ExitCycle;
```

应用：工业机器人在当前指令行停止运行，并且设定当前循环结束，工业机器人自动从主程序第一行继续运行下一个循环。

实例：

```
PROC main()
IF cyclecount=0 THEN
CONNECT error_intno WITH error_trap;
ISignalDI di_error,1,error_intno;
ENDIF
cyclecount:=cyclecount+1;
! Start to do something intelligent
…ENDPROC TRAP error_trap
TPWrite "I will start on the next item" ExitCycle;
ENDTRAP
```

【任务实施】

➢ 验证程序指令功能。

◀ 任务 6-5　RAPID 程序框架编辑 ▶

【任务学习】

➢ 掌握 RAPID 程序创建过程。

在之前的章节中,已大概了解了 RAPID 程序编程的相关操作及基本指令。现在就通过一个实例来体验一下 ABB 工业机器人便捷的程序编辑。

编制一个程序的基本流程如下。

(1) 确定需要多少个程序模块。程序模块的数量是由应用的复杂性所决定的,比如可以将位置计算、程序数据、逻辑控制等分配到不同的程序模块中,以方便管理。程序模块如图 6-15 所示。

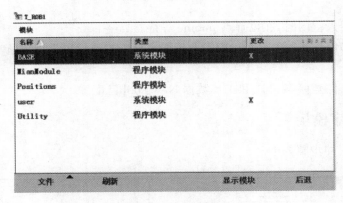

图 6-15　程序模块

(2) 确定各个程序模块中要建立的例行程序。不同的功能就放到不同的程序模块中,如夹具打开、夹具关闭这样的功能就可以分别建立例行程序,以方便调用与管理。例行程序如图 6-16 所示。

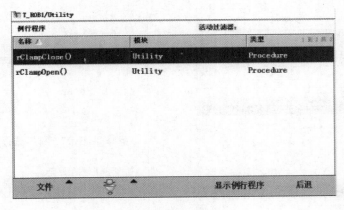

图 6-16　例行程序

1. 建立、编辑 RAPID 程序

工业机器人基础工作站如图 6-17 所示,其工作要求如下。

图 6-17　工业机器人基础工作站

(1) 工业机器人空闲时,在位置点 phome 等待。

(2) 如果外部信号 di1 输入为 1,则工业机器人沿着轨迹板完成三角形轨迹,结束以后回到 phome 点。

(3) 该项目工件坐标 Wobj1 和工具数据 NewTool 已配置。

2. 建立程序模块

建立程序模块的步骤如下。

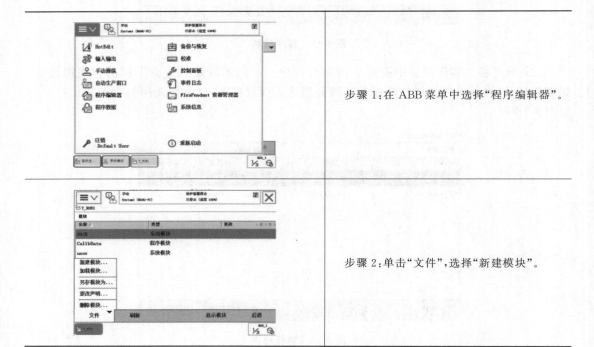

步骤 1:在 ABB 菜单中选择"程序编辑器"。

步骤 2:单击"文件",选择"新建模块"。

步骤3:在弹出的界面中单击"是"。

步骤4:单击"确定"。

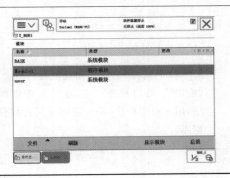

步骤5:完成程序模块的建立。单击"显示模块"。

3. 建立例行程序

建立例行程序的步骤如下。

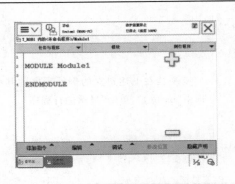

步骤1:在上述建立的程序模块的基础上,单击"例行程序"。

	步骤2：单击"文件"，选择"新建例行程序"。
	步骤3：选择"名称"，编辑名称"main"，单击"确定"。
	步骤4：选择"名称"，编辑名称"path"，单击"确定"。可以根据自己的需要新建例行程序，用于被主程序 main 调用或例行程序互相调用。

4. 建立一个可以运行的基本 RAPID 程序

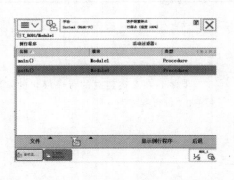	步骤1：在上述建立的例行程序的基础上，选中"path()"，单击"显示例行程序"。

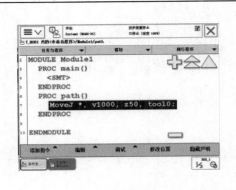

步骤2:选择"MoveJ * ,v1000,250,tool0;"。

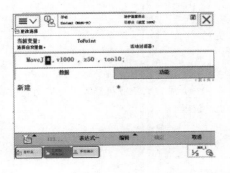

步骤3:单击"*"。

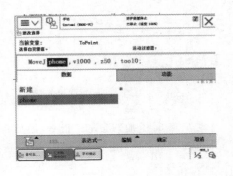

步骤4:新建 phome 点。

位置1

步骤5:将工业机器人手动移动到位置1。

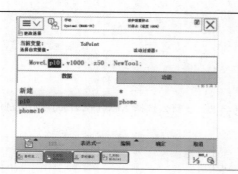

步骤6：添加"MoveL"指令，添加目标点"p10"。

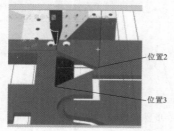

步骤7：将工业机器人手动移动到位置2和位置3。

步骤8：添加"MoveL"指令，添加目标点"p20""p30"。

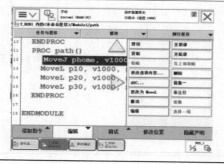

步骤9：选中"MoveJ phome…"，复制粘贴到程序最后，即完成例行程序path的轨迹编辑。

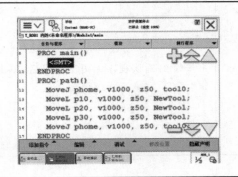

步骤 10：选中"main"，显示例行程序。

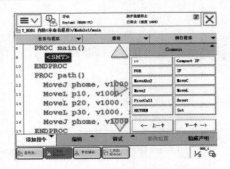

步骤 11：添加指令"ProCall"。

步骤 12：调用 path 例行程序，即完成一个简单的轨迹程序。

5. 调试 RAPID 程序

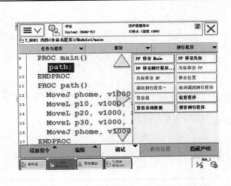

步骤 1：在上述所建立的 RAPID 程序的基础上，单击"调试"，选择"检查程序"。

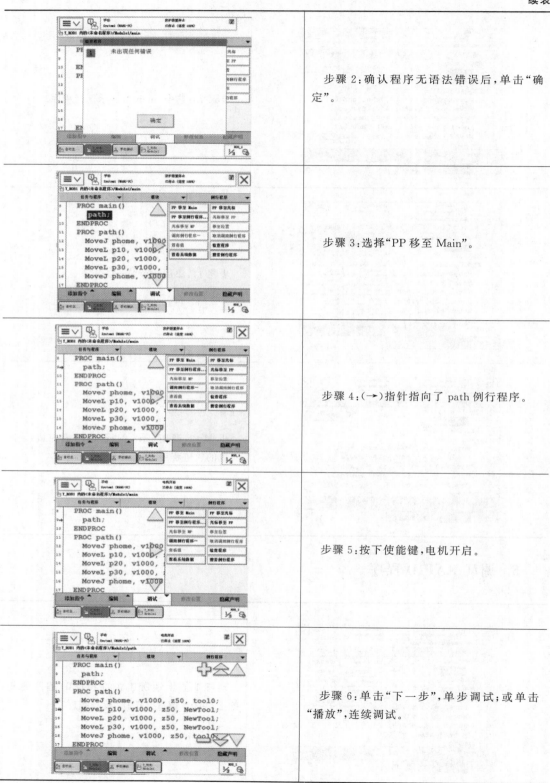

步骤2：确认程序无语法错误后，单击"确定"。

步骤3：选择"PP 移至 Main"。

步骤4：(→)指针指向了 path 例行程序。

步骤5：按下使能键，电机开启。

步骤6：单击"下一步"，单步调试；或单击"播放"，连续调试。

6. 自动运行 RAPID 程序

在手动状态下，程序调试完成后，可以将工业机器人系统转入自动运行状态。将模式切换旋钮旋至左侧的自动状态。在"程序编辑器"的"调试"界面中单击"PP 移至 Main"选项，将"PP"指针指向主程序的第一行指令。按下白色按钮，启动电机，再按下"程序启动"按钮，这时可以看到程序指针在跳动，说明程序在自动运行。

单击"快捷菜单"，再单击"速度"选项，就可以在此设置程序中工业机器人的运动速度。示教器"快捷菜单"界面如图 6-18 所示。

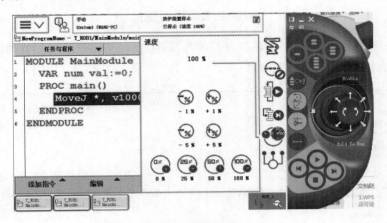

图 6-18　示教器"快捷菜单"界面

7. 保存 RAPID 程序及模块

在程序调试完成后或在程序调试过程中，为防止意外丢失文件或发生系统故障，可以把写好的程序模块保存到工业机器人的硬盘或外置 U 盘中。

打开"程序编辑器"，单击"模块"，选中需要保存的程序模块，打开"文件"菜单，选择"另存模块为…"，即可以将程序模块保存到工业机器人硬盘或外置 U 盘中。示教器"程序模块"界面如图 6-19 所示。

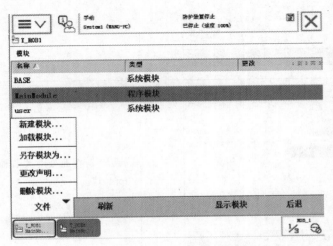

图 6-19　示教器"程序模块"界面

【任务实施】

➢ 在虚拟环境中完成教材中演示的创建程序的过程。

项目总结

【拓展与提高】

限制关节轴运动范围

在某些特殊情况下,因为工作环境或控制的需要,要对工业机器人关节轴的运动范围进行限制,具体操作步骤如下。

图示	说明
	步骤1:依次单击"ABB—控制面板—配置",然后单击"主题",选择"Motion"。
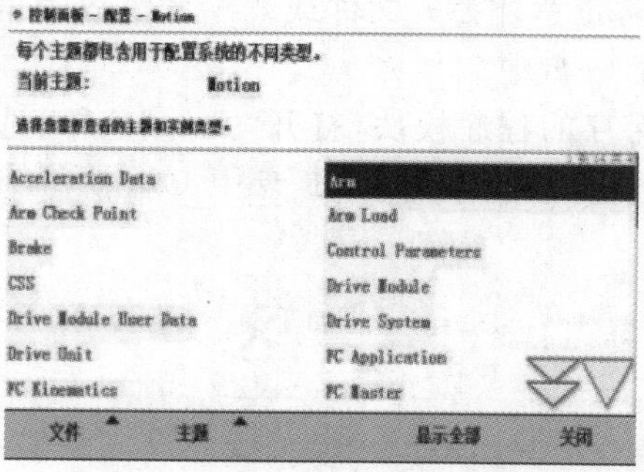	步骤2:单击"Arm"。
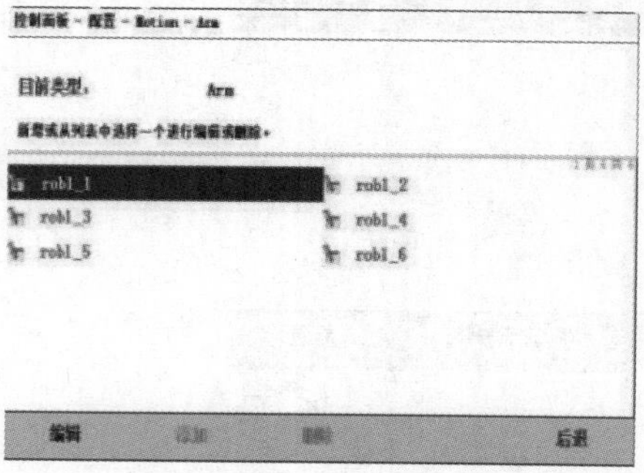	步骤3:在此处对关节轴1进行设定。单击"rob1_1"。

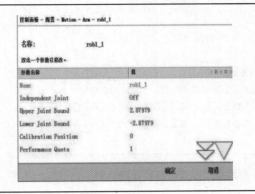

步骤4:参数"Upper Joint Bound"和"Lower Joint Bound"分别指关节轴正、负方向最大转动角度,单位为 rad(1 rad 约为 57.3°)。通过修改这两项参数来修改此关节轴的运动方位,修改后需要重新启动才会生效。此种型号的工业机器人的两项数据默认值分别为 2.879 79 rad 和 −2.879 79 rad,转换成度数即为 +165°和 −165°。

【工程素质培养】

1. 对于 speed 值和 zone 值的设定

一般情况下,zone 值要根据工业机器人的运动速度和对运动的精度要求来确定,即 zone 值与 speed 值是相关的。

(1)在开阔而又无高精度要求的情况下,速度值设为 v3000,通常自动化把这个速度定义为 vmax(这个 vmax 与 OLP 中 speed 值选项中的 vmax 稍有不同,理论上工业机器人的 vmax 应该等于 v8000 左右,但实际情况下,这个速度仅为 3000 mm/s 左右),此时与之对应的 zone 值设置为 z200~z500,过小的 zone 值会造成工业机器人运动时的停顿和扰动,特别是工业机器人载荷较大时。

(2)焊接过程中,速度一般为 v1000~v1500,有时自动化会把 v1500 这个速度定义为 vmid,此时设置的 zone 值一般为 z5~z150。通常情况下,在这个速度下 zone 值设置为 z50;空间不太受限制时,也可以把 zone 值增大到 z150;在空间比较狭小的地方,zone 值设置为 z5~z10;对于焊点,zone 值设置为 fine。

(3)速度一般在 v500 以下时,自动化会把 v500 这个速度定义为 vmin,这个速度一般在位置特别紧张的情况下和快换对接的位置点使用。

2. 对于 Wobj 的设置

一般来说,与工件有联系的路径,才会设置与车型相关的 Wobj,如 Wobj-v212、Wobj-w204 等;而与工件无关的路径,选用的就是 Wobj0。这个 Wobj 是与工业机器人相关的,在程序输出时,不会显示在程序段中。换句话说,就是与工件没有联系的路径,程序中不带 Wobj。与工件相关的路径包括工业机器人焊接路径和抓放工件的 dock 和 undock 路径。需要注意的是,在 dock 和 undock 路径中,工业机器人不带抓手的部分,Wobj 选用的也是 Wobj0。选用 Wobj0 的路径包括抓放枪路径、抓放抓手路径、从工件存放架上抓件的 pickpart 路径、修磨路径和其他服务路径。图 6-20 所示为工业机器人从 home 点到修磨位置的路径程序示例,可以看出程序中是不带 Wobj 的。

需要注意的地方:如果模拟过程中加入了工件的 Wobj,在程序输出后不能直接把 Wobj 删除,应在调试过程中,在工业机器人走到位后,把 Wobj 选项改为 don't use,然后将手动操作的地方改为 Wobj0,最后修改点的位置,这样才能改回来。

```
PROC HomeToDressGun2()
  TPErase;
  TPWrite "Robot need to dress Gun2";
  ActUnit ServoG2;
  MoveAbsJ HomeGun2, vmax1, fine, tool4_Gun2;
  ! Add Logic to Open Gun to Known Opening
  MoveJ ToDressGun2_20, vmax1, z200, tool4_Gun2;
  MoveJ ToDressGun2_10, vmax1, z200, tool4_Gun2;
ENDPROC
```

图 6-20   工业机器人从 home 点到修磨位置的路径程序示例

【思考与练习】

1. 试设计 RAPID 程序组成结构图。

2. 常见搬运项目重点使用的指令有哪些？

3. 如何正确保存工业机器人的程序模块？

项目 7
RAPID 高级编程

RAPID 语言提供了丰富的指令，同时还可以根据自己的需要编制专属的指令集来满足在具体应用中的需要，这样一个具有高度灵活性的编程语言为工业机器人的各种应用提供了无限的潜能。对 ABB 工业机器人编程是一件轻松的事情，可以通过示教器和 RobotStudioOnline 进行在线编辑，也可以使用文本编辑软件在电脑中进行离线编辑，完成编辑后使用 U 盘或者通过网络便可快捷地上传到工业机器人中。强大的 RobotStudio 软件为工业机器人从方案到实际现场布置的全过程提供了解决方案，可以将编好的程序在 RobotStudio 中进行验证，这样有效地减少了现场作业的时间，提高了效率。

◀ **知识目标**
➢ 了解工业机器人的运动控制指令。
➢ 熟悉 RAPID 程序计时和计数指令。
➢ 熟悉 RAPID 程序运动模式分析指令。
➢ 掌握工业机器人函数功能。
➢ 掌握程序框架结构。

◀ **技能目标**
➢ 能够正确分析指令结构。
➢ 能够熟练掌握指令应用的环境。
➢ 能够理解函数功能参数值的类型。
➢ 能够熟记 RAPID 程序标准结构。

◀ 任务 7-1　RAPID 高级指令 ▶

【任务学习】

➤ 了解工业机器人的运动控制指令。

➤ 熟悉 RAPID 程序计时和计数指令。

1. 高级运动控制指令

1）AccSet——降低加速度

结构：

AccSet Acc,Ramp;

Acc：工业机器人加速度百分比（num）。

Ramp：工业机器人加速度坡度（num）。

应用：当工业机器人运行速度改变时，采用当前指令对所产生的相应加速度进行限制，使工业机器人高速运行时更平缓，但会延长循环时间，系统默认值为 AccSet100,100；。

实例：如图 7-1 所示。

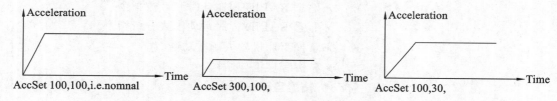

图 7-1　加速度设置

注：工业机器人加速度百分比最小为 20％，小于 20％以 20％计；工业机器人加速度坡度值最小为 10％，小于 10％以 10％计。工业机器人冷启动，新程序载入与程序重置后，系统自动设置为默认值。

2）VelSet——改变编程速率

结构：

VelSet Override,Max;

Override：所需速率占编程速率的百分比，100％相当于编程速率（num）。

Max：最大 TCP 速率，以 mm/s 计（num）。

应用：当前指令用于增加或减少所有后续定位指令的编程速率，同时用于使速率最大化。

实例：

```
VelSet 50,800;
MoveL p1,v1000,z10,tool1;          ——500 mm/s
MoveL p2,v1000\V:=2000,z10,tool1;  ——800 mm/s
```

```
MoveL p2,v1000\T:=5,z10,tool1;          ——10 s
VelSet 80,1000;
MoveL p1,v1000,z10,tool1;               ——800 mm/s
MoveL p2,v5000,z10,tool1;               ——1000 mm/s
MoveL p3,v1000\V:=2000,z10,tool1;       ——1000 mm/s
MoveL p3,v1000\T:=5,z10,tool1;          ——6.25 s
```

注：工业机器人冷启动，新程序载入与程序重置后，系统自动设置为默认值。工业机器人运动使用参变量[\T]时，最大运行速度将不起作用。Override 对速度数据（speeddata）内所有项都起作用，例如 TCP 方位及外轴，但对焊接参数 welddata 与 Seamdata 内的工业机器人运行速度不起作用，Max 只对速度数据（speeddata）内的 TCP 起作用。

3）ConfJ——关节轴移动期间控制配置

结构：

```
ConFJ[\on][\off];
```

[\on]：启动轴配置数据（switch）。关节运动时，工业机器人移动至 Modpos 点，如果无法到达，程序将停止运行。

[\off]：默认轴配置数据（switch）。关节运动时，工业机器人移动至 Modpos 点，轴配值数据默认为当前最接近值。

应用：采用当前指令对工业机器人运行姿态进行限制与调整，程序运行时使工业机器人运行姿态得到控制，系统默认值为 ConFJ\on。

实例：

```
ConFJ\on;
ConFJ\off
```

注：工业机器人冷启动，新程序载入与程序重置后，系统自动设置为默认值。

4）SingArea——确定奇点周围的插补

结构：

```
SingArea[\wrist][\off];
```

[\wrist]：启用位置方位调整（switch）。工业机器人运动时，为了避免死机，允许位置点方位有些改变。例如，在五轴零度时，工业机器人四六轴平行。

[\off]：关闭位置方位调整（switch）。工业机器人运动时，不允许位置点方位改变，是工业机器人默认状态。

应用：当前指令通过对工业机器人位置点姿态进行改变，可以绝对避免工业机器人在运行时死机，但是，工业机器人运行路径会受影响，姿态得不到控制，通常使用于复杂姿态点，绝对不能作为工作点使用。

实例：

```
SingArea\wrist;
SingArea\off;
```

注：

以下情况下工业机器人将自动恢复默认值 SingArea\off：

①工业机器人冷启动；

②系统载入新的程序。

5）PathResol——覆盖路径分辨率

结构：

```
PathResol PathSample Time;
```

PathSample Time：路径控制百分比（num）。

应用：当前指令用于更改工业机器人主机系统参数，调整工业机器人路径采样时间，从而达到控制工业机器人运行路径的效果。通过此指令可以提高工业机器人运行精度或缩短循环时间，路径控制默认值为 100%，调整范围为 25%～400%。路径控制百分比越小，运动精度越高，占用 CPU 资源就越多。

实例：

```
MoveJ p1,v1000,fine,tool1;
PathResol 150;
```

工业机器人在临界运动状态（重载、高速、路径变化复杂的情况下接近最大工作区域）时，增大路径控制值，可以避免频繁死机；外轴以很低的速度与工业机器人联动时，增大路径控制值，可以避免频繁死机。工业机器人进行高频率摆动弧焊时，需要很长的路径采样时间，此时应减小路径控制值；工业机器人进行小圆周或小范围复杂运动时，需要很高的精度，此时应减小路径控制值。

注：工业机器人必须在完全停止后才能更改路径控制值，否则工业机器人将默认一个停止点，并且显示错误信息 50146。工业机器人正在更改路径控制值时，工业机器人被强制停止运行，工业机器人将不能立刻恢复正常运行。

以下情况下工业机器人将自动恢复默认值 100%：①工业机器人冷启动；②系统载入新的程序；③程序重置。

6）SoftAct——启用软伺服

结构：

```
SoftAct[\MechUnit,]Axis,Softness[\Ramp];
```

[\MechUnit]：软化外轴名称（mecunnit）。

Axis：软化外轴号码（num）。

Softness：软化值（%）（num）。

[\Ramp]：软化坡度（%）（num）。

应用：当前指令用于软化工业机器人主机或外轴伺服系统，软化值范围为 0%～100%，软化坡度范围为 ≥100%。此指令必须与指令 SoftDeact 同时使用，通常不使用工作位置。

实例：

```
SoftAct 3,20;
SoftAct 1,90\Ramp:=150;
SoftAct\MechUnit:=Orbit1,1,40\Ramp:=120;
```

注：工业机器人被强制停止运行后，软伺服设置将自动失效。同一转轴软化伺服不允许被连续设置两次。

2. 计时指令

（1）ClkReset——重置用于定时的时钟。

（2）ClkStart——启动用于定时的时钟。

（3）ClkStop——停止用于定时的时钟。

ClkReset 结构：

```
ClkReset Clock;
```

Clock：时钟名称（clock）。

应用：当前指令用于将工业机器人相应的时钟复位，常用于记录循环时间或工业机器人跟踪运输链。

ClkStart 结构：

```
ClkStart Clock;
ClkStop Clock;
```

Clock：时钟名称（clock）。

应用：当前指令用于启动工业机器人相应时钟，常用于记录循环时间或工业机器人跟踪运输链。工业机器人时钟启动后，时钟不会因为工业机器人停止运行或关机而停止计时，在工业机器人时钟运行时，指令 ClkStop 与 ClkReset 仍起作用。

实例：

```
ClkReset clock1;
ClkStart clock1;
RunCycle;
ClkStop clock1;
nCycleTime:=ClkRead(clock1);
TPWrite "Last Cycle Time: "\Num:=nCycleTime;
```

注：工业机器人时钟计时超过 4 294 967 秒，即 49 天 17 小时 2 分 47 秒，工业机器人将出错。Error Handler 代码为 ERR_OVERFLOW。

3. 中断程序

1）CONNECT——将中断与软中断程序相连

结构：

```
CONNECT Interrupt
WITH Trap routine;
```

Interrupt：中断数据名称（intnum）。

Trap routine：中断数据程序（identifier）。

应用：将工业机器人相应的中断数据连接到相应的中断处理程序，是工业机器人中断功能必不可少的组成部分，必须同指令 ISignalDI、ISignalDO、ISignalAI、ISignalAO 或 ITimer 联合使用。

实例：

```
VAR intnum,intInspect;
PROC main()
…
CONNECT intInspect WITH rAlarm;
ISignalDI di01_Vacuum,0,intInspect;
…
```

```
ENDPROC
TRAP rAlarm
TPWrite "Grip Error";
Stop;
WaitDI di01_Vacuum,1;
ENDTRAP
```

注:中断数据的数据类型必须为变量(VAR),一个中断数据不允许同时连接到多个中断处理程序上,但多个中断数据可以共享一个中断处理程序。当一个中断数据完成连接后,这个中断数据不允许再次连接到任何中断处理程序(包括已经连接的中断处理程序)上。如果需要再次连接至任何中断程序,必须先使用指令 IDelete 将原连接去除。

2) IDelete——取消中断

结构:

`IDelete Interrupt;`

Interrupt:中断数据名称(intnum)。

应用:将工业机器人相应的中断数据与相应的中断处理程序之间的原连接去除。

实例:

```
...
CONNECT intInspect WITH rAlarm;
ISignalDI di01_Vacuum,0,intInspect;
...
Idelete intInspect;
```

注:执行指令 Idelete 后,当前中断数据的连接被完全清除,如需再次使用这个中断数据,必须重新用指令 CONNECT 连接至相应的中断处理程序。

在下列情况下,中断将被自动去除:①重新载入新的运行程序;②工业机器人运行程序被重置,程序指针回到主程序第一行;③工业机器人程序指针被移至任意一个例行程序第一行。

3) ISignalDI——下达数字信号输入信号中断指令

结构:

`ISignalDI [\Single],Signal,TriggValue,Interrupt;`

[\Single]:单次中断开关(switch)。

Signal:触发中断信号(signaldi)。

TriggValue:触发信号值(dionum)。

Interrupt:中断信号名称(intnum)。

应用:使用相应的数字信号输入信号触发相应的中断功能,必须同指令 CONNECT 联合使用。

实例:

```
CONNECT int1 WITH iroutine1;中断功能在单次触发后失效
ISignalDI\Single di01,1,int1;
CONNECT int2 WITH iroutine2;
```

中断功能持续有效,只有在程序设置或运行指令 IDelete 后才失效

```
ISignalDI di02,1,int1;
```

注:当一个中断数据完成连接后,这个中断数据不允许再次连接到任何中断处理程序(包括已经连接的中断处理程序)上。如果需要再次连接至任何中断处理程序,必须先使用指令 IDelete 将原连接去除。

4) ISleep——停用一个中断

结构:

```
ISleep Interrupt;
```

Interrupt:中断数据名称(intnum)。

应用:工业机器人相应的中断数据暂时失效,直到执行指令 IWatch 后才恢复。

5) IWatch——启用中断

结构:

```
IWatch Interrupt;
```

Interrupt:中断数据名称(intnum)。

应用:激活工业机器人已失效的相应的中断数据,正常情况下与指令 ISleep 配合使用。

实例:

例 1

```
…
CONNECT intInspect WITH rAlarm;
ISignalDI di01_Vacuum,0,intInspect;
…
…        中断监控
Sleep intInspect;
…        中断失效
IWatch intInspect;
…        中断监控
Error Handler:
ERR_UNKINO
无法找到当前的中断数据
```

例 2

```
VAR intnum sig1int;
PROC main()
CONNECTsig1int WITH iroutine1;
ISignalDI di1,1,sig1int;
…
ISleep sig1int;
weldpart1;
IWatch sig1int;
```

在执行 weldpart1 程序期间,信号 di1 不允许中断。

6) IEnable——启用中断

结构:

```
IEnable;
IDisable;
```

7) IDisable——禁用中断

结构：

```
IEnable;
IDisable;
```

应用：使工业机器人相应的中断功能暂时不执行，直到执行指令 IEnable 后，才进入中断处理程序。此指令使用于工业机器人正在执行中不希望被打断的操作期间，例如通过通信口读写数据。

实例：

```
...
IDisable;
FOR i FROM 1 TO 100 DO
character [i]:=ReadBin(sensor);
ENDFOR
IEnable;
...
```

8) ITimer——下达定时中断指令

结构：

```
ITimer [\Single],Time,Interrupt;
```

[\Single]：单次中断开关(switch)。

Time：触发中断时间(num)。

Interrupt：中断数据名称(intnum)。

应用：定时处理工业机器人相应的中断数据，常用于通过通信口读写数据等场合。

实例：

```
...
CONNECT timeint WITH check_serialch;
ITimer 60,timeint;
...
TRAP check_serialch
WriteBin ch1,buffer,1;
IF ReadBin(ch1\Time:=5)>0 THEN
TPWrite "Communication is broken";
EXIT;
ENDIF
ENDTRAP
```

4. 通信指令

1) TPErase——擦除在 FlexPendant 示教器上显示的文本

结构：

```
TPErase;
```

应用:清屏指令,将工业机器人示教器屏幕上的所有显示清除,是工业机器人屏幕显示的重要组成部分。

实例:

```
TPErase;
TPWrite "ABB Robotics";
TPWrite "   ";
```

2) TPWrite——写入 FlexPendant 示教器

结构:

```
TPWrite String [\Num]|[\Bool]|[\POS]|[\Orient];
```

String:屏幕显示字符串(string)。

[\Num]:屏幕显示数字数据值(string)。

[\Bool]:屏幕显示逻辑量数据(string)。

[\POS]:显示位置值 X、Y、Z(string)。

[\Orient]:显示方位 q1、q2、q3、q4(string)。

TPWrite 变元如表 7-1 所示。

表 7-1　TPWrite 变元

Argument	Value	Text string
\Num	23	"23"
\Num	1.141367	"1.14137"
\Bool	TRUE	"TRUE"
\POS	[1817.3,905.17,879.11]	"[1817.3,905.17,879.11]"
\Orient	[0.96593,0,0.25882,0]	"[0.96593,0,0.25882,0]"

应用:在示教器屏幕上显示相应的字符串,字符串最长为 80 个字节,屏幕每行可显示 40 个字节。在字符串后可显示相应的参变量。

实例:

```
TPWrite String1;
TPWrite "Cycle Time="\Num:=nTime;
```

注:每个 TPWrite 指令只允许单独使用参变量,不允许同时使用。参变量值小于 0.000 005 或 0.999 995 时将圆整。

3) TPReadFK——读取功能键

结构:

```
TPReadFK Answer,Text,FK1,FK2,FK3,FK4,FK5,[\MaxTime][\DIBreak][\BreakFlag];
```

TPReadFK 变元如表 7-2 所示。

表 7-2　TPReadFK 变元

Answer	数字赋值 1～5	(num)
Text	屏幕字符串	(string)
FKx	功能键字符串	(string)
[\MaxTime]	最长等待时间	(num)
[\DIBreak]	输入信号控制	(signaldi)
[\BreakFlag]	指令状态控制	(errnum)

应用：在示教器屏幕上显示相应的字符串（Text），字符串最长为 80 个字节，屏幕每行可显示 40 个字节，同时在 5 个功能键上显示相应的字符串（FKx），字符串最长为 7 个字节。通过选择相应的功能键，给数字变量（Answer）赋值 1～5。通过这种功能，当前指令可以进行数据选择，但必须有人参与，否则无法达到自动化，会被输入输出信号替代。另外，若要执行后面的指令，必须选择相应的参变量。当前指令常用于错误处理等场合。

实例：

```
TPReadFK reg1,"More?",stEmpty,stempty,"Yes","No";
```

TPReadFK 指令执行结果如图 7-2 所示。

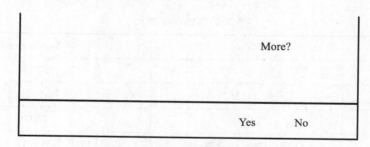

图 7-2　TPReadFK 指令执行结果

4）ErrWrite——写入错误信息

结构：

```
ErrWrite [\w],Header,Reason[\RL2][\RL3][\RL4];
```

ErrWrite 变元如表 7-3 所示。

表 7-3　ErrWrite 变元

[\w]	事件记录开关	(switch)
Header	错误信息标题	(string)
Reason	错误信息原因	(string)
[\RL2]	附加错误信息原因	(string)
[\RL3]	附加错误信息原因	(string)
[\RL4]:	附加错误信息原因	(string)

应用：在示教器屏幕上显示标准出错界面，错误代码为 80001，标题最长为 24 个字符，原因最长为 40 个字符。如果有多种错误原因，可以使用参变量[\RL2]［\RL2][\RL2]，每种

原因最长为 40 个字符。使用参变量[\w],错误代码为 80002,并且只在事件清单中记录,不在示教器屏幕上显示。当前指令只显示或记录错误信息,需要按功能键 OK 确认并清除。如需影响工业机器人运行,使用指令 Stop、EXIT、TPReadFK 等。

实例:

```
...
ErrWrite\w,"search error","No hit for the first search";
ErrWrite "PLC error","Fatal error in PLC"\RL2:="Call service"; Stop;
...
```

5)中断运动指令

(1) StopMove——停止工业机器人的移动。

(2) StartMove——重启机械臂移动。

结构:

```
StopMove [\Quick] [\AllMotionTasks];
StartMove[\AllMotionTasks];
```

[\Quick]:尽快停止本路径上的机械臂(switch)。在没有可选参数\Quick 的情况下,机械臂在路径上停止,但是制动距离更长(与普通程序停止相同)。

[\AllMotionTasks]:停止系统中所有机械单元的移动,仅可在非运动程序任务中使用。

StopMove 的应用:当前指令可使工业机器人运动临时停止,直到运行指令 StartMove 后,才恢复被临时停止的运动。此指令通常用于处理牵涉到工业机器人运动的中断程序。

实例:

```
...
CONNECT intno1 WITH go_to_home_pos; ISignalDI di1,1,intno1;
...
TRAP go_to_home_pos                  工业机器人完成当前运动指令后停止运动,并
Storepath; P10:= Crobt();            记录运动路径,在 Home 位置等待 di1 为 0 后,
MoveL Home,v500,fine,tool1;          继续原运动状态。
WaitDI di1,0;
MoveL p10,v500,fine,tool1;           工业机器人临时停止运行,并记录运动路径,在
RestoPath;                           Home 位置等待 di1 为 0 后继续原运动状态。
StartMove;
ENDTRAP
```

StartMove 的应用:当前指令必须与 StopMove 联合使用,使工业机器人恢复临时停止的运动。此指令通常用于处理牵涉到工业机器人运动的中断程序。

(3) StorePath——发生中断时存储路径。

(4) RestoPath——中断之后恢复路径。

结构:

```
StorePath;
RestoPath;
```

应用:StorePath 指令用来记录工业机器人当前的运动状态,通常与指令 RestoPath 联合使用。此指令通常用于处理工业机器人故障与处理牵涉到工业机器人运动的中断程序。

实例：

```
TRAP go_to_home_pos
StopMove; StorePath;
p10:= CRobT();
MoveL Home,v500,fine,tool1;
WaitDI di1,0;
MoveL p10,v500,fine,tool1;
RestoPath;
StartMove;
ENDTRAP
```

工业机器人临时停止运动,并记录运动路径,在Home位置等待 di1 为 0 后继续原运动状态。

注：当前指令只能用来记录工业机器人的运动路经。工业机器人临时停止后需要执行新的运动,必须记录当前的运动路径。工业机器人系统只能记录一个运动路径。

5. 坐标转换指令

1）PDispOn——启用程序位移

结构：

PDispOn [\Rot][\Exep,] ProgPoint,tool [\Wobj];

PDispOn 变元如表 7-4 所示。

表 7-4　PDispOn 变元

[\Rot]	坐标旋转开关	（switch）
[\Exep]	运行起始点	（robtarget）
ProgPoint	坐标原始点	（robtarget）
tool	工具坐标系	（tooldata）
Wobj	工件坐标系	（wobjdata）

应用：当前指令可以使工业机器人坐标通过编程进行即时转换,通常用于水切割等运行轨迹保持不变的场合,可以快捷地完成工作位置的修正。

坐标变换如图 7-3、图 7-4 所示。

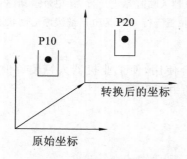

图 7-3　坐标变换（无角度）

```
MoveL p10,v500,z10,tool1;
PDispOn\Exep:=p10,p20,tool1;
```

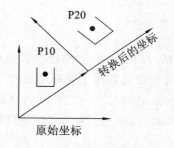

图 7-4　坐标变换（有角度）

```
MoveL p10,v500,fine\Inpos:=inpos50,tool1;
PDispOn\Rot\Exep:=p10,p20,tool1;
```

实例：

```
PROC draw_square()
```

```
PDispOn*,tool1;
MoveL*,v500,z10,tool1;
MoveL*,v500,z10,tool1;
MoveL*,v500,z10,tool1;
MoveL*,v500,z10,tool1;
PDispOff;
ENDPROC
...
MoveL p10,v500,fine\Inpos:=inpos50,tool1;
draw_square;
MoveL p20,v500,fine\Inpos:=inpos50,tool1;
draw_square;
MoveL p30,v500,fine\Inpos:=inpos50,tool1;
draw_square;
```

注：在使用当前指令后，工业机器人的坐标将被转换，直到使用 PDispOff 指令后才失效。

在下列情况下，工业机器人坐标转换功能将自动失效：①机器人系统冷启动；②载入新的程序；③程序重置。

2）PDispOff——停用程序位移

结构：

```
PDispOff;
```

应用：当前指令用于使工业机器人通过编程达到坐标转换功能失效的目的。该指令必须与 PDispOn 指令或 PDispSet 指令同时使用。

实例：

```
MoveL p10,v500,z10,tool1;
PDispOn\Exep:=p10,p11,tool1;
MoveL p20,v500,z10,tool1;
MoveL p30,v500,z10,tool1;
PDispOff;
MoveL p40,v500,z10,tool1;
```

将程序位移定义为位置 p10 和 p11 之间的差异。该位移会对 p20 和 p30 的运动产生影响，但是不会对 p40 的运动产生影响。

3）PDispSet——启用使用已知坐标系的程序位移

结构：

```
PDispSet DispFrame;
```

应用：采用当前指令，通过输入坐标偏差量，使工业机器人的坐标通过编程进行即时转换。该指令通常用于切割等运行轨迹保持不变的场合，可以快捷地完成工作位置的修正。

实例：

```
VAR pose xp100:=[[100,0,0],[1,0,0,0]];
...
PDispSet xp100;
```

启用 xp100 程序位移意味着 ProgDisp 坐标系从 X 轴正方向的工件坐标系移动了 100 mm(参见图 7-5)。只要程序位移有效,在 X 轴方向上的所有位置均将移动 100 mm。图 7-5 显示了沿 X 轴的 100 mm 程序位移。

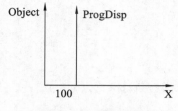

图 7-5   位置偏移图

注:在使用当前指令后,工业机器人的坐标将被转换,直到使用 PDispOff 指令后才失效。

【任务实施】

➢ 编写计时功能、计数功能、暂停功能的程序。

◀ 任务 7-2   RAPID 高级功能 ▶

【任务学习】

➢ 掌握工业机器人程序功能应用。

1. 运动功能

1) Offs——取代一个工业机器人位置

结构:

```
Offs (Point XOffset YOffset ZOffset);
```

Point 数据类型:robtarget;含义:有待移动的位置数据。

XOffset 数据类型:num;含义:工件坐标系中 X 方向的位移。

YOffset 数据类型:num;含义:工件坐标系中 Y 方向的位移。

ZOffset 数据类型:num;含义:工件坐标系中 Z 方向的位移。

应用说明:

例 1   `MoveL Offs(p2,0,0,10),v1000,z50,tool1;`

将机械臂移动至距位置 p2(沿 Z 轴方向)10 mm 的一个点上。

例 2   `PROC pallet (num row,num column,num distance,PERS tooldata tool,PERS wobjdata wobj)`

```
VAR robtarget palletpos:=[[0,0,0],[1,0,0,0],[0,0,0,0],[9E9,9E9,9E9,9E9,9E9,9E9]];
palletpos:=Offs (palletpos,(row-1)*distance,(column-1)*distance,0);
MoveL palletpos,v100,fine,tool\WObj:=wobj;
ENDPROC
```

制订一个有关托盘拾料零件的程序。将各托盘定义为一个工件(参见图 7-6),将待拾取零件(行和列)以及零件之间的距离作为输入参数。在程序外实施行和列指数的增值。

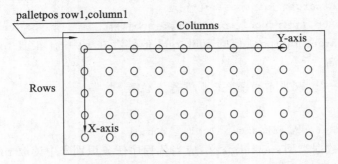

图 7-6 将托盘定义为一个工件

2) RelTool——实施与工具相关的取代

结构:

`RelTool (Point DX DY DZ [\RX][\RY][\RZ]);`

Point 数据类型:robtarget;含义:输入机械臂位置,该位置的方位规定了工具坐标系的当前方位。

DX 数据类型:num;含义:工具坐标系 X 方向的位移,以 mm 计。

DY 数据类型:num;含义:工具坐标系 Y 方向的位移,以 mm 计。

DZ 数据类型:num;含义:工具坐标系 Z 方向的位移,以 mm 计。

[\RX]数据类型:num;含义:围绕工具坐标系 X 轴的旋转,以度计。

[\RY]数据类型:num;含义:围绕工具坐标系 Y 轴的旋转,以度计。

[\RZ]数据类型:num;含义:围绕工具坐标系 Z 轴的旋转,以度计。

如果同时指定两次或三次旋转,则将首先围绕 X 轴旋转,然后围绕新的 Y 轴旋转,最后围绕新的 Z 轴旋转。

应用说明:

例 1 `MoveL RelTool (p1,0,0,100),v100,fine,tool1;`

沿工具的 Z 轴方向,将机械臂移动至距 p1 100 mm 的一处位置。

例 2 `MoveL RelTool (p1,0,0,0\RZ:=25),v100,fine,tool1;`

将工具围绕其 Z 轴旋转 25°。

3) CalcRobT——关节位置,计算工业机器人位置

结构:

`CalcRobT( Joint_target Tool [\WObj]);`

Joint_target 数据类型:jointtarget;含义:相关的工业机器人轴和外轴的接头位置。

Tool 数据类型:tooldata;含义:用于计算工业机器人位置的工具。

Work Object 数据类型:wobjdata;含义:工业机器人位置相关的工件(坐标系)。

应用:当前指令用于计算来自给定的 jointtarget 数据的 robtarget 数据。该指令返回 robtarget 值,以及位置(X,Y,Z)、方位(q1,…,q4)、工业机器人轴配置和外轴位置。

应用说明:

```
VAR robtarget p1;
CONST jointtarget jointpos1:=[…];
p1:= CalcRobT(jointpos1,tool1\WObj:=wobj1);
```

将符合 jointtarget jointpos1 值的 robtarget 值储存在 p1 中。工具 tool1 和工件 wobj1 用于计算 p1 的位置。

4) CRobT——读取当前位置(工业机器人位置)数据

结构:

```
CRobT ([\TaskRef]|[\TaskName][\Tool][\WObj]);
```

[\TaskRef] 数据类型:taskid;含义:应当从程序任务识别号中读取 robtarget。

[\TaskName]数据类型:string;含义:应当从程序任务名称中读取 robtarget。如果未指定自变量\TaskRef 或\TaskName,则使用当前任务。

[\Tool]数据类型:tooldata;含义:有关用于计算当前机械臂位置的工具的永久变量。如果省略该参数,则使用当前的有效工具。

[\WObj]数据类型:Work Object。

应用说明:

```
VAR robtarget p1;
MoveL*,v500,fine\Inpos:=inpos50,tool1;
p1:=CRobT(\Tool:=tool1\WObj:=wobj0);
```

将工业机器人和外轴的当前位置储存在 p1 中。工具 tool1 和工件 wobj0 用于计算位置。注意:在读取和计算位置前,机械臂静止不动。通过使用先前移动指令中的位置精度 inpos50 内的停止点 fine 来实现上述操作。

2. 模式功能

1) OpMode——读取系统的当前运行模式

结构:

```
OpMode ( )
```

含数据类型 symnum 的返回值的函数。

OpMode 数据类型:symnum。

系统的当前运行模式如表 7-5 所示。

表 7-5　系统的当前运行模式

返回值	符号常量	备注
0	OP_UNDEF	未定义的运行模式
1	OP_AUTO	自动的运行模式
2	OP_MAN_PROG	手动运行模式,最快为 250 mm/s
3	OP_MAN_TEST	手动全速运行模式,100%

实例:

```
TEST OpMode()
CASE OP_AUTO:
```

```
...
CASE OP_MAN_PROG:
...
CASE OP_MAN_TEST:
...
DEFAULT:
...
ENDTEST
```

2）RunMode——读取程序任务的当前运行模式

结构：

```
RunMode（[\Main]）；
```

[\Main]数据类型：switch。如果为一个运动任务，则返回任务的当前模式；如果用于一个非运动任务中，则其将返回非运动任务的相关运动任务的当前模式。

读取程序任务的当前运行模式如表 7-6 所示。

表 7-6　读取程序任务的当前运行模式

返 回 值	符 号 常 量	备　　注
0	RUN_UNDEF	未定义的运行模式
1	RUN_CONT_CYCLE	持续或循环运行模式
2	RUN_INSTR_FWD	指示向前运行模式
3	RUN_INSTR_BWD	指示向后运行模式
4	RUN_SIM	模拟运行模式，尚未发布
5	RUN_STEP_MOVE	向前运动模式下的移动指令以及持续运行模式下的逻辑指令

实例：

```
IF RunMode()=RUN_CONT_CYCLE THEN
...
ENDIF
```

仅针对持续或循环运行而执行的程序段。

【任务实施】

➤编辑工业机器人任意行列的阵列功能程序。

◀ 任务 7-3　RAPID 程序模板 ▶

【任务学习】

➤理解工业机器人标准程序模板结构。

```
% % %
VERSION:1
LANGUAGE:ENGLISH
% % %
MODULE mainprg   程序模块名称
CONST pHome:=[[517.87,-0.01,708.53],[0.506292,-0.4935,0.509881,-0.490049],
[-1,0,-1,1],[9E+09,9E+09,9E+09,9E+09,9E+09,9E+09]];   pHome 点声明
PROC main()   主程序
! ******************************************
! Main program for
! ******************************************
Initall;   调用 Initall 例行程序
WHILE TRUE DO   程序循环执行
IF DI01=1 THEN   如果 DI01=1 成立,那么调用 rP1 子程序
rP1;
ELSEIF DI02=1 THEN   如果 DI02=1 成立,那么调用 rP2 子程序
ENDIF
WaitTime 0.3;   防止程序过载
ENDWHILE
ENDPROC
PROC Initall()   子程序,用于初始化程序的数据和状态
AccSet 100,100;   加速度设定指令
VelSet 100,2000;   速度设定指令
rCheckHOMEPos;   调用 rCheckHOMEPos 子程序
ENDPROC
PROC rCheckHOMEPos()   子程序,用于判断工业机器人是否在等待位置
IF NOT CurrentPos(pHome,tool0) THEN
TPErase;
TPWrite "Robot is not in the Wait-Position";
TPWrite "Please jog the robot around the Wait position in manual";
TPWrite "And execute the aHome routine";
WaitTime0.5;
EXIT;
ENDIF
ENDPROC
FUNC bool CurrentPos(robtarget ComparePos,INOUT tooldata TCP)   用于检测工业
机器人是否在某个位置上
VAR num Counter:=0;   数据只用于本功能的局部变量
VAR robtarget ActualPos;
ActualPos:=CRobT(\Tool:=tool0\WObj:=wobj0);
IF ActualPos.trans.x>ComparePos.trans.x-25 AND ActualPos.trans.x<ComparePos.
trans.x+25 Counter:=Counter+1;
```

```
      IF ActualPos.trans.y > ComparePos.trans.y - 25 AND ActualPos.trans.y < ComparePos.
trans.y+25 Counter:=Counter+1;
      IF ActualPos.trans.z > ComparePos.trans.z - 25 AND ActualPos.trans.z < ComparePos.
trans.z+25 Counter:=Counter+1;
      IF ActualPos.rot.q1 > ComparePos.rot.q1 - 0.1 AND ActualPos.rot.q1 < ComparePos.
rot.q1+0.1 Counter:=Counter+1;
      IF ActualPos.rot.q2 > ComparePos.rot.q2 - 0.1 AND ActualPos.rot.q2 < ComparePos.
rot.q2+0.1 Counter:=Counter+1;
      IF ActualPos.rot.q3 > ComparePos.rot.q3 - 0.1 AND ActualPos.rot.q3 < ComparePos.
rot.q3+0.1 Counter:=Counter+1;
      IF ActualPos.rot.q4 > ComparePos.rot.q4 - 0.1 AND ActualPos.rot.q4 < ComparePos.
rot.q4+0.1 Counter:=Counter+1;
      RETURN Counter=7;
      ENDFUNC
      PROC aHome()   子程序 aHome
      MoveJ pHome,v30,fine,tool0;
      ENDPROC
      PROC rP1()   存放工艺 1 程序
      ! Insert the moving routine to here
      ENDPROC
      PROC rP2()   存放工艺 2 程序
      ! Insert the moving routine to here
      ENDPROC
      ENDMODULE
```

【任务实施】

➤ 在示教器中编写标准程序模板。

项目总结

【拓展与提高】

I/O 逻辑控制

I/O 逻辑控制 Cross Connection 是指对 I/O 信号进行逻辑运算。各信号之间的逻辑运算关系如表 7-7 所示。在系统中一共可设置 100 个逻辑运算控制,同时进行运算的信号最多为 5 个,运算层数最多为 20 层。结果不可以用作反馈。Cross Connection 操作界面如图 7-7 所示。

表 7-7 逻辑运算关系

例　子	名　称	结　果
A And B	And(逻辑与)	如果 A 与 B 都是 TRUE,返回 TRUE
A Or B	Or(逻辑或)	如果 A 与 B 中的任意一个为 TRUE,返回 TRUE

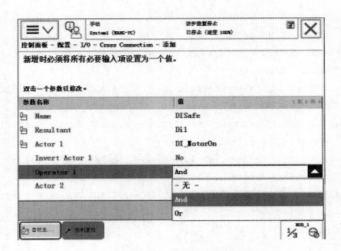

图 7-7　Cross Connection 操作界面

单击"ABB 菜单",在"控制面板"界面中选择"配置"—"I/O"—"Cross Connection",添加两个对象 Actor1 和 Actor2。

根据工艺要求,对添加的两个对象 Actor1 和 Actor2 做 And 运算和 Or 运算。Invert Actor 表示对操作数取反。

【工程素质培养】

1. pHome 点的设定说明

一般来说,一个工业机器人只有一个 pHome 点。pHome 点是用工业机器人的关节 j1~j6 的数值来定义的,不与任何工具的 TCP 相关。在这个点上,工业机器人不管有没有抓焊枪或抓手,都不与任何东西干涉。也就是说,在这个点上,工业机器人是绝对安全的。这样的位置点也许会有很多,但是为了缩短工业机器人的运动时间,在确保安全的前提下,PEO 点尽量选择在离每一条工作路径都比较近的地方。

2. RobotStudio 软件的在线功能

通过 RobotStudio 软件的在线功能,以及网线与工业机器人控制柜的连接,就能在计算机上实现工业机器人程序参数设定、备份以及监控。工业机器人控制柜与电脑的连接方法如下。

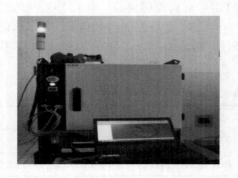

步骤 1:将随机附带的网线与控制柜的网络接口连接,将随机附带的网线与计算机的网络接口连接。

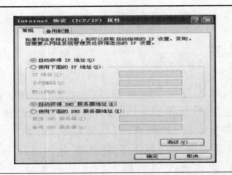	步骤 2：在计算机的网络设定中，将 IP 设定为自动连接。
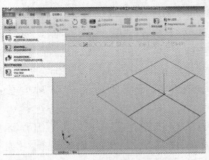	步骤 3：选择"添加控制器"。
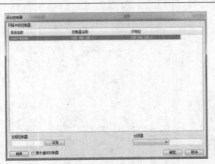	步骤 4：选择对应的系统。
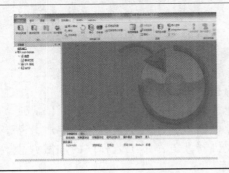	步骤 5：连接成功。

【思考与练习】

1. 用工业机器人 RAPID 程序实现 4 行 5 列的阵列。

2. 用工业机器人 RAPID 程序实现 4 个元素先进先出功能。

3. 用工业机器人 RAPID 程序编写函数递归功能程序。

项目 8
现场离线调试

随着工业机器人应用领域越来越广,传统的示教编程手段在有些场合效率非常低,于是离线编程应运而生,并且应用越来越普及。在以"智慧工厂、智能制造"为主题的第四次工业革命中,工业机器人是极其重要的基础设施,离线编程仿真技术作为工业机器人技术的三大发展方向之一,在工业机器人高端应用领域中扮演着极其重要的角色。离线编程仿真软件使工业机器人具有更智慧的"大脑",可以执行更复杂、更优化的运行轨迹。工业机器人自动化生产线已成为自动化装备的主流发展方向。

离线编程调试的优势在实际应用中非常显著:能减少工业机器人的停机时间,当对下一个任务进行编程时,工业机器人仍可以在生产线上工作;改善了编程环境,使编程者远离危险的工作环境;能便捷地实现优化编程;可对复杂的任务进行编程;便于修改工业机器人的程序。

工业机器人拾取工作站如图 8-1 所示。

图 8-1　工业机器人拾取工作站

◀ **知识目标**
➢ 了解工业机器人的行业应用。
➢ 熟悉工业机器人工作站的布局。
➢ 熟悉工业机器人工作站的工艺流程。
➢ 掌握工业机器人工作站工艺程序的编制方法。
➢ 掌握工业机器人工作站工艺程序的调试方法。

◀ **技能目标**
➢ 能够独立对工业机器人物料搬运工艺程序进行调试。
➢ 能够独立对工业机器人物料码垛工艺程序进行调试。
➢ 能够独立对工业机器人压铸取件工艺程序进行调试。
➢ 能够独立对工业机器人装配工艺程序进行调试。
➢ 能够独立对工业机器人打磨工艺程序进行调试。

◀ 任务 8-1　工业机器人物料搬运工艺程序调试 ▶

【任务学习】

掌握工业机器人物料搬运工艺程序调试过程。

搬运作业是指用一种设备握持工件，将工件从一个加工位置移到另一个加工位置。搬运机器人可安装不同的末端执行器，以完成各种不同形状和状态的工件的搬运工作，大大减轻了人类繁重的体力劳动。世界上已使用的搬运机器人逾 10 万台，它们被广泛应用于机床上下料、冲压机自动化生产线、自动装配流水线、码垛搬运、集装箱等的自动搬运。部分发达国家已制定出人工搬运的最大限度，超过限度的搬运工作必须由搬运机器人来完成。

搬运机器人是近代自动控制领域出现的一项高新技术，涉及力学、机械学、电气液压气压技术、自动控制技术、传感器技术、单片机技术和计算机技术等学科领域，已成为现代机械制造生产体系中的一项重要组成部分。搬运机器人的优点是可以通过编程完成各种预期的任务，在自身结构和性能上具有人和机器的各自优势，尤其体现了人工智能和适应性。

1. 任务描述

本任务利用 ABB 工业机器人 IRB1410 来完成物料的搬运工作。生产线中配备 XY 直角坐标机器人，该机器人将物料从立体仓储库中取出，再由机器人中转搬运物料并将其放置到物料盒里。XY 直角坐标机器人根据工作人员的选择来拾取立体仓储库中对应的物料。

搬运工作站如图 8-2 所示。在该工作站中已经预设搬运动作效果与 I/O 配置，只需要在此工作站中依次完成程序数据创建、目标点示教、程序编写及调试，即可完成整个搬运工作。

图 8-2　搬运工作站

ABB 工业机器人在搬运方面有众多成熟的解决方案，在 3C、食品、医药、化工、金属加工、太阳能等领域均有广泛的应用,并涉及物流输送、周转、仓储等。采用 ABB 工业机器人搬运,可大幅度提高生产效率,节省劳动成本,提高定位精度,并降低搬运过程中的产品损坏率。

2. 工艺介绍

1）布局图

根据已知信息,对占地面积及工艺流程的流畅性和可行性进行分析,作出比较合理的布局方式,如图 8-3 所示。

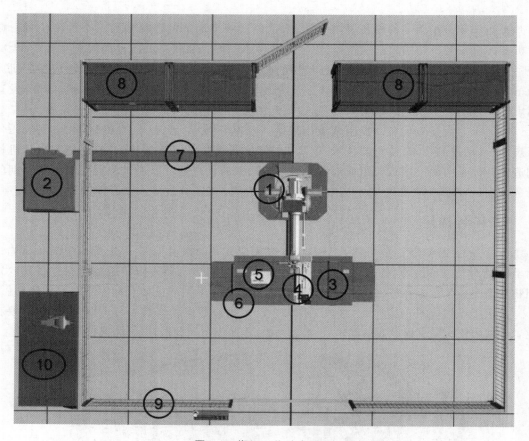

图 8-3 搬运工作站布局图

图 8-3 中各部分标识的说明如下:

① ABB 工业机器人 IRB1410 本体;

② ABB 工业机器人 IRB1410 控制柜;

③ 立体仓储库（货架组）;

④ XY 直角坐标机器人;

⑤ 物料托盘;

⑥ 机器人作业平台（配盘桌）;

⑦ 线槽;

⑧ 模组存放架;

⑨ 工作站安全防护栏;

⑩ 钳工桌。

2) 设计要点

以下内容是根据客户现场实际情况总结出来的设计要点,搬运工作站相对来说比较简单,需要了解的相关数据很少,具体如下。

目标:利用 XY 直角坐标机器人从立体仓储库中取出物料,搬运到指定位置后,由机器人抓取并放置到托盘中。

产品:立方体物料。

规格:长 50 mm,宽 50 mm,高 50 mm,重 0.2 kg。

节拍:10 s/件。

3) 工艺流程

(1) 搬运工作站的工艺流程如下。

搬运工作站的工艺流程

步　骤	作业名称	作业内容	备　注
第 1 步	作业准备 系统启动	工作前的准备(首次启动前,人工将运行条件准备好)	人工作业
第 2 步	机器人开始动作	(1) 机器人回原位(通过检测是否需要回原位); (2) XY 直角坐标机器人回到原位; (3) 机器人示教器人机互动,操作员根据要搬运的物料号来进行选择	设备作业,操作员与设备人机交互
第 3 步	XY 直角坐标机器人	(1)XY 直角坐标机器人根据选择从立体仓储库中拾取对应的物料; (2)XY 直角坐标机器人拾取物料后运动到指定位置; (3)XY 直角坐标机器人到位后通知机器人来搬运物料	设备作业
第 4 步	机器人搬运物料	(1)机器人运动到指定位置来搬运物料; (2)将搬运的物料放置到指定的物料托盘中; (3) 机器人检测物料托盘有没有放满	设备作业
第 5 步	循环工作	机器人重复步骤 1~5	

(2) 机器人各环节动作说明如下。

步骤 1:作业准备。通过软件中的控制器选项打开示教器,单击软件中的"仿真",选择"播放",这时系统开始启动。

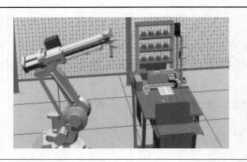

步骤2:机器人开始动作,回到原点,然后机器人开始初始化,并给出信号通知XY直角坐标机器人回到原位。

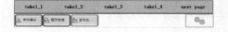

步骤3:机器人和XY直角坐标机器人都回到原位后,示教器操作窗口自动弹出(如果没看到,可单击ABB菜单旁边的小人),开始人机交互,这时操作员通过窗口选择立体仓储库中的物料。

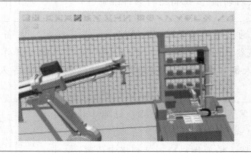

步骤4:XY直角坐标机器人根据示教器窗口的人机交互的选择到立体仓储库中拾取对应的物料。

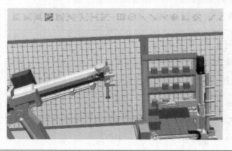

步骤5:XY直角坐标机器人从立体仓储库中拾取对应的物料后运动到指定位置,然后发送信号通知机器人过来吸取物料。

步骤6:机器人到达物料吸取位置后,从XY直角坐标机器人夹手上吸取物料(这时一定要注意两个设备不能有碰撞和干涉),吸取完成后通知XY直角坐标机器人夹手松开。

步骤 7:机器人将吸取的物料搬运到托盘中进行放置。

步骤 8:机器人将物料成功放置到托盘中后回到原位等待(这时示教器操作窗口会弹出选择界面来进行人机交互)。

步骤 9:重复步骤 3～8,直到机器人将托盘放满,机器人则回到原位,输出满载信号,通知操作员来更换托盘,托盘更换完成后机器人继续从头开始工作。

4) 任务实施

任务实施流程如下。

步骤 1:找到文件夹"项目八配套任务",打开文件夹"task1"后,依次打开文件"task_1_X1_EXE""task_1_X1_WMV1""task_1_X1_WMV2"进行观看。

task_1_X1_Student

步骤 2:找到文件 RobotStudio 中的打包文件"task_1_X1_Student"并双击打开,根据解压向导解压该工作站,解压完成后关闭该解压对话框,等待控制器完成启动。

步骤3：依次单击"控制器"—"示教器"，打开虚拟示教器。

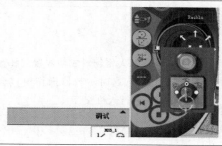

步骤4：打开虚拟示教器后，单击示教器上的小控制柜图标（位于手动摇杆的左边），将机器人的模式改为手动模式（钥匙在左侧为自动，钥匙在中间为手动，钥匙在右侧为全速手动，有的控制柜只有手动模式和自动模式，没有全速手动模式）。

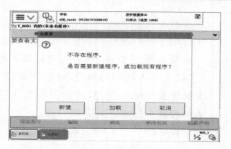

步骤5：单击"ABB菜单"，选择"程序编辑器"，单击"新建"，等待例行程序完成新建。

步骤6：例行程序新建完成后，开始进行编程（I/O配置已做好）。开始编程之前，完善程序数据（各程序数据见"程序数据说明"）。

步骤7：程序数据以及程序完善后，开始检查，检查无误后示教目标点（可参考下方点位调试示意图），完成所有要用到的目标点示教。

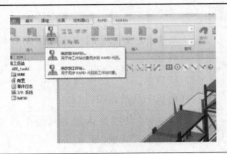	步骤 8:选择软件中的"RAPID",单击"同步",在下拉菜单(单击"同步"下面的一个向下的三角形图标)中选择"同步到工作站",等待同步完成。
	步骤 9:再次检查无误后选择软件中的"仿真",单击"播放",工作站开始运行。
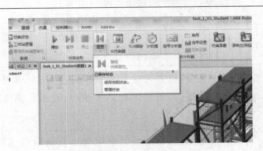	步骤 10:观察工作站运行情况,出现问题时单击"停止",然后单击"重置",在下拉菜单中选择"复位"(也可单击"停止"后按快捷键"Ctrl+Z",向后撤销一步)。
	步骤 11:修改程序中有问题的部分后再次对工作站进行仿真,直到工作站能顺利完成任务。

5) 程序数据说明

程序数据说明如下。

程序数据说明

序 号	名 称	存储类型	数据类型	内容说明
1	WObj1	PERS	wobjdata	工件坐标:以托盘的一个直角来创建工件坐标(当托盘重新定位后,只需重新定义工件坐标,不用重新示教目标点)

序 号	名 称	存储类型	数据类型	内 容 说 明
2	Tool_1	PERS	tooldata	工具坐标:以吸盘的中心点来创建的吸盘工具数据
3	Tool_2	PERS	tooldata	工具坐标:以气缸夹具的中心点来创建的气缸夹具工具数据(备用)
4	Tool_3	PERS	tooldata	工具坐标:以示教轨迹工具的中心点来创建的轨迹工具数据(备用)
5	pHome	CONST	robtarget	目标点:机器人原位点(这个目标点相对于周边设备来说比较安全,不会产生干涉)
6	pPick	CONST	robtarget	目标点:机器人拾取物料固定位置(物料由XY直角坐标机器人从立体仓储库中拾取并送到固定位置)
7	pPlacePosBase	CONST	robtarget	目标点:机器人放置物料基准点位置(根据放置物料基准点进行偏移计算后得到放置点的位置)
8	pPlacePos	PERS	robtarget	目标点:机器人放置物料位置(根据放置物料基准点进行偏移计算后的值)
9	jposHome	CONST	jointtarget	关节:机器人6个关节轴的度数,包含外部轴数据(当机器人有第7轴时,前提是需激活外部轴)
10	vLoadMax	CONST	speeddata	速度:机器工具上带载荷运行的最高速度,与速度 V100/V1000…一个意思
11	vLoadMin	CONST	speeddata	速度:机器工具上带载荷运行的最低速度,与速度 V100/V1000…一个意思
12	vEmptyMax	CONST	speeddata	速度:机器工具上空载运行的最高速度,与速度 V100/V1000…一个意思
13	vEmptyMin	CONST	speeddata	速度:机器工具上空载运行的最低速度,与速度 V100/V1000…一个意思
14	nCount	PERS	num	数字:搬运物料计数,用来计算放置点的位置
15	nXoffset	PERS	num	数字:以放置物料基准点为基础,向 X 方向偏移一个固定值
16	nYoffset	PERS	num	数字:以放置物料基准点为基础,向 Y 方向偏移一个固定值
17	bPickOK	VAR	bool	布尔量:用作判断条件。没有吸取物料时,bPickOK 的值是 False,这时可以去吸取物料;当物料吸取完成时,bPickOK 的值为 True,这时可放置物料

序 号	名 称	存 储 类 型	数 据 类 型	内 容 说 明
18	LoadFull	PERS	loaddata	载荷:当机器人吸盘吸取物料时,要加载物料的重量;当机器人放置完物料时,加载原有数据 load0(load0 的物料重量是 0)
19	F_take_A1	VAR	num	数字:用于示教器人机交互数据
20	F_take_A2	VAR	num	数字:用于示教器人机交互数据
21	F_take_A3	VAR	num	数字:用于示教器人机交互数据

6) 程序数据创建示例

(1) num 数据类型创建示例。

num 数据类型创建步骤如下。

	步骤 1:单击"ABB 菜单",选择"程序数据"。
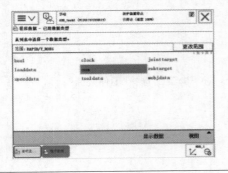	步骤 2:选择"num",单击"显示数据"(也可以直接双击"num"打开,如果没有看到要用的数据类型,可单击右下角"视图",选择"全部数据类型")。
	步骤 3:单击"新建"。

步骤4:根据程序需求输入内容,然后单击"确定",完成新建。

（2）工件数据类型创建示例。

工件数据类型创建步骤如下。

步骤1:单击"ABB 菜单",选择"手动操纵"。

步骤2:选择"工件坐标"。

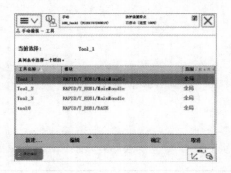

步骤3:单击"新建"（也可以参照 num 数据类型创建示例中的步骤,选择对应的数据类型,然后新建）。

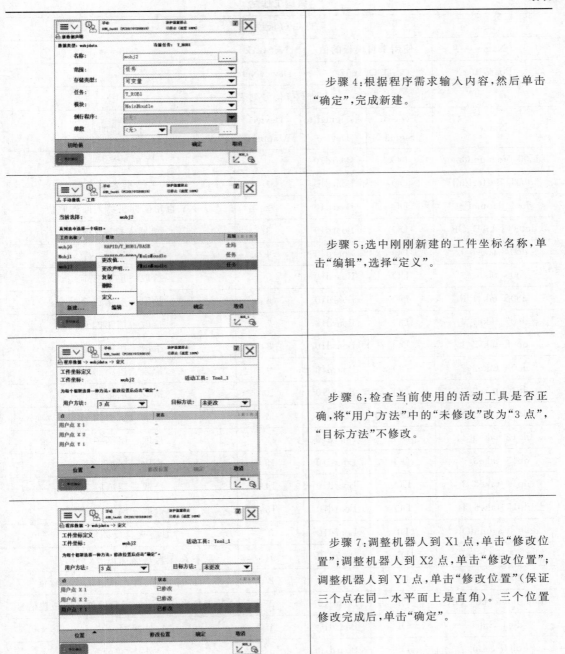

	步骤 4：根据程序需求输入内容，然后单击"确定"，完成新建。
	步骤 5：选中刚刚新建的工件坐标名称，单击"编辑"，选择"定义"。
	步骤 6：检查当前使用的活动工具是否正确，将"用户方法"中的"未修改"改为"3 点"，"目标方法"不修改。
	步骤 7：调整机器人到 X1 点，单击"修改位置"；调整机器人到 X2 点，单击"修改位置"；调整机器人到 Y1 点，单击"修改位置"（保证三个点在同一水平面上是直角）。三个位置修改完成后，单击"确定"。

（3）其他数据类型创建示例。

其他数据类型创建步骤可参考上述示例。

3. I/O 列表

I/O 列表如下。

搬运工作站

1. I/O 板说明

Name	使用来自模板的值	Network	Address
Board10	DSQC 652	DeviceNet	10

2. I/O 信号列表

Name	Type of Signal	Assigned to Device	Device Mapping	I/O 说明
do00_VacuumOpen	DO	Board10	0	打开真空夹具
do01_BufferFull	DO	Board10	1	托盘装置满载
do02_HomePos	DO	Board10	2	XY 直角坐标机器人回到原位
do03_TAKE_OK	DO	Board10	3	机器人拾取 OK
do04_take1_1	DO	Board10	4	拾取一层第一个
do05_take1_2	DO	Board10	5	拾取一层第二个
do06_take1_3	DO	Board10	6	拾取一层第三个
do07_take1_4	DO	Board10	7	拾取一层第四个
do08_take2_1	DO	Board10	8	拾取二层第一个
do09_take2_2	DO	Board10	9	拾取二层第二个
do10_take2_3	DO	Board10	10	拾取二层第三个
do11_take2_4	DO	Board10	11	拾取二层第四个
do12_take3_1	DO	Board10	12	拾取三层第一个
do13_take3_2	DO	Board10	13	拾取三层第二个
do14_take3_3	DO	Board10	14	拾取三层第三个
do15_take3_4	DO	Board10	15	拾取三层第四个
di00_VacuumOK	DI	Board10	0	真空夹具反馈信号
di01_GripOpenLS	DI	Board10	1	抓手夹具反馈信号（备用）
di02_TAKE_pos_OK	DI	Board10	2	XY 直角坐标机器人取料完成位置信号
di03_home_pos_OK	DI	Board10	3	XY 直角坐标机器人回到原位完成位置信号
di04_Start	DI	Board10	4	外接"开始"
di05_Stop	DI	Board10	5	外接"停止"
di06_StartAtMain	DI	Board10	6	外接"从主程序开始"
di07_EstopReset	DI	Board10	7	外接"急停复位"
di08_MotorOn	DI	Board10	8	外接"马达上电"
di09_Attacher_OK	DI	Board10	9	XY 直角坐标机器人夹手有料信号
di10_BufferReady	DI	Board10	10	暂存装置到位信号

di11_Free	DI	Board10	11	空
di12_Free	DI	Board10	12	空
di13_Free	DI	Board10	13	空
di14_Free	DI	Board10	14	空
di15_Free	DI	Board10	15	空

3. 系统输入输出关联配置表

Type of Signal	Signal Name	Action/Status	Argument
System Input	di04_Start	Start	Continuous
System Input	di05_Stop	Stop	—
System Input	di06_StartAtMain	Start at Main	Continuous
System Input	di07_EstopReset	Reset Emergency Stop	—
System Input	di08_MotorOn	Motors On	—

4. 信号网络

机器人输出			机器人输入		
ABB 工业机器人	PLC(Smart 组件)	备注	PLC(Smart 组件)	ABB 工业机器人	备注
do02_HomePos	di_TO_HOME		do_to_home_ok	di03_home_pos_OK	
do03_TAKE_OK	di_TAKE_OK		do_TAKE_POS_OK	di02_TAKE_pos_OK	
do04_take1_1	di_take1_1		do_att	di09_Attacher_OK	
do05_take1_2	di_take1_2		do_BufferReady	di10_BufferReady	
do06_take1_3	di_take1_3		do_VacuumOK	di00_VacuumOK	
do07_take1_4	di_take1_4		do_GripOpenLS	di01_GripOpenLS	备用
do08_take2_1	di_take2_1				
do09_take2_2	di_take2_2				
Do10_take2_3	di_take2_3				
Do11_take2_4	di_take2_4				
do12_take3_1	di_take3_1				
do13_take3_2	di_take3_2				
do14_take3_3	di_take3_3				
do15_take3_4	di_take3_4				

4. 程序说明

1）程序结构说明

程序结构说明如下。

程序结构说明

序 号	名 称	类 型	内 容	备 注
1	MainModule	MODULE	模块:用于存放各例行程序	一个程序中可以有多个模块
2	main	PROC	例行程序:主程序,是一个程序的开头	一个程序中只能有一个主程序
3	rInitialize	PROC	例行程序:初始化,用来复位整个程序中的初始运行环境,包括信号、数据和回到原位	一般用 WHILE 指令来隔开,保证初始化程序只在程序开始时运行一次
4	rCheckHomePos	PROC	例行程序:机器人检测原位点,根据情况回到原位点	检测到机器人在原位,就不用回原位;机器人不在原位,则回原位
5	rPickPanel	PROC	例行程序:机器人从固定位置拾取物料的程序	机器人从固定位置拾取物料(由 XY 直角坐标机器人从立体仓储库中搬运物料到固定位置)
6	rXY_Take	PROC	例行程序:XY 直角坐标机器人从立体仓储库中选择对应的物料并搬运到固定位置	由机器人发送对应信号给 XY 直角坐标机器人,然后由 XY 直角坐标机器人从立体仓储库中搬运物料到固定位置
7	rPlace	PROC	例行程序:机器人搬运物料后的物料放置程序	机器人从固定位置拾取物料并将物料放置到指定托盘中
8	rCalculatePos	PROC	例行程序:计算机器人放置物料的位置	利用机器人的计数功能,结合放置物料基准点的偏移数据来计算放置点
9	rModPos	PROC	例行程序:示教机器人目标点程序	把要示教的目标点放置在一个例行程序中,方便调试时调用
10	rMoveAbsj	PROC	例行程序:机器人各关节轴回零位程序	在需要时进行调用
11	CurrentPos	FUNC	功能程序:机器人在检测原位时会调用此功能程序	这里写入的是 pHome,将当前机器人的位置与 pHome 点进行比较,若在 Home 点,则此布尔量为 True;若不在 Home 点,则此布尔量为 False

2) 程序示例

```
MODULE MainModule
!主程序模块 MainModule
TASK PERS wobjdata WObj1:=[FALSE,TRUE,"",[[1117.68,-488.59,661],[1,0,0,
```

```
-0.000826086]],[[0,0,0],[1,0,0,0]]];
```
!定义托盘工件坐标系
```
        PERS tooldata Tool_1:=[TRUE,[[32.999,-189.054,15],[0.707107,0.707095,
0.00406028,0]],[1,[0,150,0],[1,0,0,0],0,0,0]];
    PERS tooldata Tool_2:=[TRUE,[[59.081,0.956,141.983],[0.507822,-0.510639,0.48913,
-0.492054]],[1,[0,150,0],[1,0,0,0],0,0,0]];
    PERS tooldata Tool_3:=[TRUE,[[31.093,143.291,15],[0.707107,-0.707095,
-0.00405452,0]],[1,[0,150,0],[1,0,0,0],0,0,0]];
```
!定义工具坐标系数据 tool_1,tool_2,tool_3
```
        CONST robtarget pHome:=[[546.53,-201.99,1157.94],[5.3837E-07,0.999769,
0.0214879,-9.6058E-08],[-1,-1,1,0],[9E+09,9E+09,9E+09,9E+09,9E+09,9E+09]];
    CONST robtarget pPick:= [[- 92. 761128411, 595. 438354965, 344. 396631731], [0. 000000262,
0.999751014,0.022313916,-0.000000622],[0,-2,1,0],[9E+09,9E+09,9E+09,9E+09,9E+09,9E+09]];
    CONST robtarget pPlacePosBase:=[[57.0017,35.9987,195],[-1.99E-07,0.999751,
0.0223149,-1.812E-06],[-1,-2,2,0],[9E+09,9E+09,9E+09,9E+09,9E+09,9E+09]];
```
!需要示教的目标点数据:抓取点 pPick、原位点 pHome、放置基准点 pPlaceBase
```
PERS robtarget pPlacePos;
```
!放置目标点,类型为 PERS(可变量),在程序中被赋予不同的数值,用以实现多点位放置
```
CONST jointtarget jposHome:=[[0,0,0,0,0,0],[9E+09,9E+09,9E+09,9E+09,9E+09,9E+09]];
```
!关节目标点数据,各关节轴度数为 0,即机器人回到各关节轴机械刻度零位
```
CONST speeddata vLoadMax:=[3000,300,5000,1000];
CONST speeddata vLoadMin:=[500,200,5000,1000];
CONST speeddata vEmptyMax:=[5000,500,5000,1000];
CONST speeddata vEmptyMin:=[1000,200,5000,1000];
```
!速度数据,根据实际需求定义多种速度数据,以便于控制机器人各动作的速度
```
        PERS num nCount:=1;
```
!数字型变量 nCount,此数据用于搬运物料计数,根据此数据的数值赋予放置目标点 pPlacePos 不同的位置数据,以实现多点位放置
```
        PERS num nXoffset:=-84;
        PERS num nYoffset:=69;
```
!数字型变量,用作放置位置偏移数值,即搬运物料摆放位置之间在 X、Y 轴方向的单个间隔距离
```
VAR bool bPickOK:=False;
```
!布尔量,当拾取动作完成后将其置为 True,放置完成后将其置为 False,以作逻辑控制之用
```
TASK PERS loaddata LoadFull:=[0.5,[0,0,3],[1,0,0,0],0,0,0];
```
!定义有效载荷数据 LoadFull
```
        VAR num F_take_A1:=0;
        VAR num F_take_A2:=0;
        VAR num F_take_A3:=0;
```
!定义有示教器人机交互时用的数据
```
        PROC main()
```
!主程序 Main
```
        rInitialize;
```
!调用初始化程序 rInitialize
```
        WHILE TRUE DO
```

!利用 WHILE(死循环)循环将初始化程序隔开

    rPickPanel;

!调用拾取程序 rPickPanel

    rPlace;

!调用放置程序 rPlace

    WaitTime 0.3;

!循环等待时间,防止在不满足机器人动作的情况下程序扫描过快而造成 CPU 过负荷

    ENDWHILE

!死循环运行完成

    ENDPROC

!当前例行程序运行完成

    PROC rInitialize()

!初始化程序

    rCheckHomePos;

!机器人位置初始化,调用检测是否在 Home(原位)位置点程序,检测当前机器人的位置是否在 Home 点。若在 Home 点的话,则继续执行之后的初始化相关指令;若不在 Home 点,则先返回至 Home 点

    Reset do02_HomePos;

!复位 XY 直角坐标机器人原位信号

  nCount:=1;

!计数初始化,将用于搬运物料的计数数值设置为 1,即从放置的第一个位置开始摆放

    Reset do00_VacuumOpen;

!信号初始化,复位真空信号,关闭真空

    PulseDO\PLength:=0.5,do02_HomePos;

!脉冲信号,输出 XY 直角坐标机器人原位信号 0.5 秒

    bPickOK:=False;

!布尔量初始化,将拾取布尔量置为 False

    ENDPROC

!当前例行程序运行完成

    PROC rPickPanel()

!拾取物料程序

    rXY_Take;

!选择 XY 直角坐标机器人在立体仓储库中搬运第几个物料程序

    IF bPickOK=False THEN

!判断,当拾取布尔量 bPickOK 为 False 时,执行 IF 条件下的拾取动作指令,否则执行 ELSE 中出错处理指令,因为当机器人拾取物料时,需保证其真空夹具上没有物料

    WaitDI di02_TAKE_pos_OK,1;

!等待 XY 直角坐标机器人从立体仓储库中搬运物料到位信号 di02_TAKE_pos_OK 变为 1,即物料已到位

    MoveJ offs(pPick,0,0,100),vEmptyMax,z20,tool_1\WObj:=wobj1;

!利用 MoveJ 指令将 XY 直角坐标机器人移至拾取位置 pPick 点正上方 Z 轴正方向 100 mm 处

    MoveL pPick,vEmptyMin,fine,tool_1\WObj:=wobj1;

!物料到位后,利用 MoveL 指令将机器人移至拾取位置 pPick 点

    Set do00_VacuumOpen;

!将真空信号置为 1,控制真空吸盘产生真空,将物料从 XY 直角坐标机器人夹具中拾取

```
        WaitTime 0.3;
```
!等待时间 0.3 秒
```
        Set do03_TAKE_OK;
```
!机器人告诉 XY 直角坐标机器人物料已拾取,这时候 XY 直角坐标机器人松开夹手
```
        WaitTime 1;
```
!等待时间 1 秒
```
        WaitDI di00_VacuumOK,1;
```
!等待真空反馈信号为 1,即真空夹具产生的真空度达到需求后才认为已将物料完全拾取。若真空夹具上没有真空反馈信号,则可以使用固定等待时间,如 Waittime 0.3
```
        Reset do03_TAKE_OK;
```
!机器人拾取完成后,复位 Reset do03_TAKE_OK 信号
```
        bPickOK:=TRUE;
```
!真空建立后,将拾取的布尔量置为 TRUE,表示机器人夹具上已拾取一个物料,以便在放置程序中判断夹具的当前状态
```
        GripLoad LoadFull;
```
!加载载荷数据 LoadFull
```
        MoveL offs(pPick,0,0,100),vLoadMin,z10,tool_1\WObj:=wobj1;
```
!利用 MoveL 指令将机器人移至拾取位置 pPick 点正上方 100 mm 处
```
        ELSE
```
!如果在拾取之前拾取布尔量已经为 TRUE,则表示夹具上已有物料,此种情况下机器人不能再去拾取另一个物料
```
        TPERASE;
```
!清空操作窗口的写屏信息
```
        TPWRITE "Cycle Restart Error";
        TPWRITE "Cycle can't start with SolarPanel on Gripper";
        TPWRITE "Please check the Gripper and then press the start button";
```
!此时通过写屏指令描述当前错误状态,并提示操作员检查当前夹具状态,排除错误状态后再开始下一个循环。同时利用 Stop 指令停止运行程序
```
        stop;
```
!利用 Stop 指令停止运行程序
```
        ENDIF
```
!结束当前判断程序
```
        ENDPROC
```
!当前例行程序运行完成
```
        PROC rPlace()
```
!放置程序
```
        IF bPickOK=TRUE THEN
```
!判断,当拾取布尔量 bPickOK 为 TRUE 时,执行 IF 条件下的放置动作指令
```
        rCalculatePos;
```
!调用计算放置位置点程序。此程序会通过判断当前计数 nCount 的值,从而对放置点 pPlacePos 赋予不同的放置位置点数据
```
        WaitDI di10_BufferReady,1;
```
!等待暂存盒准备完成信号 di10_BufferReady 变为 1
```
        MoveJ Offs(pPlacePos,0,0,100),vLoadMax,z50,tool_1\WObj:=wobj1;
```

!利用 MoveJ 指令将机器人移至放置位置 pPlacePos 点正上方 100 mm 处

 MoveL Offs(pPlacePos,0,0,0),vLoadMin,fine,tool_1\WObj:=wobj1;

!利用 MoveL 指令将机器人移至放置位置 pPlacePos 处

 Reset do00_VacuumOpen;

!复位真空信号,控制真空夹具关闭真空,将物料放下

 WaitTime 0.3;

!等待 0.3 秒,以防止刚放置的物料被剩余的真空带起

 WaitDI di00_VacuumOK,0;

!等待真空反馈信号变为 0

 GripLoad load0;

!加载载荷数据 load0

 bPickOK:=FALSE;

!此时真空夹具已将物料放下,需要将拾取布尔量置为 FALSE,以便在下一个循环的拾取程序中判断夹具的当前状态

 MoveL Offs(pPlacePos,0,0,100),vEmptyMin,z10,tool_1\WObj:=wobj1;

!利用 MoveL 指令将机器人移至放置位置 pPlacePos 点正上方 100 mm 处

 MoveL pHome,v1000,fine,tool_1;

!机器人移至 Home 点,防止 XY 直角坐标机器人与机器人干涉

 PulseDO\PLength:=0.2,do02_HomePos;

!脉冲信号,输出 XY 直角坐标机器人原位信号 0.5 秒

 WaitDI di02_TAKE_pos_OK,0;

!等待 XY 直角坐标机器人从立体仓储库中搬运物料到位信号 di02_TAKE_pos_OK 变为 0,即 XY 直角坐标机器人又去立体仓储库中拾取其他的物料,这时机器人可继续往下执行程序,否则机器人一直等待

 nCount:=nCount+1;

!物料计数 nCount 加 1,通过累积 nCount 的数值,在计算放置位置的程序 rCalculatePos 中赋予放置位置 pPlacePos 点的位置数据

IF nCount>6 THEN

!判断计数 nCount 是否大于 6,此处演示的状况是放置 6 个物料即表示已满载,需要更换托盘以及进行其他的复位操作,如发出计数 nCount 满载信号等

 nCount:=1;

!计数复位,将 nCount 赋值 1

 set do01_BufferFull;

!满载的托盘被取走后,复位托盘装置满载信号

 MoveJ pHome,v100,fine,tool_1;

!机器人移至 Home 点,此处可根据实际情况来设置机器人的动作,例如若是多工位放置,那么机器人可继续去其他的放置工位进行物料的放置任务

 WaitDI di10_BufferReady,0;

!等待托盘装置到位信号变为 0,即满载的托盘装置已被取走

 reset do01_BufferFull;

!满载的托盘装置被取走后,复位托盘装置满载信号

 ENDIF

!结束当前判断程序

 ENDIF

!结束当前判断程序

```
    ENDPROC
```
!当前例行程序运行完成
```
    PROC rCheckHomePos()
```
!检测是否在 Home 点程序
```
    VAR robtarget pActualPos;
```
!定义一个目标点数据 pActualPos
```
    IF NOT CurrentPos(pHome,tool_1) THEN
```
!调用功能程序 CurrentPos,此为一个布尔量型的功能程序,括号里面的参数分别指的是所要比较的目标点以及使用的工具数据

!这里写入的是 pHome,是将当前机器人的位置与 pHome 点进行比较,若在 Home 点,则此布尔量为 True;若不在 Home 点,则此布尔量为 False。

!在此功能程序的前面加上一个 NOT,则表示当机器人不在 Home 点时才会执行 IF 判断中机器人返回 Home 点的动作指令
```
    pActualpos:=CRobT(\Tool:=tool_1\WObj:=wobj0);
```
!利用 CRobT 功能读取当前机器人目标位置并赋值给目标点数据 pActualpos
```
    pActualpos.trans.z:=pHome.trans.z;
```
!将 pHome 点的 Z 值赋给 pActualpos 点的 Z 值
```
    MoveL pActualpos,v100,z10,tool_1;
```
!移至已被赋值的 pActualpos 点
```
    MoveL pHome,v100,fine,tool_1;
```
!移至 pHome 点,上述指令的目的是先将机器人提升至与 pHome 点一样的高度,然后平移至 pHome 点,这样可以简单地规划一条安全回到 Home 点的轨迹
```
    ENDIF
```
!结束当前判断程序
```
    ENDPROC
```
!当前例行程序运行完成
```
    PROC rModPos()
```
!示教目标点程序
```
    MoveL pHome,v1000,z100,Tool_1;
```
!示教原位点 pHome,在工件坐标系 Wobj0 下
```
    MoveJ pPick,v1000,z100,Tool_1\WObj:=wobj1;
```
!示教拾取点 pPick,在工件坐标系 Wobj1 下
```
    MoveJ pPlacePosBase,v1000,z100,Tool_1\WObj:=wobj1;
```
!示教放置基准点 pPlacePosBase,在工件坐标系 wobj1 下
```
    ENDPROC
```
!当前例行程序运行完成
```
    PROC rMoveAbsj()
```
!机器人各关节轴回到零位程序
```
    MoveAbsJ jposHome\NoEOffs,v100,fine,tool_1\WObj:=wobj0;
```
!利用 MoveAbsj 指令将机器人各关节轴移至零位位置
```
    ENDPROC
```
!当前例行程序运行完成
```
    PROC rCalculatePos()
```
!计算位置子程序,检测当前计数 nCount 的数值,以 pPlacePosBase 为基准点,利用 Offs 指令在坐

标系 wobj1 中沿着 X、Y、Z 轴方向偏移相应的数值

```
        TEST nCount
```
!检测 nCount 中的条件
```
    CASE 1:
```
!若 nCount 为 1,pPlacePosBase 点就是第一个放置位置
```
    pPlacePos:=offs(pPlacePosBase,0,0,0);
```
!以点 pPlacePosBase 为基准,在 X、Y、Z 轴方向偏移了 0 后赋值给放置点 pPlacePos,也可以写成
pPlacePos:=pPlacePosBase
```
    CASE 2:
```
!若 nCount 为 2,pPlacePosBase 点就是第二个放置位置
```
        pPlacePos:=offs(pPlacePosBase,nXoffset,0,0);
```
!以点 pPlacePosBase 为基准,在 X 轴正方向偏移了一个物料间隔后赋值给放置点 pPlacePos
```
    CASE 3:
```
!若 nCount 为 3,pPlacePosBase 点就是第三个放置位置
```
        pPlacePos:=offs(pPlacePosBase,0,nYoffset,0);
```
!以点 pPlacePosBase 为基准,在 Y 轴正方向偏移了一个物料间隔后赋值给放置点 pPlacePos
```
    CASE 4:
```
!若 nCount 为 4,pPlacePosBase 点就是第四个放置位置
```
        pPlacePos:=offs(pPlacePosBase,nXoffset,nYoffset,0);
```
!以点 pPlacePosBase 为基准,在 X、Y 轴正方向各偏移了一个物料间隔后赋值给放置点 pPlacePos
```
    CASE 5:
```
!若 nCount 为 5,pPlacePosBase 点就是第五个放置位置
```
        pPlacePos:=offs(pPlacePosBase,0,nYoffset* 2,0);
```
!以点 pPlacePosBase 为基准,在 Y 轴正方向偏移了两个物料间隔后赋值给放置点 pPlacePos
```
    CASE 6:
```
!若 nCount 为 6,pPlacePosBase 点就是第六个放置位置
```
        pPlacePos:=offs(pPlacePosBase,nXoffset,nYoffset* 2,0);
```
!以点 pPlacePosBase 为基准,在 X 轴正方向偏移了一个物料间隔、在 Y 轴正方向偏移了两个物料间隔后赋值给放置点 pPlacePos
```
    DEFAULT:
```
!若检测 nCount 数值不为 Case 中所列的数值,则视为计数出错,执行 DEFAULT 里面的程序
```
    TPERASE;
```
!清空操作窗口的写屏信息
```
    TPWRITE "The CountNumber is error,please check it!";
```
!写屏提示错误信息
```
    STOP;
```
!利用 Stop 指令停止程序循环
```
    ENDTEST
```
!结束检测 nCount 数值
```
    ENDPROC
```
!当前例行程序运行完成
```
    FUNC bool CurrentPos(robtarget ComparePos,INOUT tooldata TCP)
```
!检测目标点功能程序,带有两个参数,比较目标点和所使用的工具数据
```
    VAR num Counter:=0;
```

!定义数字型数据 Counter

```
    VAR robtarget ActualPos;
```

!定义目标点数据 ActualPos

```
    ActualPos:=CRobT(\Tool:=tool_1\WObj:=wobj0);
```

!利用 CRobT 功能读取当前机器人的目标位置并赋值给 ActualPos

```
    IF ActualPos.trans.x>ComparePos.trans.x-25 AND ActualPos.trans.x<ComparePos.
trans.x+25 Counter:=Counter+1;
    IF ActualPos.trans.y>ComparePos.trans.y-25 AND ActualPos.trans.y<ComparePos.
trans.y+25 Counter:=Counter+1;
    IF ActualPos.trans.z>ComparePos.trans.z-25 AND ActualPos.trans.z<ComparePos.
trans.z+25 Counter:=Counter+1;
    IF ActualPos.rot.q1>ComparePos.rot.q1-0.1 AND ActualPos.rot.q1<ComparePos.rot.q1+
0.1 Counter:=Counter+1;
    IF ActualPos.rot.q2>ComparePos.rot.q2-0.1 AND ActualPos.rot.q2<ComparePos.rot.q2+
0.1 Counter:=Counter+1;
    IF ActualPos.rot.q3>ComparePos.rot.q3-0.1 AND ActualPos.rot.q3<ComparePos.rot.q3+
0.1 Counter:=Counter+1;
    IF ActualPos.rot.q4>ComparePos.rot.q4-0.1 AND ActualPos.rot.q4<ComparePos.rot.q4+
0.1 Counter:=Counter+1;
```

!将当前机器人所在的目标位置数据与给定的目标点位置数据进行比较,共七项数值,分别是 X、Y、Z 轴坐标值,以及工具姿态数据 q1、q2、q3、q4 里面的偏差值,如 X、Y、Z 轴坐标偏差值可根据实际情况进行调整。每项比较结果成立,则计数 Counter 加 1,七项全部满足的话,则 Counter 数值为 7

```
    RETURN Counter=7;
```

!返回判断式结果,若 Counter 为 7,则返回 TRUE,若不为 7,则返回 FALSE

```
    ENDFUNC
```

!当前功能程序运行完成

```
    PROC rXY_Take()
```

!选择 XY 直角坐标机器人拾取立体仓储库中的物料

```
    A1:
```

!跳转标签 A1

```
    IF di03_home_pos_OK=1 THEN
```

!判断,当 XY 直角坐标机器人原位信号为 1 时,执行 IF 条件下的 XY 直角坐标机器人到立体仓储库中拾取对应物料的程序

```
    TAKE_A1:
```

!跳转标签 TAKE_A1

```
    TPReadFK F_take_A1,"Please click the button above the screen!","take1_1",
"take1_2","take1_3","take1_4","next page";
```

!人机交互窗口,根据示教器操作窗口提示信息来拾取立体仓储库中对应的物料(分别为第一层第一个、第一层第二个、第一层第三个、第一层第四个,下一页选择其他层次物料的人机交互窗口)

!人机交互窗口,当单击示教器上的"take1_1"时,F_take_A1 的值为 1,当单击"take1_3"时,F_take_A1 的值为 3,其他以此类推,五个选择的对应值为 1~5

```
    TEST F_take_A1
```

!检测 F_take_A1 中的条件

```
    CASE 1:
```

!若 F_take_A1 为 1,则 XY 直角坐标机器人去立体仓储库中拾取第一层第一个物料

    PulseDO\PLength:=0.2,do04_take1_1;

!脉冲输出 do04_take1_1 信号 0.2 秒,通知 XY 直角坐标机器人去立体仓储库中拾取第一层第一个物料

    TPWrite "Pick up the first material in the first layer!";

!此时通过写屏指令描述当前选择的状态

    CASE 2:

!若 F_take_A1 为 2,则 XY 直角坐标机器人去立体仓储库中拾取第一层第二个物料

    PulseDO\PLength:=0.2,do05_take1_2;

!脉冲输出 do05_take1_2 信号 0.2 秒,通知 XY 直角坐标机器人去立体仓储库中拾取第一层第二个物料

    TPWrite "Pick up the second material in the first layer!";

!此时通过写屏指令描述当前选择的状态

    CASE 3:

!若 F_take_A1 为 3,则 XY 直角坐标机器人去立体仓储库中拾取第一层第三个物料

    PulseDO\PLength:=0.2,do06_take1_3;

!脉冲输出 do06_take1_3 信号 0.2 秒,通知 XY 直角坐标机器人去立体仓储库中拾取第一层第三个物料

    TPWrite "Pick up the third item in the first layer!";

!此时通过写屏指令描述当前选择的状态

    CASE 4:

!若 F_take_A1 为 4,则 XY 直角坐标机器人去立体仓储库中拾取第一层第四个物料

    PulseDO\PLength:=0.2,do07_take1_4;

!脉冲输出 do07_take1_4 信号 0.2 秒,通知 XY 直角坐标机器人去立体仓储库中拾取第一层第四个物料

    TPWrite "Pick up the fourth item in the first layer!";

!此时通过写屏指令描述当前选择的状态

    CASE 5:

!若 F_take_A1 为 5,在示教器上显示进行其他层物料的选择的人机交互窗口

    TPWrite "Pick up the actual material please click on the next page!";

!此时通过写屏指令描述当前选择的状态

    TPReadFK F_take_A2,"Please click the button above the screen!","take2_1", "take2_2","take2_3","take2_4","next page";

!人机交互窗口,根据示教器操作窗口提示信息来拾取立体仓储库中的对应物料(分别为第二层第一个、第二层第二个、第二层第三个、第二层第四个,下一页选择其他层物料的人机交互窗口)

!人机交互窗口,当单击示教器上的"take2_1"时,F_take_A2 的值为 1,当单击"take2_3"时,F_take_A2 的值为 3,其他以此类推,五个选择的对应值为 1~5

    TEST F_take_A2

!检测 F_take_A2 中的条件

    CASE 1:

!若 F_take_A2 为 1,则 XY 直角坐标机器人去立体仓储库中拾取第二层第一个物料

    PulseDO\PLength:=0.2,do08_take2_1;

!脉冲输出 do08_take2_1 信号 0.2 秒,通知 XY 直角坐标机器人去立体仓储库中拾取第二层第一个物料

```
        TPWrite "Pick up the first item on the second floor!";
```
!此时通过写屏指令描述当前选择的状态
```
    CASE 2:
```
!若 F_take_A2 为 2,则 XY 直角坐标机器人去立体仓储库中拾取第二层第二个物料
```
        PulseDO\PLength:=0.2,do09_take2_2;
```
!脉冲输出 do09_take2_2 信号 0.2 秒,通知 XY 直角坐标机器人去立体仓储库中拾取第二层第二个物料
```
        TPWrite "Pick up the second material in the second layer!";
```
!此时通过写屏指令描述当前选择的状态
```
    CASE 3:
```
!若 F_take_A2 为 3,则 XY 直角坐标机器人去立体仓储库中拾取第二层第三个物料
```
        PulseDO\PLength:=0.2,do10_take2_3;
```
!脉冲输出 do10_take2_3 信号 0.2 秒,通知 XY 直角坐标机器人去立体仓储库中拾取第二层第三个物料
```
        TPWrite "Pick up the third item on the second floor!";
```
!此时通过写屏指令描述当前选择的状态
```
    CASE 4:
```
!若 F_take_A2 为 4,则 XY 直角坐标机器人去立体仓储库中拾取第二层第四个物料
```
        PulseDO\PLength:=0.2,do11_take2_4;
```
!脉冲输出 do11_take2_4 信号 0.2 秒,通知 XY 直角坐标机器人去立体仓储库中拾取第二层第四个物料
```
        TPWrite "Pick up the fourth item on the second floor!";
```
!此时通过写屏指令描述当前选择的状态
```
    CASE 5:
```
!若 F_take_A2 为 5,在示教器上显示进行其他层物料的选择的人机交互窗口
```
        TPWrite "Pick up the actual material please click on the next page!";
```
!此时通过写屏指令描述当前选择的状态
```
        TPReadFK F_take_A3,"Please click the button above the screen!","take3_1",
"take3_2","take3_3","take3_4","next page";
```
!人机交互窗口,根据示教器操作窗口提示信息来拾取立体仓储库中的对应物料(分别为第三层第一个、第三层第二个、第三层第三个、第三层第四个,下一页选择其他层物料的人机交互窗口)

!人机交互窗口,当单击示教器上的"take3_1"时,F_take_A3 的值为 1,当单击"take3_3"时,F_take_A3 的值为 3,其他以此类推,五个选择的对应值为 1~5
```
        TEST F_take_A3
```
!检测 F_take_A3 中的条件
```
    CASE 1:
```
!若 F_take_A3 为 1,则 XY 直角坐标机器人去立体仓储库中拾取第三层第一个物料
```
        PulseDO\PLength:=0.2,do12_take3_1;
```
!脉冲输出 do12_take3_1 信号 0.2 秒,通知 XY 直角坐标机器人去立体仓储库中拾取第三层第一个物料
```
        TPWrite "Pick up the first item on the third level!";
```
!此时通过写屏指令描述当前选择的状态
```
    CASE 2:
```
!若 F_take_A3 为 2,则 XY 直角坐标机器人去立体仓储库中拾取第三层第二个物料

```
        PulseDO\PLength:=0.2,do13_take3_2;
```
!脉冲输出 do13_take3_2 信号 0.2 秒,通知 XY 直角坐标机器人去立体仓储库中拾取第三层第二个物料

```
        TPWrite "Pick up the second material in the third layer!";
```
!此时通过写屏指令描述当前选择的状态

```
    CASE 3:
```
!若 F_take_A3 为 3,则 XY 直角坐标机器人去立体仓储库中拾取第三层第三个物料

```
        PulseDO\PLength:=0.2,do14_take3_3;
```
!脉冲输出 do14_take3_3 信号 0.2 秒,通知 XY 直角坐标机器人去立体仓储库中拾取第三层第三个物料

```
        TPWrite "Pick up the third material in the third layer!";
```
!此时通过写屏指令描述当前选择的状态

```
    CASE 4:
```
!若 F_take_A3 为 4,则 XY 直角坐标机器人去立体仓储库中拾取第三层第四个物料

```
        PulseDO\PLength:=0.2,do15_take3_4;
```
!脉冲输出 do15_take3_4 信号 0.2 秒,通知 XY 直角坐标机器人去立体仓储库中拾取第三层第四个物料

```
        TPWrite "Pick up the fourth material in the third layer!";
```
!此时通过写屏指令描述当前选择的状态

```
    CASE 5:
```
!若 F_take_A3 为 5,在示教器上显示进行其他层物料的选择的人机交互窗口

```
        TPWrite "Pick up the actual material please click on the next page!";
```
!此时通过写屏指令描述当前选择的状态

```
        GOTO TAKE_A1;
```
!程序跳转,跳转标签 TAKE_A1 开始往下执行程序

```
        ENDTEST
```
!结束检测 F_take_A3 数值

```
        ENDTEST
```
!结束检测 F_take_A2 数值

```
        ENDTEST
```
!结束检测 F_take_A1 数值

```
    ENDIF
```
!结束当前判断程序

```
    IF di03_home_pos_OK=0 THEN
```
!判断,当 XY 直角坐标机器人原位信号为 0 时,执行 IF 条件下脉冲输出 do02_HomePos 信号 0.2 秒,XY 直角坐标机器人回到原位信号

```
        PulseDO\PLength:=0.5,do02_HomePos;
```
!脉冲输出 do02_HomePos 信号 0.2 秒,通知 XY 直角坐标机器人回到原位

```
        GOTO A1;
```
!程序跳转,跳转标签 A1 开始往下执行程序(若 XY 直角坐标机器人不在原位,则机器人程序一直在这跳转)

```
    ENDIF
```
!结束当前判断程序

```
    ENDPROC
```

```
! 当前例行程序运行完成
  ENDMODULE
```
! 当前模块运行完成

3）点位调试示意图

（1）放置基准点 pPlacePosBase 如图 8-4 所示。

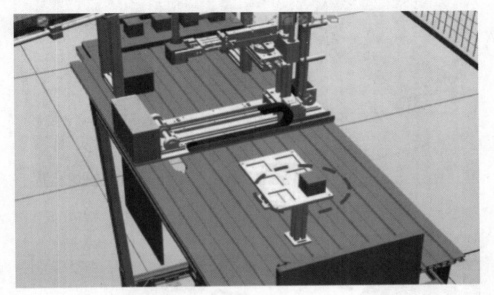

图 8-4　放置基准点 pPlacePosBase

（2）拾取点 pPick 如图 8-5 所示。

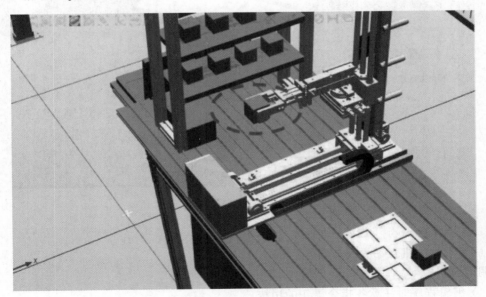

图 8-5　拾取点 pPick

（3）机器人原位点 pHome 如图 8-6 所示。

图 8-6　机器人原位点 pHome

（4）工件坐标 wobj1 如图 8-7 所示。

图 8-7　工件坐标 wobj1

（5）工具坐标 tool_1 如图 8-8 所示。

（6）示教器人机互动界面如图 8-9 所示。

调试说明

（1）编辑程序时注意各指令语句的用法；

（2）调试时注意各定位的准确性；

（3）注意工件坐标与工具坐标的准确性；

（4）调试时打开示教器,用示教器上的摇杆来示教目标点；

图 8-8　工具坐标 tool_1

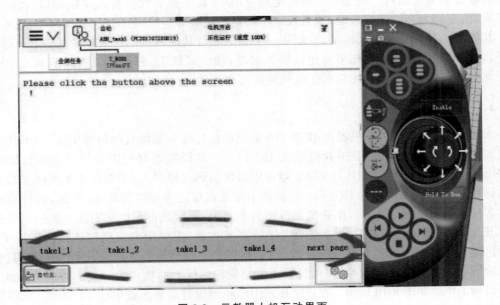

图 8-9　示教器人机互动界面

(5) 调试完成后不要关闭示教器界面(有人机交互窗口操作);

(6) 找到仿真软件中的"同步"并单击,选择"同步到工作站",等待同步完成;

(7) 找到仿真软件中的"仿真"并单击,开始仿真;

(8) 观察此时的运行状态。

【任务实施】

➢ 调试工业机器人物料搬运程序。

◀ 任务 8-2　工业机器人码垛工艺程序调试 ▶

【任务学习】

➤ 掌握工业机器人码垛工艺程序调试过程。

码垛机器人是从事码垛的,将已装入容器的物体按一定排列码放在托盘、栈板(木质、塑胶)上,进行自动堆码,可堆码多层,然后推出,便于叉车运至仓库储存。码垛机器人可以集成在任何生产线中,使生产现场实现智能化、机器人化、网络化,可以实现饮料和食品行业多种多样的作业的码垛物流,广泛应用于纸箱、塑料箱、产品瓶类、袋类、桶装、膜包装产品及灌装产品等。码垛机器人可以配套于三合一灌装线等,对各类瓶、罐、箱包装进行码垛。码垛机器人自动运行分为自动进箱、转箱、分排、成堆、移堆、提堆、进托、下堆、出垛等步骤。

在采用码垛机器人的时候,需要考虑一个重要的问题,就是码垛机器人怎样抓住一个产品。真空抓手是最常见的机械臂臂端工具。相对来说,它们价格便宜,易于操作,而且能够有效装载大部分负载物。但是在一些特定的应用中,真空抓手也会遇到问题,例如表面多孔的基质,内容物为液体的软包装,或者表面不平整的包装等。

其他的工具包括翻盖式抓手,它能将一个袋子或者其他形式的包装的两边夹住;叉子式抓手,它通过插入包装的底部来将包装提升起来;袋子式抓手,它是翻盖式抓手和叉子式抓手的混合体,它的叉子部分能包裹住包装的底部和两边。

1. 任务描述

本任务利用 ABB 工业机器人 IRB1410 来完成输送线末端物料的码垛工作。(本任务基于实训室环境选用的是 ABB 工业机器人 IRB1410。本任务也可利用专用的 4 轴码垛机器人 IRB 460。码垛机器人 IRB 460 是全球速度最快的码垛机器人,主要用于生产线末端进行高速码垛作业。码垛机器人 IRB 460 的操作节拍最高可达每小时循环 2190 次,运行速度比同类常规机器人提升了 15%,作业覆盖范围为 2.4 米,同时其占地面积则比一般码垛机器人节省五分之一,更适用于在狭小的空间内进行高速作业,主要用来完成包装箱的码垛工作。码垛机器人将产品从输送线的末端拾取,然后按照预定程序执行,左、右垛板分别码垛。)利用双输送线将物料输送到末端,再由机器人将对应输送线上的物料拾取放到对应的垛盘上。

码垛工作站如图 8-10 所示。在该工作站中已经预设搬运动作效果与 I/O 配置,只需要在此工作站中依次完成程序数据创建、目标点示教、程序编写及调试,即可完成整个码垛工作。

码垛是机器人应用的重要领域,服务于化工、建材、饮料、食品等行业生产线物料、货物的堆放等。除 IRB 460 外,ABB 公司还推出了用于整层码垛的机器人 IRB 760,以及全系列的专用码垛夹具和人性化编程软件,大幅度提高了码垛应用的编程效率,使物料码垛更为准确、高效。

2. 工艺介绍

1) 布局图

根据已知信息,对占地面积及工艺流程的流畅性和可行性进行分析,作出比较合理的布局方式,如图 8-11 所示。

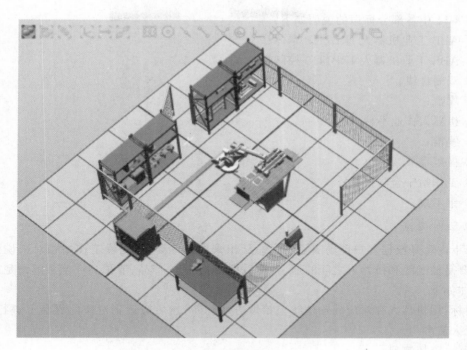

图 8-10 码垛工作站

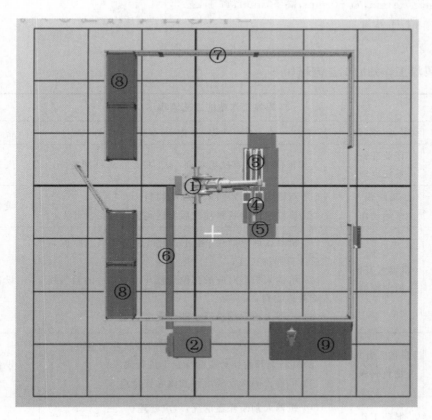

图 8-11 码垛工作站布局图

图 8-11 中各部分标识的说明如下：

① ABB 工业机器人 IRB1410 本体；

② ABB 工业机器人 IRB1410 控制柜；

③ 双输送线；

④ 垛盘；

⑤ 机器人作业平台（配盘桌）；

⑥ 线槽；

⑦ 模组存放架；

⑧ 工作站安全防护栏；

⑨ 钳工桌。

2）设计要点

以下内容是根据客户现场实际情况总结出来的设计要点，码垛工作站相对来说比较简单，主要是输送线和机器人之间的通信，然后把相关工艺、产品、节拍和环境了解清楚就可以了，具体如下。

目标：用机器人在对应的输送线上拾取方块物料，然后搬运到对应的垛盘上进行码垛，全程无人员参与。

产品：方块物料。

规格：长 75 mm，宽 50 mm，高 50 mm，重 1 kg。

码垛节拍：平均 6.5 s/件。

3）工艺流程

（1）码垛工作站的工艺流程如下。

码垛工作站的工艺流程

步　　骤	作业名称	作业内容	备　　注
第 1 步	作业准备 系统启动	工作前的准备（首次启动前，人工将运行条件准备好）	人工作业
第 2 步	输送线 开始动作	（1）双输送线开始向末端输送物料； （2）该输送线的物料到位后发送到位信号给机器人	设备作业
第 3 步	机器人开始 拾取物料	（1）机器人回到原位（通过检测是否需要回到原位），然后计算码垛位置； （2）机器人根据对应的到位信号开始到对应的输送线末端拾取物料； （3）机器人拾取物料后运动到安全高度	设备作业
第 4 步	机器人开始 物料码垛	（1）机器人从拾取安全点运动到码垛放置安全点； （2）机器人开始到对应的垛盘上进行码垛； （3）机器人码垛完成后回到码垛安全点	设备作业
第 5 步	循环工作	（1）机器人判断垛盘情况，对应处理； （2）机器人重复步骤 1～5	

（2）机器人各环节动作说明如下。

步骤1：作业准备。单击软件中的"仿真"，选择"播放"，这时系统开始启动。

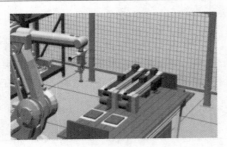

步骤2：输送线开始向末端输送物料。

步骤3：物料到位后发送信号给机器人，这时机器人开始到对应的输送线拾取物料。

步骤4：机器人拾取物料后回到码垛安全点。

步骤5：机器人到对应的垛盘上开始物料码垛。

步骤6:机器人重复作业。

步骤7:直到机器人将对应的垛盘放满,机器人输出满载信号通知操作员来更换垛盘,垛盘更换完成后机器人继续从头开始工作。

4）任务实施

任务实施流程如下表。

步骤1:找到文件夹"项目八配套任务",打开文件夹"task2"后,打开文件"task2_x2_2_EXE"进行观看。

步骤2:找到文件 RobotStudio 中的打包文件"task2_x2_2_Student"并双击打开,根据解压向导解压该工作站,解压完成后关闭该解压对话框,等待控制器完成启动。

步骤3:依次单击"控制器"—"示教器",打开虚拟示教器。

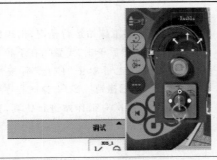	步骤 4:打开虚拟示教器后,单击示教器上的小控制柜图标(位于手动摇杆的左边),将机器人的模式改为手动模式(钥匙在左侧为自动,钥匙在中间为手动,钥匙在右侧为全速手动,有的控制柜只有手动模式和自动模式,没有全速手动模式)。
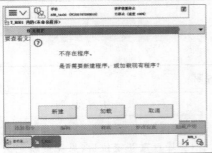	步骤 5:单击"ABB 菜单",选择"程序编辑器",单击"新建",等待例行程序完成新建。
	步骤 6:例行程序新建完成后,开始进行编程(I/O 配置已做好)。开始编程之前完善程序数据(各程序数据见"程序数据说明")。检查无误后示教目标点(可参考下方点位调试示意图),完成所有要用到的目标点示教。
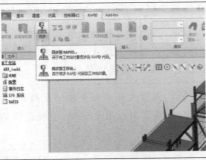	步骤 7:选择软件中的"RAPID",单击"同步",在下拉菜单(单击"同步"下面的一个向下的三角形图标)中选择"同步到工作站",等待同步完成。
	步骤 8:再次检查无误后选择软件中的"仿真",单击"播放",工作站开始运行。

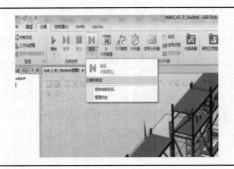	步骤 9：观察工作站运行情况，出现问题时单击"停止"，然后单击"重置"，在下拉菜单中选择"复位"（也可单击"停止"后按快捷键"Ctrl＋Z"，向后撤销一步）。修改程序中有问题的部分后再次对工作站进行仿真，直到工作站能顺利完成任务。

5）程序数据说明

程序数据说明如下。

程序数据说明

序 号	名 称	存储类型	数据类型	内 容 说 明
1	WObjPallet_L	PERS	wobjdata	工件坐标：以垛盘的一个直角来创建工件坐标（当垛盘重新定位后，只需重新定义工件坐标，不用重新示教目标点）
2	WObjPallet_R	PERS	wobjdata	工件坐标：以垛盘的一个直角来创建工件坐标（当垛盘重新定位后，只需重新定义工件坐标，不用重新示教目标点）
3	tool1	PERS	tooldata	工具坐标：以吸盘夹具的中心点来创建的吸盘夹具工具数据
4	CurWObj	PERS	wobjdata	工件坐标：用以将其他工作坐标赋值到同一个工件坐标中
5	LoadFull	PERS	loaddata	载荷：当机器人吸盘吸取物料时，要加载物料的重量；当机器人放置完物料时，加载原有数据load0（load0 的物料重量是 0）
6	jposHome	CONST	jointtarget	关节：机器人 6 个关节轴的度数，包含外部轴数据（当机器人有第 7 轴时，前提是需激活外部轴）
7	pHome	CONST	robtarget	目标点：机器人原位点（这个目标点相对于周边设备来说比较安全，不会产生干涉）
8	pPick_L	CONST	tooldata	目标点：机器人左输送线拾取点
9	pPick_R	CONST	tooldata	目标点：机器人右输送线拾取点
10	pPlaceBase0_L	CONST	robtarget	目标点：左垛盘 0 度放置基准点（具体放置点根据基准点进行计算偏移）
11	pPlaceBase90_L	CONST	robtarget	目标点：左垛盘 90 度放置基准点（具体放置点根据基准点进行计算偏移）

序 号	名 称	存储类型	数据类型	内 容 说 明
12	pPlaceBase0_R	CONST	robtarget	目标点:右垛盘 0 度放置基准点(具体放置点根据基准点进行计算偏移)
13	pPlaceBase90_R	CONST	robtarget	目标点:右垛盘 90 度放置基准点(具体放置点根据基准点进行计算偏移)
14	pPlaceBase0	PERS	robtarget	目标点:左、右垛盘 0 度基准点赋值给一个通用的 0 度基准点
15	pPlaceBase90	PERS	robtarget	目标点:左、右垛盘 90 度基准点赋值给一个通用的 90 度基准点
16	pPick	PERS	robtarget	目标点:左、右输送线拾取点赋值给一个通用的拾取点
17	pPlace	PERS	robtarget	目标点:左、右垛盘码垛放置点赋值给一个通用的垛盘码垛放置点
18	pPickSafe	PERS	robtarget	目标点:拾取点上方安全点
19	nCycleTime	PERS	num	数字:将计时时钟转换为数字
20	nCount_L	PERS	num	数字:左垛盘码垛计数
21	nCount_R	PERS	num	数字:右垛盘码垛计数
22	nPallet	PERS	num	数字:垛盘码垛计数
23	nPalletNo	PERS	num	数字:垛盘号
24	nPickH	PERS	num	数字:拾取点 Z 值偏移高度
25	nPlaceH	PERS	num	数字:码垛放置点 Z 值偏移高度
26	nBoxL	PERS	num	数字:方块物料长度
27	nBoxW	PERS	num	数字:方块物料宽度
28	nBoxH	PERS	num	数字:方块物料高度
29	Timer1	VAR	clock	时钟:计时时钟
30	bReady	PERS	bool	布尔量:准备拾取
31	bPalletFull_L	PERS	bool	布尔量:左垛盘错误
32	bPalletFull_R	PERS	bool	布尔量:右垛盘错误
33	bGetPosition	PERS	bool	布尔量:进行左、右码垛的识别
34	iPallet_L	VAR	intnum	中断:左垛盘换垛盘
35	iPallet_R	VAR	intnum	中断:右垛盘换垛盘
36	vEmptyMin	PERS	speeddata	速度:机器工具上空载运行的最低速度,与速度 V100/V1000…一个意思
37	vEmptyMid	PERS	speeddata	速度:机器工具上空载运行的中等速度,与速度 V100/V1000…一个意思

序　号	名　　称	存储类型	数据类型	内容说明
38	vEmptyMax	PERS	speeddata	速度:机器工具上空载运行的最高速度,与速度 V100/V1000…一个意思
39	vLoadMin	PERS	speeddata	速度:机器工具上带载荷运行的最低速度,与速度 V100/V1000 一个意思
40	vLoadMid	PERS	speeddata	速度:机器工具上带载荷运行的中等速度,与速度 V100/V1000…一个意思
41	vLoadMax	PERS	speeddata	速度:机器工具上带载荷运行的最高速度,与速度 V100/V1000…一个意思
42	Compensation {15,3}	PERS	num	数字:数组

6）程序数据创建示例

（1）num 数据类型创建示例。

num 数据类型创建步骤如下。

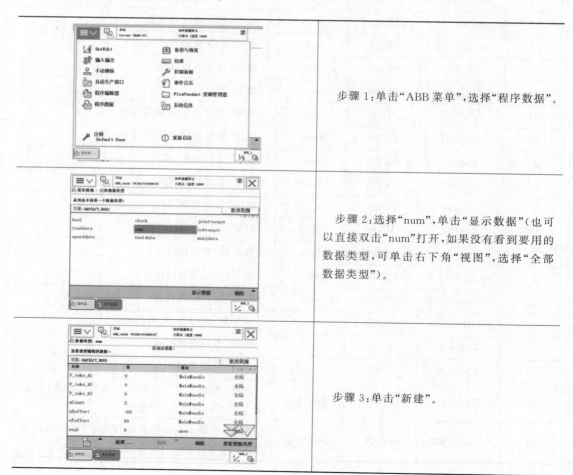

步骤 1:单击"ABB 菜单",选择"程序数据"。

步骤 2:选择"num",单击"显示数据"（也可以直接双击"num"打开,如果没有看到要用的数据类型,可单击右下角"视图",选择"全部数据类型"）。

步骤 3:单击"新建"。

步骤 4：根据程序需求输入内容，然后单击"确定"，完成新建。

（2）工件数据类型创建示例。

工件数据类型创建步骤如下。

步骤 1：单击"ABB 菜单"，选择"手动操纵"。

步骤 2：选择"工件坐标"。

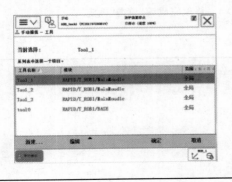

步骤 3：单击"新建"（也可以参照 num 数据类型创建示例中的步骤，选择对应的数据类型，然后新建）。

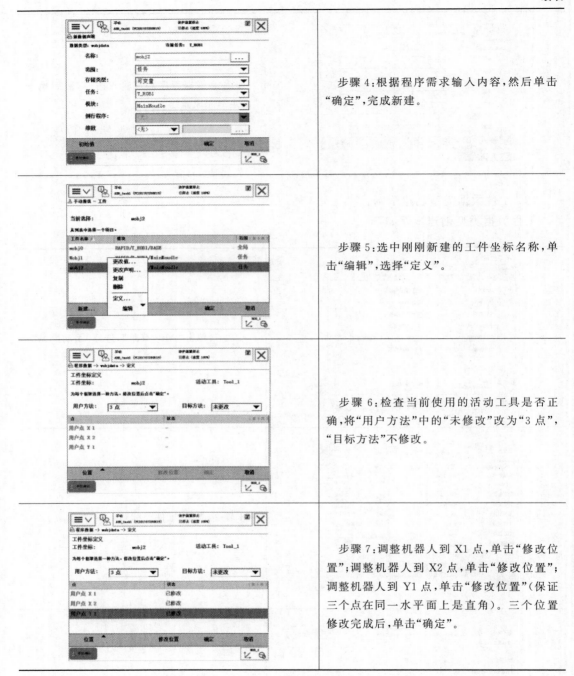

	步骤4：根据程序需求输入内容，然后单击"确定"，完成新建。
	步骤5：选中刚刚新建的工件坐标名称，单击"编辑"，选择"定义"。
	步骤6：检查当前使用的活动工具是否正确，将"用户方法"中的"未修改"改为"3点"，"目标方法"不修改。
	步骤7：调整机器人到X1点，单击"修改位置"；调整机器人到X2点，单击"修改位置"；调整机器人到Y1点，单击"修改位置"（保证三个点在同一水平面上是直角）。三个位置修改完成后，单击"确定"。

（3）其他数据类型创建示例。

其他数据类型创建步骤可参考上述示例。

3. I/O列表

I/O列表如下。

码垛工作站

1. I/O 板说明

Name	使用来自模板的值	Network	Address
Board10	DSQC 652	DeviceNet	10

2. I/O 信号列表

Name	Type of Signal	Assigned to Device	Device Mapping	I/O 说明
do00_Vacuum Open	DO	Board10	0	打开真空夹具
do01_CycleOn	DO	Board10	1	外接"循环开始"
do02_PalletFull_L	DO	Board10	2	左垛盘错误
do03_PalletFull_R	DO	Board10	3	右垛盘错误
do04_Error	DO	Board10	4	外接"执行错误"
do05_AutoOn	DO	Board10	5	外接"自动运行"
do06_Estop	DO	Board10	6	外接"紧急停止"
di00_BoxInPos_L	DI	Board10	0	左输送线物料到位信号
di01_BoxInPos_R	DI	Board10	1	右输送线物料到位信号
di02_PalletInPos_L	DI	Board10	2	左垛盘在位信号
di03_PalletInPos_R	DI	Board10	3	右垛盘在位信号
di04_Start	DI	Board10	4	外接"开始"
di05_Stop	DI	Board10	5	外接"停止"
di06_MotorOn	DI	Board10	6	外接"马达上电"
di07_StartAtMain	DI	Board10	7	外接"从主程序开始"
di08_EstopReset	DI	Board10	8	外接"急停复位"
di09_VacuumOK	DI	Board10	9	真空夹具反馈信号

3. 系统输入输出关联配置表

Type of Signal	Signal Name	Action/Status	Argument
System Input	di04_Start	Start	Continuous
System Input	di05_Stop	Stop	—
System Input	di06_MotorOn	Motors On	—
System Input	di07_StartAtMain	Start at Main	Continuous
System Input	di08_EstopReset	Reset Emergency Stop	—
System Output	do01_CycleOn	CycleOn	—
System Output	do04_Error	Error	T_ROB1
System Output	do05_AutoOn	AutoOn	—
System Output	do06_Estop	EStop	—

4. 信号网络					
机器人输出			机器人输入		
ABB 工业机器人	PLC(Smart 组件)	备注	PLC(Smart 组件)	ABB 工业机器人	备注
do00_Vacuum	di_Vacuum		do_BoxInPos_L	di00_BoxInPos_L	
			do_BoxInPos_R	di01_BoxInPos_R	
			do_PalletInPos_L	di02_PalletInPos_L	
			do_PalletInPos_R	di03_PalletInPos_R	
			do_VacuumOK	di09_VacuumOK	

4. 程序说明

1）程序结构说明

程序结构说明如下。

程序结构说明

序号	名称	类型	内容	备注
1	MainModule	MODULE	模块:用于存放各例行程序	一个程序中可以有多个模块
2	main	PROC	例行程序:主程序,是一个程序的开头	一个程序中只能有一个主程序
3	rInitAll	PROC	例行程序:初始化,用来复位整个程序中的初始运行环境,包括信号、数据和回到原位	一般用 WHILE 指令来隔开,保证初始化程序只在程序开始时运行一次
4	rCheckHomePos	PROC	例行程序:机器人检测原位点,根据情况回到原位点	检测机器人在原位,就不用回位;机器人不在原位,则回原位
5	rPickPanel	PROC	例行程序:机器人从固定位置拾取物料的程序	机器人从固定位置拾取物料(由 XY 直角坐标机器人从立体仓储库中搬运物料到固定位置)
6	rCycleCheck	PROC	例行程序:循环检查	每次运行完都检查程序
7	rPlace	PROC	例行程序:机器人搬运物料后的物料放置程序	机器人从固定位置拾取物料并将物料放置到指定垛盘中
8	rCalPosition	PROC	例行程序:计算机器人放置物料的位置	利用机器人的计数功能,结合放置物料基准点的偏移数据来计算放置点

序　号	名　　称	类　型	内　容	备　注
9	rModPos	PROC	例行程序:示教机器人目标点程序	把要示教的目标点放置在一个例行程序中,方便调试时调用
10	rMoveAbsj	PROC	例行程序:机器人各关节轴回零位程序	在需要时进行调用
11	CurrentPos	FUNC	功能程序:机器人在检测原位时会调用此功能程序	这里写入的是 pHome,将当前机器人的位置与 pHome 点进行比较,若在 Home 点,则此布尔量为 True;若不在 Home 点,则此布尔量为 False
12	rPlaceRD	PROC	例行程序:检查左、右垛盘有没有放满	检查左、右垛盘有没有放满,放满则通知换垛盘
13	pPattern	FUNC	功能程序:机器人码垛时在计算点位时调用	计算码垛点位时调用,用于计算码垛放置目标点
14	tEjectPallet_L	TRAP	中断程序:左垛盘换垛盘时触发	左垛盘换垛盘时触发
15	tEjectPallet_R	TRAP	中断程序:右垛盘换垛盘时触发	右垛盘换垛盘时触发

2) 程序示例

以下程序就不一一注解了,可参考上一节中的程序示例,这里只做部分说明。(机器人码垛程序的注解说明和机器人搬运程序的注解说明基本上相同)

```
MODULE MainModule
!主程序模块 MainModule
    TASK PERS wobjdata WObjPallet_L:=[FALSE,TRUE,"",[[863.523,-291.702,666],
[1,0,0,0]],[[0,0,0],[1,0,0,0]]];
    !定义垛盘工件坐标系
    TASK PERS wobjdata WObjPallet_R:=[FALSE,TRUE,"",[[1078.693,-291.702,666],
[1,0,0,0]],[[0,0,0],[1,0,0,0]]];
    !定义垛盘工件坐标系
    PERS tooldata tool1:=[TRUE,[[0.053,0.724,275],[1,0,0,0]],[1,[0,0,200],[1,0,0,0],
0,0,0]];
    !定义工具坐标系数据 tool1
    PERS wobjdata CurWObj:=[FALSE,TRUE,"",[[1078.69,-291.702,666],[1,0,0,0]],
[[0,0,0],[1,0,0,0]]];
    !定义垛盘工件坐标系
    PERS loaddata LoadFull:=[1,[0,0,300],[1,0,0,0],0,0,0.1];
!定义有效载荷数据 LoadFull
PERS jointtarget jposHome:=[[0,0,0,0,0,0],[9E+09,9E+09,9E+09,9E+09,9E+09,9E+09]];
!关节目标点数据,各关节轴度数为 0,即机器人回到各关节轴机械刻度零位
    CONST robtarget pHome:=[[667.195349279,0.052999537,834.999918204],
```

```
[-0.000000469,0.707107007,0.707106555,0.000000469],[0,0,1,0],[9E+09,9E+09,9E+09,
9E+09,9E+09,9E+09]];
        CONST robtarget pPick_L:=[[940.562268376,44.584806275,856.000233036],
[-0.000000214,0.707106315,0.707107248,-0.000000235],[0,0,1,0],[9E+09,9E+09,
9E+09,9E+09,9E+09,9E+09]];
        CONST robtarget pPick_R:=[[1140.562214837,42.184633172,856.000176229],
[-0.000000233,0.707106649,0.707106913,-0.000000251],[0,0,1,0],[9E+09,9E+09,
9E+09,9E+09,9E+09,9E+09]];
        CONST robtarget pPlaceBase0_L:=[[24.999743063,37.086424541,50.000694999],
[0.000000144,0.70710666,0.707106903,0.00000008],[-1,0,0,0],[9E+09,9E+09,9E+09,
9E+09,9E+09,9E+09]];
        CONST robtarget pPlaceBase90_L:=[[87.498592333,24.586730464,49.998865315],
[0.000000187,-0.000000507,1,-0.000000053],[-1,-1,-1,0],[9E+09,9E+09,9E+09,9E+09,
9E+09,9E+09]];
        CONST robtarget pPlaceBase0_R:=[[24.830167113,37.086146317,50.000473029],
[0.000000124,0.70710667,0.707106892,0.000000077],[-1,-1,0,0],[9E+09,9E+09,9E+09,
9E+09,9E+09,9E+09]];
        CONST robtarget pPlaceBase90_R:=[[87.500100825,24.586459297,50.001290967],
[0.000000186,-0.000000499,1,-0.000000043],[-1,-1,-1,0],[9E+09,9E+09,9E+09,9E+09,
9E+09,9E+09]];
```

!需要示教的目标点数据一共有 7 个:原位点 pHome、左抓取点 pPick_L、右抓取点 pPick_R、左垛盘 0 度放置基准点 pPlaceBase0_L、左垛盘 90 度放置基准点 pPlaceBase90_L、右垛盘 0 度放置基准点 pPlaceBase0_L、右垛盘 90 度放置基准点 pPlaceBase90_L

```
        PERS robtarget pPlaceBase0;
        PERS robtarget pPlaceBase90;
        PERS robtarget pPick;
        PERS robtarget pPlace;
        PERS robtarget pPickSafe;
```

!可变量目标点数据,通过上方需要示教的 7 个目标点数据进行赋值

```
        PERS num nCycleTime:=2.299;
```

!计时时钟转换成数字数据

```
        PERS num nCount_L:=2;
        PERS num nCount_R:=2;
        PERS num nPallet:=1;
        PERS num nPalletNo:=2;
        PERS num nPickH:=100;
        PERS num nPlaceH:=100;
        PERS num nBoxL:=75;
        PERS num nBoxW:=50;
        PERS num nBoxH:=50;
```

!数字数据

```
VAR clock Timer1;
```

!计时时钟

```
PERS bool bReady:=FALSE;
```

```
        PERS bool bPalletFull_L:=FALSE;
        PERS bool bPalletFull_R:=FALSE;
        PERS bool bGetPosition:=TRUE;
    !布尔量数据
        VAR intnum iPallet_L;
        VAR intnum iPallet_R;
    !中断数据
        PERS speeddata vEmptyMin:=[2000,400,6000,1000];
        PERS speeddata vEmptyMid:=[3000,400,6000,1000];
        PERS speeddata vEmptyMax:=[5000,500,6000,1000];
        PERS speeddata vLoadMin:=[1000,200,6000,1000];
        PERS speeddata vLoadMid:=[2500,500,6000,1000];
        PERS speeddata vLoadMax:=[4000,500,6000,1000];
    !速度数据
    PERS num Compensation{15,3}:=[[0,0,0],[0,0,0],[0,0,0],[0,0,0],[0,0,0],[0,0,0],[0,
0,0],[0,0,0],[0,0,0],[0,0,0],[0,0,0],[0,0,0],[0,0,0],[0,0,0],[0,0,0]];
    !数字数据,这个是数组
    PROC Main()
    !主程序 Main(可参考上一节中的程序示例)
        rInitAll;
        WHILE TRUE DO
        IF bReady THEN
           rPick;
           rPlace;
        ENDIF
        rCycleCheck;
        ENDWHILE
        ENDPROC
    PROC rInitAll()
    !初始化例行程序(可参考上一节中的程序示例)
        rCheckHomePos;
        ConfL\OFF;
        ConfJ\OFF;
        nCount_L:=1;
        nCount_R:=1;
        nPallet:=1;
        nPalletNo:=1;
        bPalletFull_L:=FALSE;
        bPalletFull_R:=FALSE;
        bGetPosition:=FALSE;
        Reset do00_Vacuum;
        ClkStop Timer1;
        ClkReset Timer1;
    !将以上各种类型的数据和信号以及各种条件复位到准备从头工作时的状态
```

```
IDelete iPallet_L;
    CONNECT iPallet_L WITH tEjectPallet_L;
    ISignalDI di02_PalletInPos_L,0,iPallet_L;
    IDelete iPallet_R;
    CONNECT iPallet_R WITH tEjectPallet_R;
    ISignalDI di03_PalletInPos_R,0,iPallet_R;
```
!中断,垛盘放满后机器人等待垛盘在位信号由 1 变为 0 时触发中断程序
```
    ENDPROC
PROC rPick()
```
!拾取例行程序(可参考上一节中的程序示例)
```
    ClkReset Timer1;
    ClkStart Timer1;
```
!先复位时钟数据,然后计时时钟开始计时
```
    rCalPosition;
```
!计算码垛点位的例行程序
```
    MoveJ Offs(pPick,0,0,nPickH),vEmptyMax,z50,tool1\WObj:=wobj0;
    MoveL pPick,vLoadMin,fine,tool1\WObj:=wobj0;
    Set do00_Vacuum;
    Waittime 0.3;
    GripLoad LoadFull;
    MoveJ Offs(pPick,0,0,nPickH),vEmptyMin,z50,tool1\WObj:=wobj0;
    MoveJ pPickSafe,vLoadMax,z100,tool1\WObj:=wobj0;
ENDPROC
PROC rPlace()
```
!放置码垛例行程序(可参考上一节中的程序示例)
```
MoveJ Offs(pPlace,0,0,nPlaceH),vLoadMax,z50,tool1\WObj:=CurWObj;
MoveL pPlace,vLoadMin,fine,tool1\WObj:=CurWObj;
Reset do00_Vacuum;
Waittime 0.3;
GripLoad Load0;
MoveJ Offs(pPlace,0,0,nPlaceH),vEmptyMin,z50,tool1\WObj:=CurWobj;
rPlaceRD;
MoveJ pPickSafe,vEmptyMax,z50,tool1\WObj:=wobj0;
ClkStop Timer1;
nCycleTime:=ClkRead(Timer1);
```
!先停止计时时钟,然后将计时时钟里的数值通过功能转换赋值给数字数据
```
nCycleTime
ENDPROC
PROC rCycleCheck()
```
!循环检查例行程序
```
    TPErase;
```

```
    TPWrite "The Robot is running!";
    TPWrite "Last cycle time is: "\Num:=nCycleTime;
    TPWrite "The number of the Boxes in the Left pallet is:"\Num:=nCount_L-1;
    TPWrite "The number of the Boxes in the Right pallet is:"\Num:=nCount_R-1;
!先将操作窗口中的内容清屏，然后进行写屏操作
    IF (bPalletFull_L=FALSE AND di02_PalletInPos_L=1 AND di00_BoxInPos_L=1) OR
(bPalletFull_R=FALSE AND di03_PalletInPos_R=1 AND di01_BoxInPos_R=1) THEN
    bReady:=TRUE;
ELSE
    bReady:=FALSE;
    WaitTime 0.1;
ENDIF
ENDPROC
PROC rCalPosition()
    bGetPosition:=FALSE;
    WHILE bGetPosition=FALSE DO
      TEST nPallet
      CASE 1:
          IF bPalletFull_L=FALSE AND di02_PalletInPos_L=1 AND di00_BoxInPos_L=1 THEN
            pPick:=pPick_L;
                pPlaceBase0:=pPlaceBase0_L;
              pPlaceBase90:=pPlaceBase90_L;
            CurWObj:=WObjPallet_L;
            pPlace:=pPattern(nCount_L);
    bGetPosition:=TRUE;
    nPalletNo:=1;
        ELSE
    bGetPosition:=FALSE;
        ENDIF
        nPallet:=2;
  CASE 2:
        IF bPalletFull_R=FALSE AND di03_PalletInPos_R=1 AND di01_BoxInPos_R=1 THEN
            pPick:=pPick_R;
                pPlaceBase0:=pPlaceBase0_R;
                pPlaceBase90:=pPlaceBase90_R;
            CurWObj:=WObjPallet_R;
            pPlace:=pPattern(nCount_R);
    bGetPosition:=TRUE;
    nPalletNo:=2;
        ELSE
bGetPosition:=FALSE;
        ENDIF
```

```
        nPallet:=1;
    DEFAULT:
        TPERASE;
    TPWrite "The data 'nPallet' is error,please check it!";
        Stop;
    ENDTEST
```
!根据以上两种情况判断机器人是否能抓取方块物料
```
        ENDWHILE
    ENDPROC
    FUNC robtarget pPattern(num nCount)
```
!功能程序,根据对应的数据在对应的码垛点进行位置赋值
```
        VAR robtarget pTarget;
        IF nCount>=1 AND nCount<=5 THEN
          pPickSafe:=Offs(pPick,0,0,50);
        ELSEIF nCount>=6 AND nCount<=10 THEN
          pPickSafe:=Offs(pPick,0,0,100);
        ENDIF
```
!码垛层高,层高不同时,机器人码垛上方的安全高度会进行相应的增减
```
        TEST nCount
        CASE 1:
          pTarget.trans.x:=pPlaceBase0.trans.x;
          pTarget.trans.y:=pPlaceBase0.trans.y;
          pTarget.trans.z:=pPlaceBase0.trans.z;
          pTarget.rot:=pPlaceBase0.rot;
          pTarget.robconf:=pPlaceBase0.robconf;
    pTarget:= Offs (pTarget, Compensation{nCount,1}, Compensation{nCount,2},
Compensation{nCount,3});
```
!对第一层第一个方块物料的码垛位置进行赋值
```
        CASE 2:
          pTarget.trans.x:=pPlaceBase0.trans.x;
          pTarget.trans.y:=pPlaceBase0.trans.y+nBoxL;
          pTarget.trans.z:=pPlaceBase0.trans.z;
          pTarget.rot:=pPlaceBase0.rot;
          pTarget.robconf:=pPlaceBase0.robconf;
    pTarget:=Offs(pTarget,Compensation{nCount,1},Compensation{nCount,2},Compensation
{nCount,3});
```
!对第一层第二个方块物料的码垛位置进行赋值
```
        CASE 3:
          pTarget.trans.x:=pPlaceBase90.trans.x;
          pTarget.trans.y:=pPlaceBase90.trans.y;
          pTarget.trans.z:=pPlaceBase90.trans.z;
          pTarget.rot:=pPlaceBase90.rot;
```

```
        pTarget.robconf:=pPlaceBase90.robconf;
    pTarget:=Offs(pTarget,Compensation{nCount,1},Compensation{nCount,2},Compensation
{nCount,3});
```
　　! 对第一层第三个方块物料的码垛位置进行赋值
```
        CASE 4:
        pTarget.trans.x:=pPlaceBase90.trans.x;
        pTarget.trans.y:=pPlaceBase90.trans.y+nBoxW;
        pTarget.trans.z:=pPlaceBase90.trans.z;
        pTarget.rot:=pPlaceBase90.rot;
        pTarget.robconf:=pPlaceBase90.robconf;
    pTarget:=Offs(pTarget,Compensation{nCount,1},Compensation{nCount,2},Compensation
{nCount,3});
```
　　! 对第一层第四个方块物料的码垛位置进行赋值
```
        CASE 5:
        pTarget.trans.x:=pPlaceBase90.trans.x;
        pTarget.trans.y:=pPlaceBase90.trans.y+2*nBoxW;
        pTarget.trans.z:=pPlaceBase90.trans.z;
        pTarget.rot:=pPlaceBase90.rot;
        pTarget.robconf:=pPlaceBase90.robconf;
    pTarget:=Offs(pTarget,Compensation{nCount,1},Compensation{nCount,2},Compensation
{nCount,3});
```
　　! 对第一层第五个方块物料的码垛位置进行赋值
```
        CASE 6:
        pTarget.trans.x:=pPlaceBase0.trans.x+nBoxL;
        pTarget.trans.y:=pPlaceBase0.trans.y;
        pTarget.trans.z:=pPlaceBase0.trans.z+nBoxH;
        pTarget.rot:=pPlaceBase0.rot;
        pTarget.robconf:=pPlaceBase0.robconf;
    pTarget:=Offs(pTarget,Compensation{nCount,1},Compensation{nCount,2},Compensation
{nCount,3});
```
　　! 对第二层第一个方块物料的码垛位置进行赋值
```
        CASE 7:
        pTarget.trans.x:=pPlaceBase0.trans.x+nBoxL;
        pTarget.trans.y:=pPlaceBase0.trans.y+nBoxL;
        pTarget.trans.z:=pPlaceBase0.trans.z+nBoxH;
        pTarget.rot:=pPlaceBase0.rot;
        pTarget.robconf:=pPlaceBase0.robconf;
    pTarget:=Offs(pTarget,Compensation{nCount,1},Compensation{nCount,2},Compensation
{nCount,3});
```
　　! 对第二层第二个方块物料的码垛位置进行赋值
```
        CASE 8:
        pTarget.trans.x:=pPlaceBase90.trans.x-nBoxW;
```

```
        pTarget.trans.y:=pPlaceBase90.trans.y;
        pTarget.trans.z:=pPlaceBase90.trans.z+nBoxH;
        pTarget.rot:=pPlaceBase90.rot;
        pTarget.robconf:=pPlaceBase90.robconf;
    pTarget:=Offs(pTarget,Compensation{nCount,1},Compensation{nCount,2},Compensation
{nCount,3});
```

!对第二层第三个方块物料的码垛位置进行赋值

```
        CASE 9:
        pTarget.trans.x:=pPlaceBase90.trans.x-nBoxW;
        pTarget.trans.y:=pPlaceBase90.trans.y+nBoxW;
        pTarget.trans.z:=pPlaceBase90.trans.z+nBoxH;
        pTarget.rot:=pPlaceBase90.rot;
        pTarget.robconf:=pPlaceBase90.robconf;
    pTarget:=Offs(pTarget,Compensation{nCount,1},Compensation{nCount,2},Compensation
{nCount,3});
```

!对第二层第四个方块物料的码垛位置进行赋值

```
        CASE 10:
        pTarget.trans.x:=pPlaceBase90.trans.x-nBoxW;
        pTarget.trans.y:=pPlaceBase90.trans.y+2*nBoxW;
        pTarget.trans.z:=pPlaceBase90.trans.z+nBoxH;
        pTarget.rot:=pPlaceBase90.rot;
        pTarget.robconf:=pPlaceBase90.robconf;
    pTarget:=Offs(pTarget,Compensation{nCount,1},Compensation{nCount,2},Compensation
{nCount,3});
```

!对第二层第五个方块物料的码垛位置进行赋值

```
DEFAULT:
        TPErase;
        TPWrite "The data 'nCount' is error,please check it!";
        Stop;
    ENDTEST
```

!如果一个条件位置都没有满足,就进行写屏提醒并停止运行程序

```
Return pTarget;
```

!返回到进入功能程序的一行后继续向下运行程序

```
ENDFUNC
PROC rPlaceRD()
```

!对左、右垛盘码垛个数进行计算,并根据对应条件进行相应处理

```
    TEST nPalletNo
CASE 1:
    Incr nCount_L;
    IF nCount_L>10 THEN
        Set do02_PalletFull_L;
    bPalletFull_L:=TRUE;
nCount_L:=1;
        ENDIF
```

```
CASE 2:
Incr nCount_R;
IF nCount_R>10 THEN
Set do03_PalletFull_R;
    bPalletFull_R:=TRUE;
    nCount_R:=1;
    ENDIF
DEFAULT:
    TPErase
    TPWrite "The data 'nPalletNo' is error,please check it!";
    Stop;
  ENDTEST
ENDPROC
PROC rCheckHomePos()
!检测原位例行程序(可参考上一节中的程序示例)
    VAR robtarget pActualPos;
IF NOT CurrentPos(pHome,tool1) THEN
        pActualpos:=CRobT(\Tool:=tool1\WObj:=wobj0);
        pActualpos.trans.z:=pHome.trans.z;
        MoveL pActualpos,v500,z10,tool1;
        MoveJ pHome,v1000,fine,tool1;
    ENDIF
ENDPROC
FUNC bool CurrentPos(robtarget ComparePos,INOUT tooldata TCP)
!检测原位时被调用的功能程序(可参考上一节中的程序示例)
    VAR num Counter:=0;
    VAR robtarget ActualPos;
    ActualPos:=CRobT(\Tool:=TCP\WObj:=wobj0);
    IF ActualPos.trans.x>ComparePos.trans.x-25 AND ActualPos.trans.x<ComparePos.
trans.x+25 Counter:=Counter+1;
    IF ActualPos.trans.y>ComparePos.trans.y-25 AND ActualPos.trans.y<ComparePos.
trans.y+25 Counter:=Counter+1;
    IF ActualPos.trans.z>ComparePos.trans.z-25 AND ActualPos.trans.z<ComparePos.
trans.z+25 Counter:=Counter+1;
    IF ActualPos.rot.q1>ComparePos.rot.q1-0.1 AND ActualPos.rot.q1<ComparePos.rot.
q1+0.1 Counter:=Counter+1;
    IF ActualPos.rot.q2>ComparePos.rot.q2-0.1 AND ActualPos.rot.q2<ComparePos.rot.
q2+0.1 Counter:=Counter+1;
    IF ActualPos.rot.q3>ComparePos.rot.q3-0.1 AND ActualPos.rot.q3<ComparePos.rot.
q3+0.1 Counter:=Counter+1;
    IF ActualPos.rot.q4>ComparePos.rot.q4-0.1 AND ActualPos.rot.q4<ComparePos.rot.
q4+0.1 Counter:=Counter+1;
    RETURN Counter=7;
  ENDFUNC
```

```
TRAP tEjectPallet_L
!左垛盘换垛盘触发的中断例行程序
Reset do02_PalletFull_L;
    bPalletFull_L:=FALSE;
ENDTRAP
TRAP tEjectPallet_R
!右垛盘换垛盘触发的中断例行程序
Reset do03_PalletFull_R;
    bPalletFull_R:=FALSE;
    ENDTRAP
PROC rMoveAbsj()
!回机械零位例行程序,可根据需要手动调用(可参考上一节中的程序示例)
    MoveAbsJ jposHome\NoEOffs,v100,fine,tool1\WObj:=wobj0;
ENDPROC
PROC rModPos()
!专用示教目标点例行程序,可根据需要手动调用(可参考上一节中的程序示例)
    MoveL pHome,v100,fine,tool1\WObj:=Wobj0;
    MoveL pPick_L,v100,fine,tool1\WObj:=Wobj0;
    MoveL pPick_R,v100,fine,tool1\WObj:=Wobj0;
    MoveL pPlaceBase0_L,v100,fine,tool1\WObj:=WobjPallet_L;
    MoveL pPlaceBase90_L,v100,fine,tool1\WObj:=WobjPallet_L;
    MoveL pPlaceBase0_R,v100,fine,tool1\WObj:=WobjPallet_R;
    MoveL pPlaceBase90_R,v100,fine,tool1\WObj:=WobjPallet_R;
    ENDPROC
ENDMODULE
```

3)点位调试示意图

(1)机器人原位点 pHome 如图 8-12 所示。

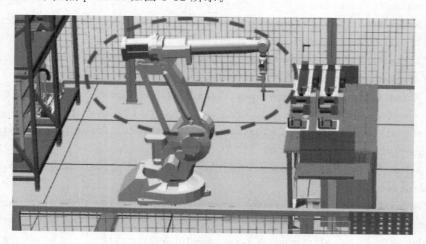

图 8-12　机器人原位点 pHome

(2)左输送线拾取点 pPick_L 如图 8-13 所示。

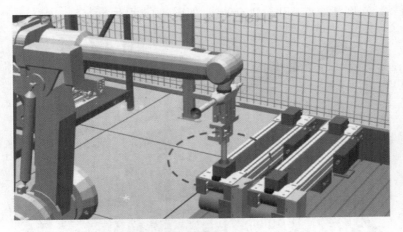

图 8-13　左输送线拾取点 pPick_L

（3）右输送线拾取点 pPick_R 如图 8-14 所示。

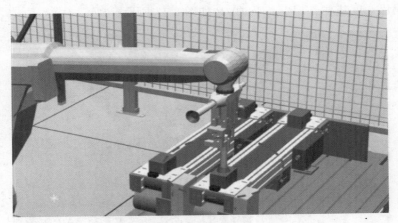

图 8-14　右输送线拾取点 pPick_R

（4）左码垛 0 度基准点 pPlaceBase0_L 如图 8-15 所示。

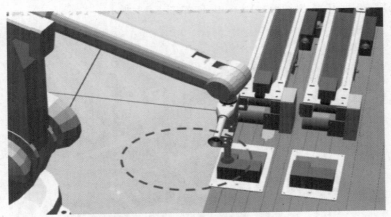

图 8-15　左码垛 0 度基准点 pPlaceBase0_L

（5）左码垛 90 度基准点 pPlaceBase90_L 如图 8-16 所示。

图 8-16　左码垛 90 度基准点 pPlaceBase90_L

（6）右码垛 0 度基准点 pPlaceBase0_R 如图 8-17 所示。

图 8-17　右码垛 0 度基准点 pPlaceBase0_R

（7）右码垛 90 度基准点 pPlaceBase90_R 如图 8-18 所示。

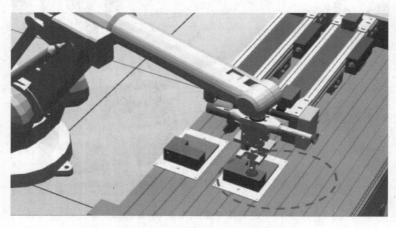

图 8-18　右码垛 90 度基准点 pPlaceBase90_R

（8）左垛盘工件坐标 WObjPallet_L 如图 8-19 所示。

图 8-19　左垛盘工件坐标 WObjPallet_L

（9）右垛盘工件坐标 WObjPallet_R 如图 8-20 所示。

图 8-20　右垛盘工件坐标 WObjPallet_R

（10）工具坐标 tool1 如图 8-21 所示。

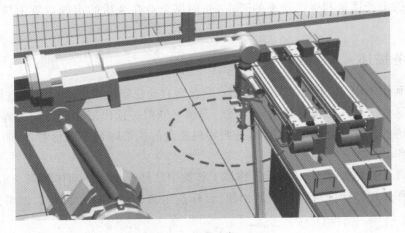

图 8-21　工具坐标 tool1

调试说明

（1）编辑程序时注意各指令语句的用法；

（2）调试时注意各定位的准确性；

（3）注意工件坐标与工具坐标的准确性；

（4）调试时打开示教器，用示教器上的摇杆来示教目标点；

（5）找到仿真软件中的"同步"并单击，选择"同步到工作站"，等待同步完成；

（6）找到仿真软件中的"仿真"并单击，开始仿真；

（7）观察此时的运行状态。

【任务实施】

➤ 调试工业机器人物料码垛程序。

◀ 任务 8-3　工业机器人注塑取件工艺程序调试 ▶

【任务学习】

➤ 掌握工业机器人注塑取件工艺程序调试过程。

随着科技的快速发展，诸多技术的涌现及应用能够明显提升实际产业项目的运作效能，从而为企业管理效能与产品质量提供优质的保障。对于塑料制造加工而言，采取自动化技术来改善生产效率及生产质量是极为明智的选择。研究塑料制造自动化流程中的技术手段，能够更为清晰地了解工业机器人在塑料制造自动化中的技术应用及其实际效能。从当前实践领域中所观察到的工业机器人的应用状况来分析，工业机器人在塑料制造自动化中的应用前景较为广阔，且值得在相关制造业领域中进行推广。塑料工业的要求越来越高，人工已经没有办法很好地满足。要跻身塑料工业，需符合极为严格的标准，这对工业机器人来说毫无问题。工业机器人具有作业速度快、高效、灵活的特点，能承受较大载荷，因此可以满足日益增长的生产质量和生产效率的要求，并确保企业在今后的市场竞争中具有决定性的竞争优势。

1. 任务描述

本任务利用 ABB 工业机器人 IRB1410 配合全自动注塑机来完成物料的取件过程。全自动注塑机通过关门—合模—注射—保压—开模—开门—顶出来完成注塑过程。该工业机器人利用先进的软浮动功能配合取件，按照物料托盘的规格阵列摆放物料，从而实现高压注塑无人化工作。

注塑取件工作站如图 8-22 所示。在该工作站中已经预设取件动作效果与 I/O 配置，只需要在此工作站中依次完成程序数据创建、目标点示教、程序编写及调试，即可完成整个注塑取件工作。

图 8-22 注塑取件工作站

2. 工艺介绍

1）布局图

根据已知信息，对占地面积及工艺流程的流畅性和可行性进行分析，作出比较合理的布局方式，如图 8-23 所示。

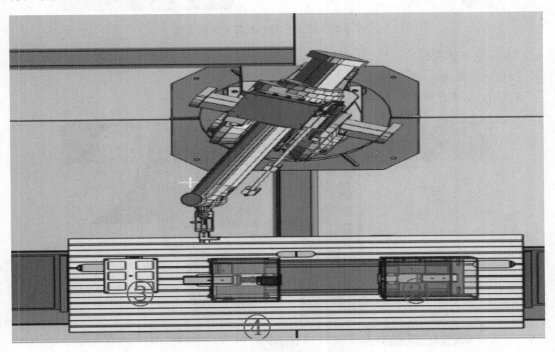

图 8-23 注塑取件工作站布局图

图 8-23 中各部分标识的说明如下：

①ABB 工业机器人 IRB1410 本体；

② 全自动注塑机；

③ 物料托盘；

④ 配盘桌。

2）工艺参数

目标：用工业机器人 IRB1410 从全自动注塑机中取件，将物料以 2×3 的方式阵列放置于物料托盘上，如图 8-24 所示。

图 8-24　托盘中物料放置示意图 1

产品：立方体物料。

规格：长 50 mm，宽 50 mm，高 50 mm，重 0.2 kg。

放料台 X 轴方向间距为 84 mm，如图 8-25 所示。

图 8-25　托盘中物料放置示意图 2

放料台 Y 轴方向间距为 70 mm,如图 8-26 所示。

图 8-26 托盘中物料放置示意图 3

节拍:10 s/件。

设备说明:

仿真注塑机如图 8-27 所示,图中各部分标识的说明如下:

① 模拟螺杆;

② 模拟料斗;

③ 模拟防护门;

④ 模拟动模;

⑤ 模拟顶针;

⑥ 模拟定模;

⑦ 模拟机体。

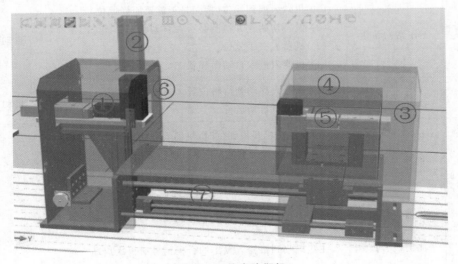

图 8-27 仿真注塑机

末端操作器说明：

末端操作器如图 8-28 所示。单向电磁阀驱动夹手动作，夹手夹持范围为 45～65 mm，夹手表面为磨砂表面，可增加其摩擦力。

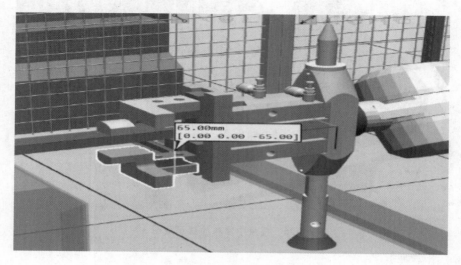

图 8-28　末端操作器

3）工艺流程

（1）注塑取件工艺流程如下。

注塑取件工作站的工艺流程

步　骤	作业名称	作业内容	备　注
第 1 步	设备手动复位	工作前的准备。将注塑机顶针、动模、压射螺杆复位，加入原料	手动作业
第 2 步	工作站初始化	（1）机器人回到原位（检测是否需要回到原位）； （2）设备初始化并检测是否在自动状态； （3）机器人夹手复位； （4）机器人进入自动循环状态	自动完成
第 3 步	工作站启动	（1）机器人移动到待料位置； （2）注塑机自动运行	自动完成
第 4 步	机器人取件	（1）当注塑机开模到位时，机器人开始进入危险区域； （2）机器人到取料点后，发出顶针顶出信号，同时机器人开启软浮动功能； （3）机器人夹取物料，退出危险区域	自动完成
第 5 步	机器人放料	机器人根据取件的序号放置物料	自动完成
	注射机合模	注塑机收到机器人发出的合模信号后再次启动	
第 6 步	循环动作	重复步骤 4、5，当物料托盘满载时程序停止	自动完成

（2）机器人各环节动作说明如下。

步骤 1:初始化状态。机器人在原点位置等待;注塑机料斗有料,顶针、动模均在打开位置。

步骤 2:注塑机合模,机器人在待料位置等待。

步骤 3:螺杆注射,模拟顶出物料。

步骤 4:开模,打开保护罩,机器人进入危险区域。

步骤 5:机器人移动到取料点,注塑机顶出物料,末端操作器夹持物料。

	步骤6:机器人第一次放料,同时注塑机生产第二件物料。
	步骤7:依次循环,完成六个物料的注塑取件过程。

4)任务实施

任务实施流程如下。

	步骤1:找到文件夹"项目八配套任务",打开文件夹"task3"后,打开文件"task_3_X1_EXE",查看生产过程。
 task_3_X1_Student	步骤2:找到文件 RobotStudio 中的打包文件"task_3_X1_Student"并双击打开,根据解压向导解压该工作站,解压完成后关闭该解压对话框,等待控制器完成启动。
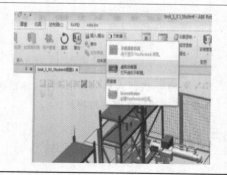	步骤3:依次单击"控制器"—"示教器",打开虚拟示教器。

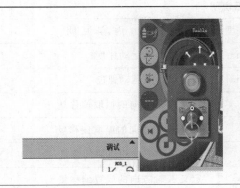

步骤 4：打开虚拟示教器后，单击示教器上的小控制柜图标（位于手动摇杆的左边），将机器人的模式改为手动模式（钥匙在左侧为自动，钥匙在中间为手动，钥匙在右侧为全速手动，有的控制柜只有手动模式和自动模式，没有全速手动模式）。

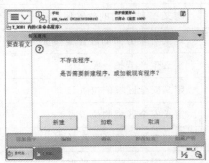

步骤 5：单击"ABB 菜单"，选择"程序编辑器"，单击"新建"，等待例行程序完成新建。

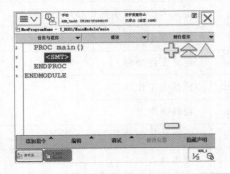

步骤 6：例行程序新建完成后，开始进行编程（I/O 配置已做好）。开始编程之前完善程序数据（各程序数据见"程序数据说明"）。

步骤 7：程序数据以及程序完善后，开始检查，检查无误后示教目标点，完成程序调试。

5）程序数据说明

程序数据说明如下。

程序数据说明

序号	名称	存储类型	数据类型	内容说明
1	vFast	CONST	speeddata	定义机器人运动速度
2	vLow	CONST	speeddata	定义机器人运动速度
3	nPickOff_X	PERS	num	定义 X 轴方向的抓取偏移量
4	nPickOff_Y	PERS	num	定义 Y 轴方向的抓取偏移量
5	nPickOff_Z	PERS	num	定义 Z 轴方向的抓取偏移量
6	nplaceOff_X	PERS	num	定义 X 轴方向的放置偏移量
7	nplaceOff_Y	PERS	num	定义 Y 轴方向的放置偏移量
8	55	PERS	num	定义 Z 轴方向的放置偏移量
9	nCTime	PERS	num	定义生产节拍
10	PosExtRobSafe1	PERS	pos	定义安全区域的位置点
11	PosExtRobSafe2	PERS	pos	定义安全区域的位置点
12	shExtRobSafe	VAR	shapedata	定义安全区域的形状数据
13	wzExtRobSafe	PERS	wzstationary	定义固定形式全局数据
14	NProduct	VAR	num	定义生产过程中的产品序号
15	hold	PERS	tooldata	定义夹手的工具数据
16	wobj_plank	PERS	wobjdata	定义工件坐标
17	pHome	CONST	robtarget	机器人工作原点
18	pick_10	CONST	robtarget	物料抓取点
19	pWaitDCM	CONST	robtarget	注塑机外等待点
20	drop_10	CONST	robtarget	放料基点
21	drop_20	CONST	robtarget	放料中转点
22	drop_30	CONST	robtarget	放料中转点

3. I/O 列表

I/O 列表如下。

注塑取件工作站

1. I/O 板说明

Name	使用来自模板的值	Network	Address
Board10	DSQC 652	DeviceNet	10

2. I/O 信号列表

Name	Type of Signal	Assigned to Device	Device Mapping	I/O 说明
do01RobInHome	DO	Board10	1	机器人在原点信号
do02GripperON	DO	Board10	2	夹取信号
do04StartDCM	DO	Board10	4	关模信号
do05RobInDCM	DO	Board10	5	机器人在模具中信号
do06AtPartCheck	DO	Board10	6	检测物料信号
do07Eject	DO	Board10	7	顶针顶出信号
di01DCMAuto	DI	Board10	1	注塑机是否在自动状态
di02DoorOpen	DI	Board10	2	安全门开到位
di03DieOpen	DI	Board10	3	动模开到位
di04pickok	DI	Board10	4	夹取完成
di05_Start	DI	Board10	5	外接"开始"
di06LsEjectFWD	DI	Board10	6	顶针前进到位
di07_EstopReset	DI	Board10	7	急停复位

3. 系统输入输出关联配置表

Type of Signal	Signal Name	Action/Status	Argument
System Input	di04_Start	Start	Continuous
System Input	di07_EstopReset	Reset Emergency Stop	—

4. 信号网络

机器人输出			机器人输入		
ABB 工业机器人	PLC(Smart 组件)	备注	PLC(Smart 组件)	ABB 工业机器人	备注
do02GripperON	hold			di01DCMAuto	
do04StartDCM	auto		DoorOpen	di02DoorOpen	
do07Eject	FWD		DieOpen	di03DieOpen	
			pick_ok	di04pickok	
			EjectFWD	di06LsEjectFWD	

5. 工作站信号

auto_start——工作站自动运行信号对应机器人的 di01DCMAuto

auto_reset——工作站启动前先执行一次设备复位

4. 程序说明

1）程序结构说明

程序结构说明如下。

程序结构说明

序 号	名 称	类 型	内 容
1	rPowerON	PROC	例行程序:安全区域设定配合 event
2	main	PROC	例行程序:主程序,是一个程序的开头
3	rInitAll	PROC	例行程序:初始化,用来复位整个程序中的初始运行环境,包括信号、数据和回到原位
4	rCheckHomePos	PROC	例行程序:机器人检测原位点,根据情况回到原位点
5	rCycleTime	PROC	例行程序:计算物料的生产节拍
6	rExtracting	PROC	例行程序:合模取件程序
7	rGripperOpen	PROC	例行程序:夹手打开程序
8	rGripperClose	PROC	例行程序:夹手闭合程序
9	rSoftActive	PROC	例行程序:软伺服打开程序
10	rReset_Out	PROC	例行程序:信号复位程序
11	rCheckHomePos	PROC	例行程序:原点判断程序
12	bCurrentPos	FUNC	功能程序:位置检测
13	pPlace	PROC	例行程序:物料阵列

2）程序示例

```
MODULE ExtMain
!数据声明
CONST speeddata vFast:=[500,200,5000,1000];
CONST speeddata vLow:=[500,100,5000,1000];
PERS num nPickOff_X:=0;
PERS num nPickOff_Y:=-40;
PERS num nPickOff_Z:=0;
PERS num55:=55;
PERS num nplaceOff_X:=70;
PERS num nplaceOff_Y:=84;
PERS num nCTime:=0.2;
PERS pos PosExtRobSafe1:=[995,245,782];
PERS pos PosExtRobSafe2:=[1283,-56,1010];
VAR shapedata shExtRobSafe;
PERS wzstationary wzExtRobSafe:=[1];
VAR num NProduct:=0;
PERS tooldata hold:=[TRUE,[[0,-30,171.5],[0,-0.707106781,0.707106781,0]],[1,[0,0,
1],[1,0,0,0],0,0,0]];
  TASK PERS wobjdata wobj_plank:=[FALSE,TRUE,"",[[1005.279,-430.74,811],[1,0,0,0]],
[[0,0,0],[1,0,0,0]]];
  PERS tooldata hold1:=[TRUE,[[0,-1,198],[1,0,0,0]],[1,[0,0,1],[1,0,0,0],0,0,0]];
  CONST  robtarget  pHome: = [[ 854. 972646499, - 240. 272664083, 952. 641894385],
```

```
[0.499999942,-0.500000118,-0.499999878,0.500000062],[-1,-1,-2,0],[9E+09,9E+09,9E+
09,9E+09,9E+09,9E+09]];
    CONST robtarget drop_30:=[[-150.306357131,161.847926928,111.673689201],
[0.016274775,-0.706919466,-0.01627469,0.706919469],[-1,-1,-3,0],[9E+09,9E+09,9E+09,
9E+09,9E+09,9E+09]];
    CONST robtarget drop_20:=[[-22.502420672,-62.218452846,123.805561043],
[-0.000000026,0.707107304,0.000000966,-0.707106259],[-1,-1,-3,0],[9E+09,9E+09,9E+
09,9E+09,9E+09,9E+09]];
    CONST robtarget drop_10:=[[164,-26,45.000103362],[0,-0.707106781,0,0.707106781],
[-1,-1,-3,0],[9E+09,9E+09,9E+09,9E+09,9E+09,9E+09]];
PROC rPowerON()
    PosExtRobSafe1:=[995,245,782];
    PosExtRobSafe2:=[1283,-56,1010];
    WZBoxDef\Inside,shExtRobSafe,PosExtRobSafe1,PosExtRobSafe2;
    WZDOSet\Start,wzExtRobSafe\Inside,shExtRobSafe,do05RobInDCM,1;
    ErrWrite "power on ok!","world zone";
ENDPROC
PROC main()
    rInitAll;
!初始化程序
WHILE TRUE DO
    rCycleTime;
!周期计时
    IF di01DCMAuto=1 and NProduct<=6 THEN
!判断注塑机是否自动切生产产品小于 6 pcs
    rExtracting;
!用注塑机生产和取件例行程序
    pPlace;
!产品阵列放置
    ENDIF
    IF NProduct>6 THEN
!当产品数量大于 6 时停止生产
    Stop;
    ENDIF
    WaitTime 0.2;
!放置程序过载
    ENDWHILE
ENDPROC
PROC rInitAll()
    AccSet 100,100;
!加速度设定
    VelSet 100,3000;
!速度设定
    rReset_Out;
!调用信号复位程序
```

```
        rGripperClose;
!夹手初始化
        rGripperOpen;
        rCheckHomePos;
!原点判断
        NProduct:=1;
!产品序号初始化
        ENDPROC
        PROC rExtracting()
        MoveJ pHome,vFast,fine,hold\WObj:=wobj0;
        MoveJ pWaitDCM,vFast,z20,hold\WObj:=wobj0;
!机器人运行到待料点
        IF NProduct=1 THEN
!如果是第一个产品,启动注塑机
        PulseDO\PLength:=0.5,do04StartDCM;
        ENDIF
        WaitDI di03DieOpen,1;
!等待动模到位
        WaitDI di02DoorOpen,1;
!等待安全门到位
        WaitDI di04pickok,0;
!手爪无料
        MoveJ Offs(pick_10,nPickOff_X,nPickOff_Y,nPickOff_Z),vLow,fine, hold\WObj:=wobj0;
        MoveJ pick_10,vLow,fine,hold\WObj:=wobj0;
!机器人运动到抓取点
        rSoftActive;
!开启软伺服功能
        Set do07Eject;
!顶针顶出
        WaitDI di06LsEjectFWD,1;
!等待顶出到位
        rGripperClose;
!闭合夹爪
        WaitDI di04pickok,1;
!等待夹住产品
        Reset do07Eject;
!复位顶针
        rSoftDeactive;
!关闭软伺服功能
        MoveJ Offs(pick_10,nPickOff_X,nPickOff_Y,nPickOff_Z),vLow,z10,hold\WObj:=wobj0;
        MoveJ pWaitDCM,vFast,z20,hold\WObj:=wobj0;
        MoveJ pHome,vFast,fine,hold\WObj:=wobj0;
!机器人移动到 pHome 点
        PulseDO\PLength:=0.5,do04StartDCM;
!启动注塑机
```

```
    ENDPROC
    FUNC bool bCurrentPos(
    robtarget ComparePos,
```
!判断当前位置和目标位置的误差是否在 50 mm 以内
```
    INOUT tooldata TCP)
    !Function to compare current manipulator position with a given position
    VAR num Counter:=0;
    VAR robtarget ActualPos;
    ActualPos:=CRobT(\Tool:=TCP\WObj:=wobj0);
    IF ActualPos.trans.x>ComparePos.trans.x-25 AND ActualPos.trans.x<ComparePos.
trans.x+25 Counter:=Counter+1;
    IF ActualPos.trans.y>ComparePos.trans.y-25 AND ActualPos.trans.y<ComparePos.
trans.y+25 Counter:=Counter+1;
    IF ActualPos.trans.z>ComparePos.trans.z-25 AND ActualPos.trans.z<ComparePos.
trans.z+25 Counter:=Counter+1;
    IF ActualPos.rot.q1>ComparePos.rot.q1-0.1 AND ActualPos.rot.q1<ComparePos.rot.
q1+0.1 Counter:=Counter+1;
    IF ActualPos.rot.q2>ComparePos.rot.q2-0.1 AND ActualPos.rot.q2<ComparePos.rot.
q2+0.1 Counter:=Counter+1;
    IF ActualPos.rot.q3>ComparePos.rot.q3-0.1 AND ActualPos.rot.q3<ComparePos.rot.
q3+0.1 Counter:=Counter+1;
    IF ActualPos.rot.q4>ComparePos.rot.q4-0.1 AND ActualPos.rot.q4<ComparePos.rot.
q4+0.1 Counter:=Counter+1;
    RETURN Counter=7;
  ENDFUNC
    PROC rCheckHomePos()
```
!判断原点例行程序
```
    VAR robtarget pActualPos1;
   IF NOT bCurrentPos(pHome,hold) THEN
    Stop;
```
!机器人移动到安全位置,手动回到原点
```
    ENDIF
  ENDPROC
    PROC rReset_Out()
    Reset do04StartDCM;
    Reset do06AtPartCheck;
    Reset do08pphome;
    Reset do01RobInHome;
    Reset do07Eject;
    WaitDI di03DieOpen,0;
    WaitDI di02DoorOpen,0;
  ENDPROC
  PROC rCycleTime()
    ClkStop clock1;
```

```
!停止计时
    nCTime:=ClkRead(clock1);
    TPWrite "the cycletime is"\Num:=nCTime;
    ClkReset clock1;
    ClkStart clock1;
!开始计时
ENDPROC
PROC rSoftActive()
!软化轴
    SoftAct 1,99;
    SoftAct 2,100;
    SoftAct 3,100;
    SoftAct 4,95;
    SoftAct 5,95;
    SoftAct 6,95;
    WaitTime 0.3;
ENDPROC
PROC rSoftDeactive()
!取消软化轴
    SoftDeact;
    WaitTime 0.3;
    ENDPROC
PROC rHome()
    MoveJ pHome,vFast,fine,hold\WObj:=wobj0;
    ENDPROC
    PROC rGripperOpen()
      Reset do02GripperON;
      WaitTime 1.3;
    ENDPROC
    PROC rGripperClose()
      Set do02GripperON;
      WaitTime 1.3;
    ENDPROC
    PROC pPlace()
    !放料例行程序
    MoveJ pHome,vLow,z50,hold;
      MoveL drop_30,vLow,z50,hold\WObj:=wobj_plank;
      MoveL drop_20,vLow,z50,hold\WObj:=wobj_plank;
      TEST NProduct
      CASE 1:
      MoveL Offs(drop_10,0,0,55),vLow,fine,hold\WObj:=wobj_plank;
      MoveL Offs(drop_10,0,0,0),vLow,fine,hold\WObj:=wobj_plank;
      rGripperOpen;
      CASE 3:
```

```
        MoveL Offs(drop_10,-70,0,55),vLow,fine,hold\WObj:=wobj_plank;
        MoveL Offs(drop_10,-70,0,0),vLow,fine,hold\WObj:=wobj_plank;
        rGripperOpen;
        CASE 2:
        MoveL Offs(drop_10,0,-84,55),vLow,fine,hold\WObj:=wobj_plank;
        MoveL Offs(drop_10,0,-84,0),vLow,fine,hold\WObj:=wobj_plank;
        rGripperOpen;
        CASE 4:
        MoveL Offs(drop_10,-70,-84,55),vLow,fine,hold\WObj:=wobj_plank;
        MoveL Offs(drop_10,-70,-84,0),vLow,fine,hold\WObj:=wobj_plank;
        rGripperOpen;
        CASE 5:
        MoveL Offs(drop_10,-140,0,55),vLow,fine,hold\WObj:=wobj_plank;
        MoveL Offs(drop_10,-140,0,0),vLow,fine,hold\WObj:=wobj_plank;
        rGripperOpen;
        CASE 6:
        MoveL Offs(drop_10,-140,-84,55),vLow,fine,hold\WObj:=wobj_plank;
        MoveL Offs(drop_10,-140,-84,0),vLow,fine,hold\WObj:=wobj_plank;
        rGripperOpen;
        ENDTEST
            NProduct:=NProduct+1;
!产品计数累加
            MoveL drop_20,v1000,fine,hold\WObj:=wobj_plank;
            MoveL drop_30,v1000,fine,hold\WObj:=wobj_plank;
            MoveJ pHome,v1000,z50,hold;
        ENDPROC
ENDMODULE
```

3）点位调试示意图

（1）抓取基点 pick_10 如图 8-29 所示。

图 8-29　抓取基点 pick_10

（2）放置基点 drop_10 如图 8-30 所示。

图 8-30　放置基点 drop_10

（3）机器人原位点 pHome 如图 8-31 所示。

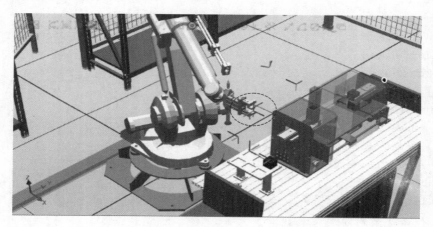

图 8-31　机器人原位点 pHome

（4）机器人待料点 pWaitDCM 如图 8-32 所示。

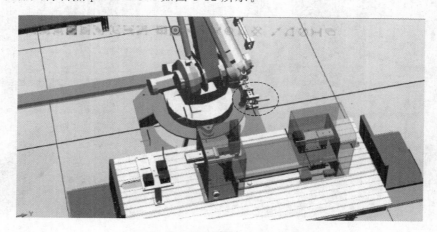

图 8-32　机器人待料点 pWaitDCM

（5）工具坐标 hold 如图 8-33 所示。

图 8-33　工具坐标 hold

调试说明

（1）工作站一定要先 auto_reset 一次才能生产第一个物料；

（2）点位调试时要把握好各方向上的间距，以防止碰撞；

（3）开始调试前应确保塑件组中只有一个方块物料。

【任务实施】

➢ 调试工业机器人注塑取件程序。

◀ 任务 8-4　工业机器人装配工艺程序调试 ▶

【任务学习】

➢ 掌握工业机器人装配工艺程序调试过程。

装配是产品生产的后续工序，与其他应用如焊接、喷漆、搬运相比，装配机器人需要经常与环境进行交互，并且对接触力控制有一定的要求。装配是指将零件按规定的技术要求组装起来，并经过调试、检验，使之成为合格产品的过程。装配始于装配图纸的设计。装配机器人是柔性自动化装配系统的核心设备，由机器人操作机、控制器、末端执行器和传感系统组成。其中：操作机的结构类型有水平关节型、直角坐标型、多关节型和圆柱坐标型等；控制器一般采用多 CPU 或多级计算机系统，以实现运动控制和运动编程；末端执行器为适应不同的装配对象而设计有各种手爪和手腕等；传感系统用于获取装配机器人与环境和装配对象之间相互作用的信息。越来越灵活的机器人不需要全部重新设计，因此，当不再需要最初的应用时，初期投资不会再被浪费掉。和刚性自动化相比，柔性机器人系统能够针对新的任务重新进行编程，并且，如果它们再度被出售的话，仍然具有价值。通过编程，现在新的柔性机器人在一些因素，如轨迹、速度和在一个部件上施加力方面，能够为人们提供更好的控制。

1. 任务描述

本任务利用 ABB 工业机器人 IRB1410 配合自主设计的简易气动夹具和仿真板的减速

器来实现减速器轴杆、减速器轴套和端盖的装配过程。

装配工作站如图 8-34 所示。在该工作站中已经预设取件动作效果与 I/O 配置,只需要在此工作站中依次完成程序数据创建、目标点示教、程序编写及调试,即可完成整个减速器的装配工作。

图 8-34 装配工作站

2. 工艺介绍

1)布局图

根据已知信息,对占地面积及工艺流程的流畅性和可行性进行分析,作出比较合理的布局方式,如图 8-35 所示。

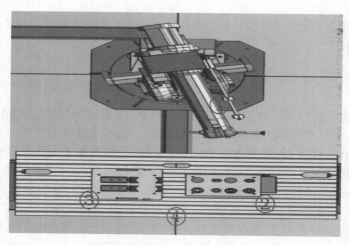

图 8-35 装配工作站布局图

图 8-35 中各部分标识的说明如下:

① ABB 工业机器人 IRB1410 本体;

② 定位治具;

③ 装配治具;

④ 配盘桌。

2) 工艺参数

目标：用机器人配合夹具完成两个减速器的装配工艺。

装配工作站示意图如图 8-36 所示。

图 8-36　装配工作站示意图

产品规格：如图 8-37 至图 8-40 所示。

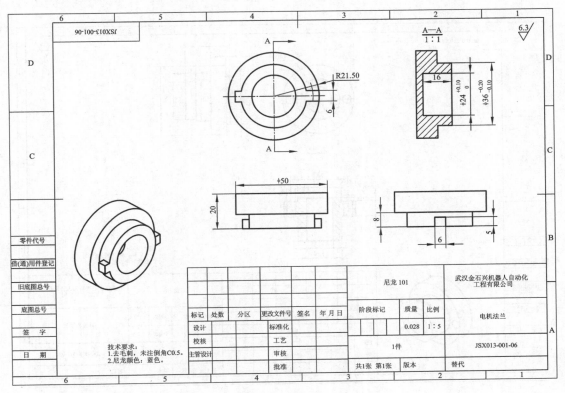

图 8-37　零件图 1

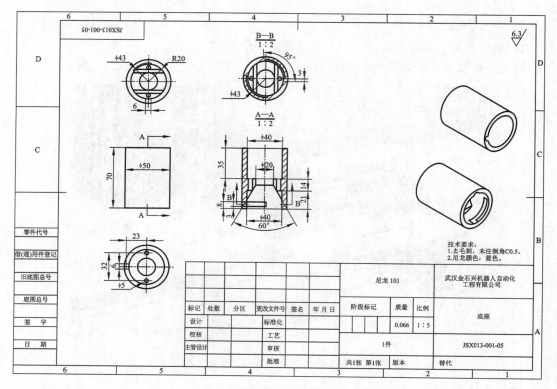

图 8-38 零件图 2

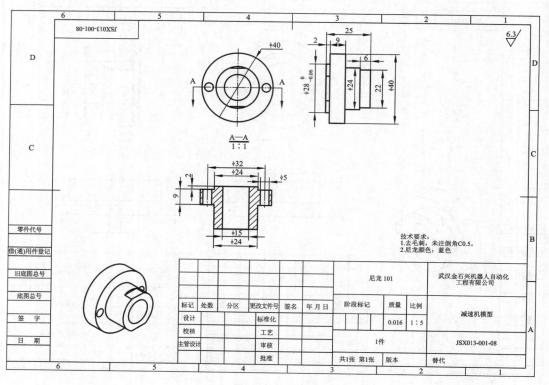

图 8-39 零件图 3

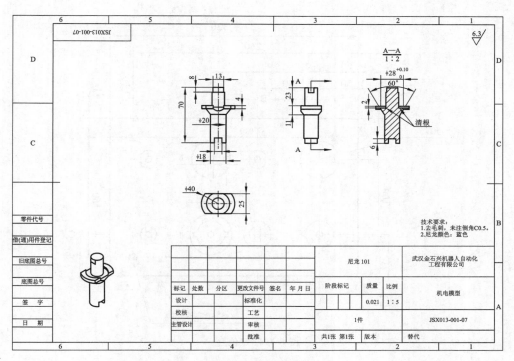

图 8-40 零件图 4

装配关系：如图 8-41 所示。

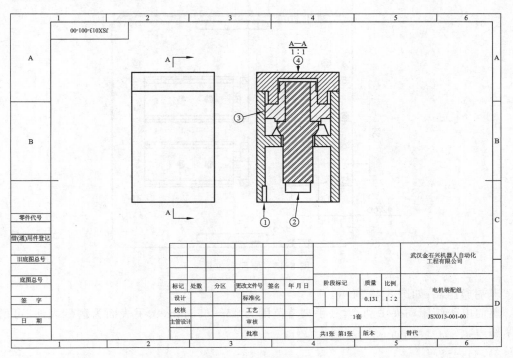

图 8-41 装配关系

定位台：如图 8-42 所示。

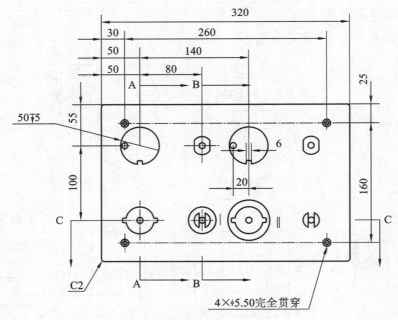

图 8-42　定位台

装配台位置:如图 8-43 所示。

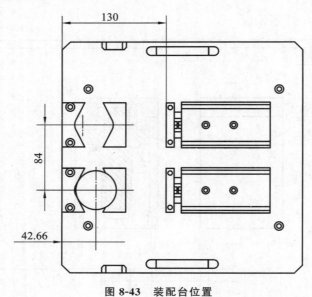

图 8-43　装配台位置

末端操作器:如图 8-44 所示。

单向电磁阀驱动夹手动作,夹手夹持范围为 45～65 mm,夹手表面为磨砂表面,可增加其摩擦力。

3）工艺流程

（1）装配工作站的工艺流程如下。

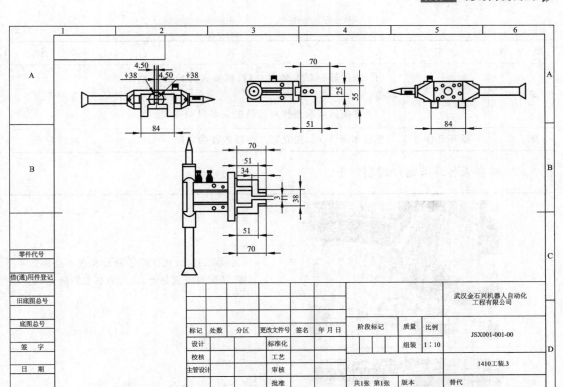

图 8-44 末端操作器

装配工作站的工艺流程

步　　骤	作业名称	作业内容	备　　注
第1步	设备 手动复位	通过手动I/O操作将夹持气缸复位,将待装配的零件定位放置	手动作业
第2步	工作站 初始化	(1) 机器人回到原位(通过检测是否需要回到原位); (2) 定位工作台,检测零件是否放置正确; (3) 机器人夹手复位; (4) 机器人进入自动循环状态	自动完成
第3步	工作站启动	(1) 机器人判断定位台、装配台是否有料,机器人开始夹取减速器外壳; (2) 减速器外壳以内撑的方式夹持; (3) 放置装配台,夹紧气缸	自动完成
第4步	安装 减速器轴杆	(1) 减速器外壳安装完成后,机器人开始夹取减速器轴杆; (2) 将减速器轴杆按对应装配关系自动安装	自动完成
第5步	安装 减速器轴套	(1) 减速器轴杆安装完成后,机器人开始夹取减速器轴套; (2) 将减速器轴套按对应装配关系自动安装	自动完成

续表

步　　骤	作 业 名 称	作 业 内 容	备　　注
第6步	安装 减速器端盖	（1）减速器轴套安装完成后，机器人开始夹取减速器端盖； （2）将减速器端盖按对应装配关系自动安装	自动完成
第7步	循环动作	重复步骤3～6，完成第二个减速器的装配	自动完成

（2）机器人各环节动作说明如下。

步骤1：初始化状态。机器人在原点位置等待；装配台气缸打开，定位台物料放置正确。

步骤2：当条件满足后，开始抓取减速器外壳时，机器人运动，以内撑方式抓取减速器外壳。

步骤3：机器人运动到装配台放置位置，气缸伸出。

步骤4：机器人完成减速器外壳夹持后，按照左图所示的方式夹持减速器轴杆。

续表

步骤 5:机器人运动到装配台放置位置,放置减速器轴杆。

步骤 6:机器人按照左图所示的方式夹持减速器轴套。

步骤 7:机器人放置减速器轴套。

步骤 8:机器人吸取减速器端盖。

步骤 9:机器人将减速器端盖旋入减速器外壳中,即完成一台减速器的装配。

4）任务实施

任务实施流程如下。

	步骤1：找到文件夹"项目八配套任务"，打开文件夹"task4"后，打开文件"task_4_X1_EXE"，查看生产过程。

task_4_X1_Student | 步骤2：找到文件 RobotStudio 中的打包文件"task_4_X1_Student"并双击打开，根据解压向导解压该工作站，解压完成后关闭该解压对话框，等待控制器完成启动。 |
	步骤3：依次单击"控制器"—"示教器"，打开虚拟示教器。
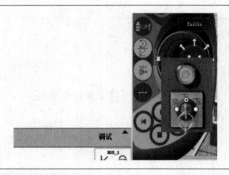	步骤4：打开虚拟示教器后，单击示教器上的小控制柜图标（位于手动摇杆的左边），将机器人的模式改为手动模式（钥匙在左侧为自动，钥匙在中间为手动，钥匙在右侧为全速手动，有的控制柜只有手动模式和自动模式，没有全速手动模式）。
	步骤5：单击"ABB 菜单"，选择"程序编辑器"，单击"新建"，等待例行程序完成新建。

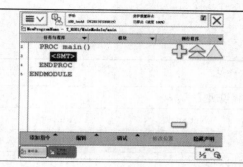

步骤 6:例行程序新建完成,开始进行编程(I/O 配置已做好)。开始编程之前完善程序数据(各程序数据见"程序数据说明")。

步骤 7:程序数据以及程序完善后,开始检查,检查无误后示教目标点,完成程序调试。

5) 程序数据说明

程序数据说明如下。

程序数据说明

序 号	名 称	存储类型	数据类型	内 容 说 明
1	midvel	CONST	speeddata	定义机器人运动速度
2	Point_H	PERS	num	定义 Z 轴方向的抓取偏移量
3	Nbasket	PERS	num	定义抓取的是左边的减速器还是右边的减速器
4	on_product	PERS	num	定义抓取零件序号
5	Hold1	PERS	tooldata	定义夹手的工具数据
6	Hold	PERS	tooldata	定义夹手的工具数据
7	grip	PERS	tooldata	定义夹手的工具数据
8	wobj1	PERS	wobjdata	定义工件坐标
9	pickA	CONST	robtarget	定义抓取减速器外壳基点
10	pickB	CONST	robtarget	定义抓取减速器轴杆基点
11	pickC	CONST	robtarget	定义抓取减速器轴套基点
12	pickD1	CONST	robtarget	定义抓取减速器端盖基点
13	pickD2	CONST	robtarget	定义抓取减速器端盖过渡点
14	pickD3	CONST	robtarget	定义抓取减速器端盖过渡点
15	pickD4	CONST	robtarget	定义放置减速器端盖基点

3. I/O 列表

I/O 列表如下。

装配工作站

1. I/O 板说明

Name	使用来自模板的值	Network	Address
Board10	DSQC 652	DeviceNet	10

2. I/O 信号列表

Name	Type of Signal	Assigned to Device	Device Mapping	I/O 说明
DO_Grip	DO	Board10	4	手爪吸附信号
DO_pickA	DO	Board10	1	夹取减速器外壳
DO_pickB	DO	Board10	2	夹取减速器外壳
DO_pickC	DO	Board10	3	夹取减速器外壳
DO_pressA	DO	Board10	5	装配台气缸动作 1
DO_pressB	DO	Board10	6	装配台气缸动作 2
DI_auto	DI	Board10	7	启动信号
DI_PickA	DI	Board10	1	夹取减速器外壳到位
DI_PickB	DI	Board10	2	夹取减速器外壳到位
DI_PickC	DI	Board10	3	夹取减速器外壳到位
DI_GripD	DI	Board10	4	手爪吸附信号到位
DI_noneA	DI	Board10	5	装配台无料 1
DI_noneB	DI	Board10	6	装配台无料 2
Assemble1	DI	Board10	8	定位台有产品 1
Assemble2	DI	Board10	9	定位台有产品 2

3. 信号网络

机器人输出			机器人输入		
ABB 工业机器人	PLC(Smart 组件)	备注	PLC(Smart 组件)	ABB 工业机器人	备注
DO_Grip	holdD		Pick_okD	DI_PickA	
DO_pickA	holdA		Pick_okA	DI_PickB	
DO_pickB	holdB		Pick_okB	DI_PickC	
DO_pickC	holdD		Pick_okC	DI_GripD	
DO_pressA	pressA		None1	DI_noneA	
DO_pressB	pressB		None2	DI_noneB	
			Assemble1	Assemble1	
			Assemble2	Assemble2	

<table>
<tr><td colspan="2" align="center">4. 工作站信号</td></tr>
<tr><td colspan="2" align="center">auto_start——工作站自动运行信号对应机器人的 DI_auto</td></tr>
<tr><td colspan="2" align="center">auto_reset——工作站启动前先执行一次设备复位</td></tr>
</table>

4. 程序说明

1）程序结构说明

程序结构说明如下。

程序结构说明

序 号	名 称	类 型	内 容
1	rInitAll	PROC	例行程序:初始化,用来复位整个程序中的初始运行环境,包括信号、数据和回到原位
2	main	PROC	例行程序:主程序,是一个程序的开头
3	Pick_A	PROC	例行程序:减速器外壳装配程序
4	Pick_B	PROC	例行程序:减速器轴杆装配程序
5	Pick_C	PROC	例行程序:减速器轴套装配程序
6	Pick_D	PROC	例行程序:减速器端盖装配程序
7	rCheckHomePos	PROC	例行程序:原点判断程序
8	bCurrentPos	FUNC	功能程序:位置检测

2）程序示例

```
MODULE Module1
!数据声明
  CONST robtarget pHome: = [[ 654. 039892584, 168. 916495956, 827. 00009003], [ 0. 000000348,
0.707106492,0.707107071,0.000000591],[0,-1,-1,0],[9E+09,9E+09,9E+09,9E+09,9E+09,9E+09]];
  CONST robtarget pickD3: = [[50. 000164543, - 233. 874333338, - 9. 278275441], [ - 0. 000000412,
0.707106952,-0.70710661,0.00000012],[0,0,1,0],[9E+09,9E+09,9E+09,9E+09,9E+09,9E+09]];
  CONST robtarget pickD2: = [[50. 000340126, 54. 99975858, - 44. 961215691], [ - 0. 000000197,
0.707106978,-0.707106584,-0.000000484],[0,0,1,0],[9E+09,9E+09,9E+09,9E+09,9E+09,9E+09]];
  CONST robtarget pickD1: = [[ 49. 999997208, 55. 000014748, - 10. 99999258], [ 0. 000000119,
0.707106865,-0.707106698,0.000000071],[0,0,1,0],[9E+09,9E+09,9E+09,9E+09,9E+09,9E+09]];
  CONST robtarget pickA: = [[50. 000313293, 154. 999889735, - 60. 485937334], [1, - 0. 000000498,
0.000000011,-0.000000231],[0,-1,-1,0],[9E+09,9E+09,9E+09,9E+09,9E+09,9E+09]];
  CONST robtarget pickA1:=[[50.000000279,155.000001099,-73.101333203],[1,0,0,0],[0,0,-1,0],
[9E+09,9E+09,9E+09,9E+09,9E+09,9E+09]];
  CONST robtarget pickB: = [[129. 999990443, 55. 000033259, - 66. 221983716], [1, - 0. 000000498,
0.000000011,-0.000000231],[0,-1,-1,0],[9E+09,9E+09,9E+09,9E+09,9E+09,9E+09]];
  CONST robtarget pickB1: = [[129. 999991709, 55. 000049161, - 68. 962361344], [1, - 0. 000000498,
0.000000011,-0.000000231],[0,-1,-1,0],[9E+09,9E+09,9E+09,9E+09,9E+09,9E+09]];
  CONST robtarget pickC: = [[129. 999974254, 154. 999993566, - 14. 000005116], [ 0. 707106946,
```

```
-0.000000403,0.00000029,0.707106616],[0,-1,0,0],[9E+09,9E+09,9E+09,9E+09,9E+09,9E+09]];
    CONST robtarget pickC2:=[[129.999974132,155.000032056,-23.99996034],[1,-0.000000498,
0.000000011,-0.000000231],[0,-1,-1,0],[9E+09,9E+09,9E+09,9E+09,9E+09,9E+09]];
    CONST robtarget placeA1:=[[-140.000034852,146.999889564,-84.999972284],[1,-0.000000498,
0.000000011,-0.000000231],[-1,0,-2,0],[9E+09,9E+09,9E+09,9E+09,9E+09,9E+09]];
    CONST robtarget placeA:=[[-140.000033705,146.999912271,-75.40027573],[1,-0.000000498,
0.000000011,-0.000000231],[-1,0,-2,0],[9E+09,9E+09,9E+09,9E+09,9E+09,9E+09]];
    CONST robtarget pickA11:=[[0,0,0],[1,0,0,0],[0,0,0,0],[9E+09,9E+09,9E+09,9E+09,9E+09,
9E+09]];
    CONST robtarget pickA10:=[[-140.00,147.00,-75.40],[1,-4.68597E-07,1.34598E-08,-2.89267E
-07],[-1,0,-2,0],[9E+09,9E+09,9E+09,9E+09,9E+09,9E+09]];
    CONST robtarget pHome10:=[[-140.00,147.00,-75.40],[1,-4.68597E-07,1.34598E-08,-2.89267E
-07],[-1,0,-2,0],[9E+09,9E+09,9E+09,9E+09,9E+09,9E+09]];
    CONST robtarget placeA11:=[[-140.00,147.00,-75.40],[1,-4.68597E-07,1.34598E-08,-2.89267E
-07],[-1,0,-2,0],[9E+09,9E+09,9E+09,9E+09,9E+09,9E+09]];
    VAR num Point_H:=50;
    VAR num Nbasket:=0;
    VAR num on_product:=1;
    CONST speeddata midvel:=[200,500,5000,1000];
    CONST robtarget Target_10:=[[-73.1096179,151.58718143,-155.810374391],[1,0.000000483,
-0.000000024,-0.00000021],[-1,0,-2,0],[9E+09,9E+09,9E+09,9E+09,9E+09,9E+09]];
    CONST robtarget pickD4:=[[-140.000019455,146.999986834,-80.399980844],[-0.000000119,
0.707106865,-0.707106698,0.000000071],[-1,-1,2,0],[9E+09,9E+09,9E+09,9E+09,9E+09,9E+09]];
    PERS tooldata hold:=[TRUE,[[0.724,-30,179],[0,0,0,1]],[1,[0,0,1],[1,0,0,0],0,0,0]];
    PERS tooldata hold1:=[TRUE,[[0.724,-1,198],[0,0,0,1]],[1,[0,0,1],[1,0,0,0],0,0,0]];
    PERS tooldata grip:=[TRUE,[[-188.276,-0.053,15],[0.707106781,0,0.707106781,0]],[1,[0,0,1],
[1,0,0,0],0,0,0]];
    PERS wobjdata wobj1:=[FALSE,TRUE,"",[[1053.652,38.91599056,813.000180684],[0.000000134,
-0.000000118,1,0.000000034]],[[0,0,0],[0.707106781,0,0,0.707106781]]];
    PROC main()
!主程序
    rInitAll;
!初始化程序
    WHILE TRUE DO
    IF DI_auto=1 AND assemble1=1 and DI_noneA=0 THEN
!启动后,在装配台、定位台 1 有料的条件下开始组立
    Nbasket:=0;
!组立 1 号减速器
    Pick_A;
!组立 1 号减速器外壳
    Pick_B;
!组立 1 号减速器轴杆
    Pick_C;
!组立 1 号减速器轴套
    Pick_D;
```

!组立 1 号减速器端盖

```
            Reset DO_pressA;
```

!气缸 A 缩回

```
        ENDIF
        IF DI_auto=1 AND assemble2=1 and DI_noneB=0 THEN
            Nbasket:=1;
            Pick_A;
            Pick_B;
            Pick_C;
            Pick_D;
            Reset DO_pressB;
```

!气缸 B 缩回

```
            ENDIF
        ENDWHILE
ENDPROC
    PROC rInitAll()
```

!初始化

```
AccSet 100,100;
```

!加速度限制

```
VelSet 100,3000;
```

!速度限制

```
Reset DO_Grip;
```

!复位吸盘

```
        Reset DO_pickA;
```

!复位减速器外壳气爪

```
        Reset DO_pickC;
```

!复位减速器轴杆气爪

```
        Reset DO_pickB;
```

!复位减速器轴套气爪

```
        Reset DO_pressA;
```

!复位夹紧气缸 A

```
        Reset DO_pressB;
```

!复位夹紧气缸 B

```
rCheckHomePos;
```

!原点判断

```
ENDPROC
    PROC rCheckHomePos()
```

!原点判断

```
    VAR robtarget pActualPos;
    IF NOT CurrentPos(pHome,hold1) THEN
        pActualpos:=CRobT(\Tool:=hold1\WObj:=wobj0);
        pActualpos.trans.z:=pHome.trans.z;
        MoveL pActualpos,v100,z10,hold1;
        MoveL pHome,v100,fine,hold1;
    ENDIF
```

```
        ENDPROC
            FUNC bool CurrentPos(
            robtarget ComparePos,
            INOUT tooldata TCP)
            !Function to compare current manipulator position with a given position
            VAR num Counter:=0;
            VAR robtarget ActualPos;
            ActualPos:=CRobT(\Tool:=TCP\WObj:=wobj0);
                IF ActualPos.trans.x>ComparePos.trans.x-25 AND ActualPos.trans.x<ComparePos.
    trans.x+25 Counter:=Counter+1;
                IF ActualPos.trans.y>ComparePos.trans.y-25 AND ActualPos.trans.y<ComparePos.
    trans.y+25 Counter:=Counter+1;
                IF ActualPos.trans.z>ComparePos.trans.z-25 AND ActualPos.trans.z<ComparePos.
    trans.z+25 Counter:=Counter+1;
                IF ActualPos.rot.q1>ComparePos.rot.q1-0.1 AND ActualPos.rot.q1<ComparePos.rot.
    q1+0.1 Counter:=Counter+1;
                IF ActualPos.rot.q2>ComparePos.rot.q2-0.1 AND ActualPos.rot.q2<ComparePos.rot.
    q2+0.1 Counter:=Counter+1;
                IF ActualPos.rot.q3>ComparePos.rot.q3-0.1 AND ActualPos.rot.q3<ComparePos.rot.
    q3+0.1 Counter:=Counter+1;
                IF ActualPos.rot.q4>ComparePos.rot.q4-0.1 AND ActualPos.rot.q4<ComparePos.rot.
    q4+0.1 Counter:=Counter+1;
            RETURN Counter=7;
        ENDFUNC
            PROC Pick_A()
    !组立1号减速器外壳例行程序
                WaitUntil on_product=1;
    !判断抓取零件号
        MoveJ pHome,midvel,z100,hold1\WObj:=wobj0;
        Set DO_pickA;
    !减速器外壳夹紧气缸置位
        MoveL Offs(pickA,Nbasket*140,0,-Point_H),midvel,fine,hold1\WObj:=wobj1;
    !减速器外壳夹紧位置上方
        MoveL Offs(pickA,Nbasket*140,0,0),midvel,fine,hold1\WObj:=wobj1;
    !减速器外壳夹紧气缸位置
        Reset DO_pickA;
    !减速器外壳夹紧气缸复位
        WaitTime 1;
    !等待气缸动作
        WaitDI DI_pickA,1;
    !夹住减速器外壳完成
        MoveL Offs(pickA,Nbasket*140,0,-Point_H),midvel,fine,hold1\WObj:=wobj1;
    !减速器外壳夹紧位置上方
        !!!!!!!!!!!!!!!!!!!!!!!!!!!!!!!!!!!!!!!!!!!!!!!!!!!!!!!!!!!!!!!!!!!!!
        MoveL Offs(placeA,0,-Nbasket*84,-Point_H),midvel,fine,hold1\WObj:=wobj1;
```

```
!减速器外壳放料位置上方
        MoveL Offs(placeA,0,-Nbasket* 84,10),midvel,fine,hold1\WObj:=Wobj1;
!减速器外壳放料位置
        set DO_pickA;
!减速器外壳夹紧气缸置位
        IF Nbasket=0 THEN
!判断装配盘哪个气缸动作
            set DO_pressA;
!装配盘 A 气缸置位
        ENDIF
        IF Nbasket=1 THEN
            set DO_pressB;
!装配盘 B 气缸置位
        ENDIF
        WaitTime 1;
        MoveL Offs(placeA,0,-Nbasket*84,-Point_H),midvel,fine,hold1\WObj:=wobj1;
        MoveJ pHome,midvel,z100,hold1\WObj:=wobj0;
        Reset DO_pickA;
!减速器外壳夹紧气缸复位
        on_product:=2;
ENDPROC
    PROC Pick_B()
        WaitUntil on_product=2;
    MoveJ pHome,midvel,z100,hold1\WObj:=wobj0;
        Reset DO_pickB;
    MoveL Offs(pickB,Nbasket*140,0,-Point_H),midvel,fine,hold1\WObj:=wobj1;
    MoveL Offs(pickB,Nbasket*140,0,0),midvel,fine,hold1\WObj:=wobj1;
        set DO_pickB;
        WaitTime 1;
        WaitDI DI_pickB,1;
        MoveL Offs(pickB,Nbasket*140,0,-Point_H),midvel,fine,hold1\WObj:=wobj1;
        !!!!!!!!!!!!!!!!!!!!!!!!!!!!!!!!!!!!!!!!!!!!!!!!!!!!!!!!!!!!
        MoveL Offs(placeA,0,-Nbasket* 84-40,-80),midvel,fine,hold1\WObj:=wobj1;
        MoveL Offs(placeA,0,-Nbasket* 84,-80),midvel,fine,hold1\WObj:=wobj1;
        MoveL Offs(placeA,0,-Nbasket* 84,-10),midvel,fine,hold1\WObj:=wobj1;
Reset DO_pickB;
        WaitTime 2;
        MoveL Offs(placeA,0,-Nbasket* 84,-80),midvel,fine,hold1\WObj:=wobj1;
        MoveJ pHome,midvel,z100,hold1\WObj:=wobj0;
        on_product:=4;
ENDPROC
     PROC Pick_C()
        WaitUntil on_product=3;
    MoveJ pHome,midvel,z100,hold1\WObj:=wobj0;
        Reset DO_pickC;
```

```
        MoveL Offs(pickC,Nbasket* 140,0,-Point_H),midvel,fine,hold1\WObj:=wobj1;
        MoveL Offs(pickC,Nbasket* 140,0,0),midvel,fine,hold1\WObj:=wobj1;
            set DO_pickC;
            WaitTime 1;
            WaitDI DI_pickC,1;
            MoveL Offs(pickC,Nbasket* 140,0,-Point_H),midvel,fine,hold1\WObj:=wobj1;
            !!!!!!!!!!!!!!!!!!!!!!!!!!!!!!!!!!!!!!!!!!!!!!!!!!!!!!!!!!!!!
            MoveL Offs(placeA,0,-Nbasket*84-40,-40),midvel,fine,hold1\WObj:=wobj1;
            MoveL Offs(placeA,0,-Nbasket*84,-40),midvel,fine,hold1\WObj:=wobj1;
            MoveL Offs(placeA,0,-Nbasket*84,-10),midvel,fine,hold1\WObj:=wobj1;
            Reset DO_pickC;
            WaitTime 2;
            MoveL Offs(placeA,0,-Nbasket* 84,-40),midvel,fine,hold1\WObj:=wobj1;
            MoveJ pHome,midvel,z100,hold1\WObj:=wobj0;
            on_product:=3;
ENDPROC
    PROC Pick_D()
        WaitUntil on_product=4;
    MoveJ pHome,v1000,z100,hold1\WObj:=wobj0;
        MoveJ Offs(pickD3,Nbasket* 140,0,0),v1000,fine,grip\WObj:=wobj1;
!减速器端盖吸取过渡位置
        MoveL Offs(pickD2,Nbasket* 140,0,0),v1000,fine,grip\WObj:=wobj1;
!减速器端盖吸取过渡位置
        Reset DO_Grip;
        MoveL Offs(pickD1,Nbasket* 140,0,0),v1000,fine,grip\WObj:=wobj1;
!减速器端盖吸取位置
        set DO_Grip;
!减速器端盖吸取置位
        WaitTime 1;
        WaitDI DI_GripD,1;
!减速器端盖吸取完成
    MoveL Offs(pickD2,Nbasket* 140,0,0),v1000,fine,grip\WObj:=wobj1;
    MoveJ Offs(pickD3,Nbasket* 140,0,0),v1000,fine,grip\WObj:=wobj1;
            !!!!!!!!!!!!!!!!!!!!!!!!!!!!!!!!!!!!!!!!!!!!!!!!!!!!!!!!!!!!!
        MoveL Offs(pickD4,0,-Nbasket* 84,-40),midvel,fine,grip\WObj:=wobj1;
        MoveL Offs(pickD4,0,-Nbasket* 84,2),midvel,fine,grip\WObj:=wobj1;
        MoveL RelTool(pickD4,Nbasket* 84,0,-3\Rz:=90),midvel,fine,grip\WObj:=wobj1;
        Reset DO_Grip;
        WaitTime 2;
        MoveL Offs(pickD4,0,-Nbasket* 84,-60),midvel,fine,grip\WObj:=wobj1;
        MoveJ pHome,midvel,z100,hold1\WObj:=wobj0;
        on_product:=1;
    ENDPROC
ENDMODULE
```

3）点位调试示意图

（1）抓取减速器外壳基点 pickA 如图 8-45 所示。

图 8-45　抓取减速器外壳基点 pickA

（2）抓取减速器轴杆基点 pickB 如图 8-46 所示。

图 8-46　抓取减速器轴杆基点 pickB

（3）抓取减速器轴套基点 pickC 如图 8-47 所示。

图 8-47　抓取减速器轴套基点 pickC

（4）抓取减速器端盖基点 GripD 如图 8-48 所示。

图 8-48　抓取减速器端盖基点 GripD

（5）机器人原位点 pHome 如图 8-49 所示。

图 8-49　机器人原位点 pHome

（6）机器人放置点 Drop1 如图 8-50 所示。

图 8-50　机器人放置点 Drop1

调试说明

(1) 确保定位工作台上的物料按指定位置放置；

(2) 点位调试时要把握好各方向上的间距，以防碰撞；

(3) 不能在装配台有物料的时候运行程序；

(4) 本任务未考虑后续的物料存储问题，程序在一个循环中只能装配两个减速器。

【任务实施】

➢ 调试工业机器人装配程序。

项 目 总 结

【拓展与提高】

ABB 工业机器人随线跟踪编码器选择

所选编码器必须为 PNP 类型，即高电位有效类型，需有相位差为 90°的 A 相、B 相。对编码器脉冲频率有以下要求：不管采用何种方式安装，只需保证当输送链每运行 1 m 时，编码器输出的脉冲数为 1 250～2 500。假设编码器通过联轴器直接与输送链的主动轮连接，主动轮每旋转 1 圈，则输送链表面运行 0.5 m；若输送链表面运行 1 m，则主动轮需要旋转 2 圈，编码器也需旋转 2 圈，编码器需要输出的脉冲数为 1 250～2 500。通过计算可以选取脉冲频率为 1 000 脉冲/圈的 PNP 类型的编码器，这样，当输送链表面运行 1 m 时，对应的脉冲数为 2 000 个，符合跟踪要求。另外，编码器的电流范围为 50～100 mA，电压范围为 10～30 V，输送链跟踪板卡同时采集编码器 A 相、B 相上升沿和下降沿个数，1 个周期内采集 4 个有效计数信号，即当输送链每运行 1 m 时，控制器软件采集到的计数信号个数为 5 000～10 000，少于 5 000 会影响机器人的跟踪精度，多于 10 000 不会提升机器人的跟踪精度。

【工程素质培养】

ABB 工业机器人编程的一般顺序如下：

(1) 定义工作站环境数据（工件坐标、工具坐标、负载）；

(2) 定义工作站功能数据；

(3) 定义 I/O 信号；

(4) 定义系统信号；

(5) 编辑示教目标点程序；

(6) 按工艺流程编写程序；

(7) 信号测试；

(8) 逻辑测试；

(9) 手动运行；

(10) 自动运行。

【思考与练习】

1. 比较本项目中的各种应用程序在调试流程上的异同。

2. 总结本项目中的各种应用程序的典型功能。

项目 9
进阶功能

ABB 工业机器人功能强大,除了前面章节介绍的工业机器人的操作和编程外,为方便用户使用,ABB 工业机器人还提供了系统信息查询、使用和维护机器人的光盘资料等辅助功能,本章将对此做简单介绍。

◀ **知识目标**
➢ 掌握工业机器人系统信息内容。
➢ 掌握系统重启的各种方式。
➢ 掌握随机光盘提供的信息。

◀ **技能目标**
➢ 能查询工业机器人系统信息。
➢ 能根据不同情景选择合适的重启方式。
➢ 能根据需要从光盘中找到相关信息。

◀ 任务 9-1 工业机器人系统信息查看 ▶

【任务学习】

➢ 掌握工业机器人系统信息内容。

系统信息显示了控制器和正在运行系统的相关操作,可以查看到当前正在使用的 RobotWare 版本和选项、控制和驱动模块的当前密匙以及网络连接等信息。

查看工业机器人系统信息的步骤如下。

	步骤 1:在 ABB 菜单中选择"系统信息"。
	步骤 2:在"系统信息"界面中有"控制器属性"、"系统属性"、"硬件设备"和"软件资源"四个菜单。点开各个菜单,里面有相应的信息。
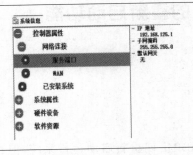	步骤 3:单击"控制器属性"—"网络连接"—"服务端口",可以查看到工业机器人的 IP 地址。
	步骤 4:单击"系统属性"—"控制模块"—"选项",可以查看所添加的系统选项。有关系统选项的介绍如表 9-1 所示。

系统选项如表 9-1 所示。

表 9-1　系统选项

选　　项	功　　能
Default Language	用于设置语言
Industrial Networks	用于设置工业机器人通信板
Anybus Adapters	用于设置网络适配工具
Motion performance	可优化工业机器人的性能
Motion coordination	可使工业机器人与外接设备或其他机器人相互协调
Motion Events	可监管工业机器人的位置
Motion functions	可控制工业机器人的路径
Motion Supervision	可监管工业机器人的移动
Communication	可使工业机器人与其他设备相互通信(外接 PC 等)
Engineering tools	供高级工业机器人集成人员使用
Servo motor control	可通过工业机器人控制器来运行独立于工业机器人的外部电机

在每个大选项中又有子选项,比如"Motion performance"中有"687-1 Advanced Robot Motion"和"603-1 Absolute Accuracy",在此不一一介绍,如需了解更多信息,请参见随机光盘"产品规格——控制器软件 IRC5"。

注:687-1 Advanced Robot Motion 激活了工业机器人的高级运动模式,603-1 Absolute Accuracy 确保了整个工作范围内的 TCP 准确度在大多数情况下都优于±1 mm。

【任务实施】

➢ 查看实训室所使用的工业机器人的系统信息。

◀ 任务 9-2　工业机器人的重新启动功能 ▶

【任务学习】

➢ 掌握工业机器人重启的分类。

ABB 工业机器人系统可以长时间无人操作,无须定期重新启动运行系统,但在以下情况下需要重新启动工业机器人系统:
(1) 安装了新的硬件。
(2) 更改了工业机器人系统配置参数。
(3) 出现系统故障(SYSFAIL)。
(4) RAPID 程序出现故障。
以下是查看几种常用的重新启动功能的操作步骤。

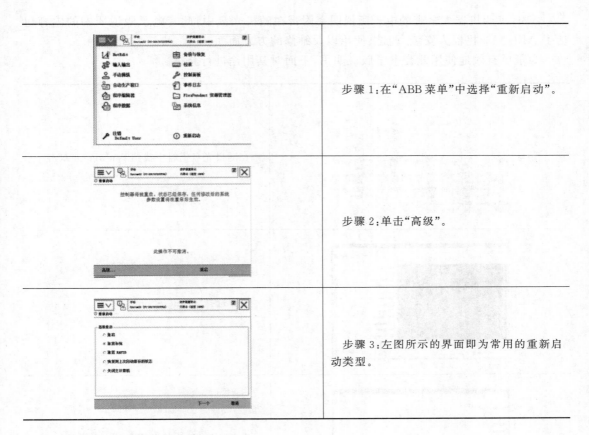

	步骤 1:在"ABB 菜单"中选择"重新启动"。
	步骤 2:单击"高级"。
	步骤 3:左图所示的界面即为常用的重新启动类型。

重新启动类型如表 9-2 所示。

表 9-2 重新启动类型

重启	控制器将被重启。状态已经保存了任何修改,参数设置将在重启后生效
重置系统	控制器将被重启。将丢弃当前的系统参数设置和 RAPID 程序,使用原始的系统安装设置
重置 RAPID	控制器将被重启。将丢弃当前的 RAPID 程序和数据,但会保留系统参数设置
恢复到上次自动保存的状态	控制器将被重启。将会加载上次自动保存的系统状态,在系统崩溃中恢复时使用

【任务实施】

➢ 用外置物理按键重启系统。

<h2 align="center">◀ 任务 9-3 随机光盘阅读向导 ▶</h2>

【任务学习】

➢ 掌握随机光盘的阅读方法。

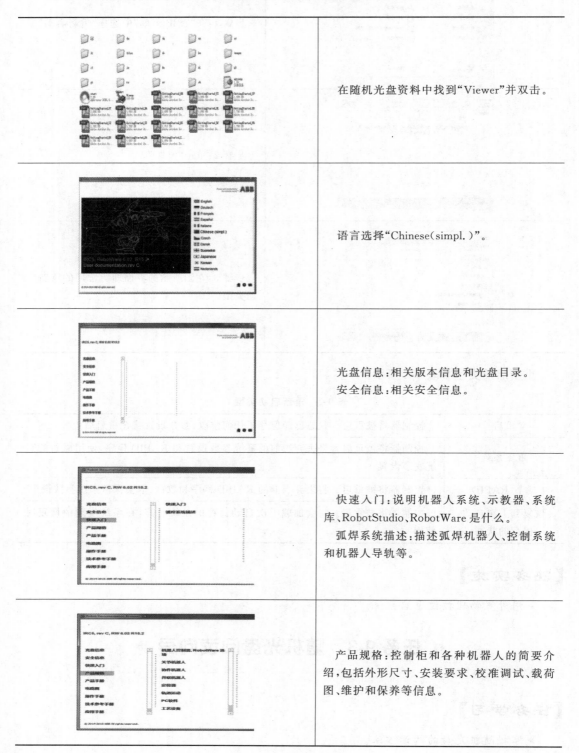

ABB工业机器人全套的电子版说明书附带在随机光盘中,此套电子版说明书的内容包括了 ABB 工业机器人安装、调试、使用以及维修的方方面面。

为了更有效地使用此套电子版说明书,下面对其用途进行介绍。

在随机光盘资料中找到"Viewer"并双击。

语言选择"Chinese(simpl.)"。

光盘信息:相关版本信息和光盘目录。
安全信息:相关安全信息。

快速入门:说明机器人系统、示教器、系统库、RobotStudio、RobotWare 是什么。
弧焊系统描述:描述弧焊机器人、控制系统和机器人导轨等。

产品规格:控制柜和各种机器人的简要介绍,包括外形尺寸、安装要求、校准调试、载荷图、维护和保养等信息。

续表

产品手册:产品零部件图和备件目录。

电路图:控制柜、机器人以及其他辅助设备的电路图。

操作手册:RobotStudio 软件、IRC5 控制系统、机器人使用操作说明。

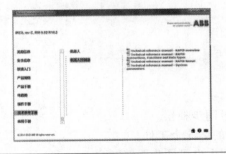

技术参考手册:机器人和机器人系统程序命令和系统参数说明。

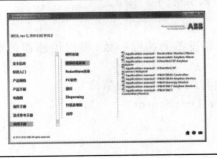

应用手册:附件轴等硬件、现场总线、机器人软件、机器人系统软件、弧焊喷涂等的应用介绍。

【任务实施】

➤ 查阅 ABB 工业机器人 IRB120 的安全回路。

项 目 总 结

【拓展与提高】

RobWare Options 基于操作系统增加了一系列增强功能。下面主要介绍各种选项的功能，以便使用者选择。

※ 602-1 Advanced Shape Turning

◎ 用于补偿低速切割时的路径误差，以提高路径精度。（小圆等）

◎ 补偿切割时摩擦力对精度的影响。（从 0.5 mm 优化至 0.1 mm）

※ 603-1 Absolute Accuracy

◎ 用于补偿个体机器人与理想机器人的机械误差。

◎ 提高 TCP、线性移动、工件坐标系的精准度。

◎ 对于外轴、单个关节运动无效。

※ 604-1 MultiMove Coordination

◎ 一台控制柜下有多台机器人协同工作。

◎ 用于抓取同一工件、在同一坐标系内运动等。

◎ 指令有 SyncMoveOn、SyncMoveOff 等。

※ 604-2 MultiMove Independent

◎一台控制柜下有多台（最多四台）机器人同时各自独立工作。

◎ 各台机器人由不同任务下的 RAPID 程序来控制。

※ 605-1 Multiple Axis Positioner

◎ 机器人与随外部轴变动的坐标系协同工作。

◎ 外部轴旋转时机器人自动跟随工件移动。

※ 606-1 Conveyor Tracking

◎ 机器人跟踪移动的工件。

◎ 工件移动的速度有缓慢的变化，机器人可同步补偿。

◎ 可同时跟踪 4 条传送带（线性或圆弧）上的 245 个工件。

◎ 安装在线性滑轨上的 Track Motion 机器人也可同步跟踪。

※ 607-1 Sensor Synchronization

◎ 通过传感器将机器人的速度调整至与外部设备的速度一致（根据传感器的输出，机器人与外部设备同时到达某一设定位置）。

◎ 可用于两台机器人同步工作（常用于吊顶和侧装机器人的喷涂）。

◎ 专门的指令有 SynsToSensor、WaitSensor、DropSensor。

※ 608-1 World Zone

◎ 定义空间区域（立方体、圆柱体、球体）。

◎ 机器人 TCP 进入/离开相关区域，系统自动发出 I/O 信号，或机器人自动停止。

◎ 机器人电源开启时，加载相关程序，全程实时监控。

※ 611-1 Path Recover

◎ 机器人发生中断、错误时保存路径及系统信息。

◎ 可在适当时间恢复，走回原先路径。

◎ 专门的指令有 StorePath、RestorePath、PathRecStart 等。

※ 612-1 Path Offset

◎ 机器人根据输入信号修正路径。

◎ 用于跟踪某一条边、曲线，或应用于焊接。

◎ 最小误差为 0.1 mm，专门的指令有 CorrCon、CorrRead 等。

※ 620-1 File&Serial Channel Handling

◎ 机器人通过串口(RS-232 或 RS-485)的方式与外部设备或 PC 机通信。

◎ 机器人通过读取文件的方式与外部设备或 PC 机通信。

◎ 文件可以是机器人硬盘、可移动存储器或 FTP 站点里的文件(需要 614-1 FTP Client 选项支持)。

※ 616-1 PC Interface

◎ 在 PC 机上开发用户界面来控制机器人。

◎ 需要选配 RobotApplication Builder、IRC5 OPC Server 等支持。

※ 617-1 FlexPendant Interface

◎ 在机器人示教器上开发用户界面。

◎ 自定义可视化图形用户界面。

◎ 需要 RobotApplication Builder 支持。

※ 621-1 Logical Cross Connections

◎ 可将 I/O 信号进行与、或、非等组合，以达到期望的逻辑效果。

◎ 组合结果无须通过程序实现，可使用虚拟信号进行中间运算。

※ 622-1 Analog Signal Interrupt

◎ 预设定一个模拟量的值作为门槛。

◎ 模拟量超过/低于门槛值时，机器人产生中断响应。(常用于报警)

◎ 专门的指令有 ISignalAI、ISignalAO。

※ 626-1 Advanced RAPID

◎ 适用于熟练掌握机器人编程的人员进行高级编程开发。

◎ 高级功能有 Bit Functions、Data Search Functions、Advanced Trigg Functions 等。

※ 641-1 Dispense

◎ 用于涂胶或封口等场合。

◎ 机器人在移动过程中的任意位置可控制枪的开关及参数的修改。

◎ 同一程序中可实现对四把枪的控制。

【工程素质培养】

通过前面内容的学习，大家基本具备了对 ABB 工业机器人进行基本调试的能力。现在为大家介绍 ABB 工业机器人安装调试的一般步骤。

序　　号	安装调试内容
1	机器人本体与控制柜拆箱
2	将机器人本体与控制柜吊装到位
3	连接机器人本体与控制柜之间的电缆
4	连接示教器与控制柜
5	接入主电源
6	检查主电源正常后通电
7	校准机器人六个轴的机械原点
8	设定 I/O 信号
9	安装工具与周边设备
10	编程调试
11	投入自动运行

【思考与练习】

1. ABB 工业机器人重新启动功能有哪些？
2. 如何查看 ABB 工业机器人系统配置信息？

附　录

ABB 工业机器人程序指令：

程　序　调　用	
指　令	说　明
ProcCall	调用例行程序
CallByVar	通过带变量的例行程序名称调用例行程序
RETURN	返回原例行程序

流　程　控　制	
指　令	说　明
Compact IF	如果条件满足，就执行一条指令
IF	当满足不同的条件时，执行对应的程序
FOR	根据指定的次数，重复执行对应的程序
WHILE	如果条件满足，重复执行对应的程序
TEST	对一个变量进行判断，从而执行不同的程序
GOTO	跳转到例行程序内标签的位置
Label	跳转标签

停　止　程　序　执　行	
指　令	说　明
Stop	停止程序执行
EXIT	停止程序执行并禁止在停止处再开始
Break	临时停止程序执行，用于手动调试
SystemStopAction	停止程序执行和机器人运动
ExitCycle	中止当前程序运行并将程序指针 PP 复位到主程序的第一条指令。如果选择了程序连续运行模式，程序将从主程序的第一句重新执行

赋　值　指　令	
指　令	说　明
:=	对程序数据进行赋值

等　待　指　令	
指　令	说　明
WaitTime	等待一个指定的时间，程序再往下执行
WaitUntil	等待一个条件满足后，程序继续往下执行

| WaitDI | 等待一个输入信号状态为设定值 |
| WaitDO | 等待一个输出信号状态为设定值 |

程序注释指令	
指　令	说　明
comment	对程序进行注释

程序模块加载	
指　令	说　明
Load	从机器人硬盘中加载一个程序模块到运行内存中
UnLoad	从运行内存中卸载一个程序模块
Start Load	在程序执行过程中，加载一个程序模块到运行内存中
Wait Load	当 Start Load 使用后，使用此指令将程序模块连接到任务中使用
Cancel Load	取消加载程序模块
CheckProbRef	检查程序引用
Save	保存程序模块
EraseModule	从运行内存中删除程序模块

变　量　功　能	
指　令	说　明
TryInt	判断数据是否是有效的整数
OpMode	读取当前机器人的操作模式
RunMode	读取当前机器人程序的运行模式
NonMotionMode	读取程序任务当前是否无运动的执行模式
Dim	获取一个数组的维数
Present	读取带参数的例行程序的可选参数值
IsPers	判断一个参数是不是可变量
IsVar	判断一个参数是不是变量

转　换　功　能	
指　令	说　明
StrToByte	将字符串转换为指定格式的字节数据
ByteToStr	将字节数据转换成字符串

速　度　设　定	
指　令	说　明
MaxRobSpeed	获取当前型号的机器人可实现的最大 TCP 速度
VelSet	设定最大的速度与倍率

指　　令	说　　明
SpeedRefresh	更新当前运动的速度倍率
AccSet	定义机器人的加速度
WorldAccLim	设定大地坐标中工具与载荷的加速度
PathAccLim	设定运动路径中 TCP 的加速度
轴配置管理	
指　　令	说　　明
ConfJ	关节运动的轴配置控制
ConfL	线性运动的轴配置控制
奇 点 管 理	
指　　令	说　　明
SingArea	设定机器人运动时在奇点位置的插补方式
位置偏置功能	
指　　令	说　　明
PDispOn	激活位置偏置
PDispSet	激活指定数值的位置偏置
PDispOff	关闭位置偏置
EOffsOn	激活外轴偏置
EOffsSet	激活指定数值的外轴偏置
EOffsOff	关闭外轴位置偏置
DefDFrame	通过三个位置数据计算出位置的偏置
DefFrame	通过六个位置数据计算出位置的偏置
ORobT	从一个位置数据中删除位置偏置
DefAccFrame	从原始位置和替换位置定义一个框架
软伺服功能	
指　　令	说　　明
SoftAct	激活一个或多个轴的软伺服功能
SoftDeact	关闭软伺服功能
机器人参数调整功能	
指　　令	说　　明
TuneServo	伺服调整
TuneReset	伺服调整复位
PathResol	几何路径精度调整
CirPathMode	在圆弧插补运动时工具姿态的变换方式

空间监控管理（注：这些功能需要选项"World Zone"配合）	
指 令	说 明
WZBoxDef	定义一个方形的监控空间
WZCylDef	定义一个圆柱形的监控空间
WZSphDef	定义一个球形的监控空间
WZHomeJointDef	定义一个关节轴坐标的监控空间
WZLimJointDef	定义一个限定为不可进入的关节轴坐标的监控空间
WZLimSup	激活一个监控空间并限定为不可进入
WZDOSet	激活一个监控空间并与一个输出信号关联
WZEnable	激活一个临时的监控空间
WZFree	关闭一个临时的监控空间

机器人运动控制	
指 令	说 明
MoveC	TCP 圆弧运动
MoveJ	关节运动
MoveL	TCP 线性运动
MoveAbsJ	轴绝对角度位置运动
MoveExtJ	外部直线轴和旋转轴运动
MoveCDO	TCP 圆弧运动的同时触发一个输出信号
MoveJDO	关节运动的同时触发一个输出信号
MoveLDO	TCP 线性运动的同时触发一个输出信号
MoveCSync	TCP 圆弧运动的同时执行一个例行程序
MoveJSync	关节运动的同时执行一个例行程序
MoveLSync	TCP 线性运动的同时执行一个例行程序

搜 索 功 能	
指 令	说 明
SearchC	TCP 圆弧搜索运动
SearchL	TCP 线性搜索运动
SearchExtJ	外轴搜索运动

I/O 触发信号	
指 令	说 明
TriggIO	定义触发条件在一个指定的位置触发输出信号
TriggInt	定义触发条件在一个指定的位置触发中断程序

TriggCheckIO	定义在一个指定的位置进行 I/O 状态的检查
TriggEquip	定义触发条件在一个指定的位置触发输出信号,并对信号响应的延迟进行补偿设定
TriggRampAO	定义触发条件在一个指定的位置触发模拟输出信号,并对信号响应的延迟进行补偿设定
TriggC	带触发事件的圆弧运动
TriggJ	带触发事件的关节运动
TriggL	带触发事件的线性运动
TriggLIOs	在一个指定的位置触发输出信号的线性运动
StepBwdPath	在 Restart 的事件程序中进行路径的返回
TriggStopProc	在系统中创建一个监控处理,用于在 Stop 和 QStop 中需要信号复位和程序数据复位的操作
TriggSpeed	定义模拟输出信号与实际 TCP 速度之间的配合

出错或中断时的运动控制(注:这些功能需要选项"Path Recover"配合)	
指　令	说　明
StopMove	停止机器人运动
StartMove	重新启动机器人运动
StartMoveRetry	重新启动机器人运动及设定相关参数
StopMoveReset	复位停止运动状态,但不重新启动机器人运动
StorePath①	储存已生成的最近路径
RestoPath①	重新生成之前储存的路径
ClearPath	在当前的运动路径级别中,清空整个运动路径
PathLevel	获取当前路径级别
SyncMoveSuspend①	在 StorePath 的路径级别中暂停同步坐标的运动
SyncMoveResume①	在 StorePath 的路径级别中重返同步坐标的运动
IsStopMoveAct	获取当前停止运动标志符

外 轴 控 制	
指　令	说　明
DeactUnit	关闭一个外轴单元
ActUnit	激活一个外轴单元
MechUnitActive	定义外轴单元的有效载荷
GetNextMechUnit	检查外轴单元在机器人系统中的名字
IsMechUnitActive	检查一个外轴单元状态是关闭还是激活

独立轴控制（注：这些功能需要选项"Independent Movement"配合）	
指　令	说　明
IndAMove	将一个轴设定为独立轴模式并进行绝对位置方式运动
IndCMove	将一个轴设定为独立轴模式并进行连续方式运动
IndDMove	将一个轴设定为独立轴模式并进行角度方式运动
IndRMove	将一个轴设定为独立轴模式并进行相对位置方式运动
IndReset	取消独立轴模式
IndInpos	检查独立轴是否已到达指定位置
IndSpeed	检查独立轴是否已达到指定的速度

路径修正功能（注：这些功能需要选项"Path Offset"或者"RobotWare-Arc Sensor"配合）	
指　令	说　明
CorrCon	连接一个路径修正生成器
CorrWrite	将路径坐标系统中的修正值写到路径修正生成器中
CorrDiscon	断开一个已连接的路径修正生成器
CorrClear	取消所有已连接的路径修正生成器
CorrRead	读取所有已连接的路径修正生成器的总修正值

路径记录功能（注：这些功能需要选项"Path Recover"配合）	
指　令	说　明
PathRecStart	开始记录机器人的路径
PathRecStop	停止记录机器人的路径
PathRecMoveBwd	机器人根据记录的路径作后退运动
PathRecMoveFwd	机器人运动到执行 PathRecMoveBwd 这个指令的位置上
PathRecValidBwd	检查是否已激活路径记录和是否有可后退的路径
PathRecValidFwd	检查是否有可向前的记录路径

传感器同步功能（注：这些功能需要选项"Sensor Synchronization"配合）	
指　令	说　明
WaitSensor	将一个在开始窗口的对象与传感器设备关联起来
SyncToSensor	开始/停止机器人与传感器设备的运动同步
DropSensor	断开当前对象的连接

载荷识别（注：这些功能需要选项"Collision Detection"配合）	
指　令	说　明
MotionSup①	激活/关闭运动监控
LoadId	工具或有效载荷的识别

ManLoadId	外轴有效载荷的识别
关于位置的功能	
指　令	说　明
Offs	对机器人位置进行偏移
RelTool	对工具的位置和姿态进行偏移
CalcRobT	根据 jointtarget 计算 robtarget
CPos	读取机器人当前的坐标 X、Y、Z
CRobT	读取机器人当前的 robtarget
CJointT	读取机器人当前的关节轴角度
ReadMotor	读取轴电机当前的角度
CTool	读取工具坐标当前的数据
CWObj	读取工件坐标当前的数据
MirPos	镜像一个位置
CalcJointT	根据 robtarget 计算 jointtarget
Distance	计算两个位置的距离
PFRestart	检查当路径因电源关闭而中断的时候
CSpeedOverride	读取当前使用的速度倍率
输送链跟踪功能	
指　令	说　明
WaitWObj	等待输送链上的工件坐标
DropWObj	放弃输送链上的工件坐标

［1］张培艳.工业机器人操作与应用实践教程［M］.上海：上海交通大学出版社,2009.

［2］叶晖.工业机器人实操与应用技巧［M］.2版.北京：机械工业出版社,2017.

［3］余达太,马香峰.工业机器人应用工程［M］.北京：冶金工业出版社,1999.

［4］张爱红,张秋菊.机器人示教编程方法［J］.组合机床与自动化加工技术,2003(04)：
47-49.

［5］蒋刚,龚迪琛,蔡勇,等.工业机器人［M］.成都：西南交通大学出版社,2011.